Linguistische Arbeiten 148/1

Herausgegeben von Hans Altmann, Herbert E. Brekle, Hans Jürgen Heringer, Christian Rohrer, Heinz Vater und Otmar Werner

Ellipsen und fragmentarische Ausdrücke

Band 1

Herausgegeben von
Reinhard Meyer-Hermann
und Hannes Rieser

Max Niemeyer Verlag
Tübingen 1985

CIP-Kurztitelaufnahme der Deutschen Bibliothek

Ellipsen und fragmentarische Ausdrücke / hrsg. von
Reinhard Meyer-Hermann u. Hannes Rieser. -
Tübingen : Niemeyer
(Linguistische Arbeiten ; 148)
NE: Meyer-Hermann, Reinhard [Hrsg.]; GT
Bd. 1 (1985).

ISBN 3-484-10477-5 ISSN 0344-6727
ISBN 3-484-30148-1 Gesamtwerk Bd. 1 + 2

Printed in Germany. Druck: Weihert-Druck GmbH, Darmstadt.

INHALTSVERZEICHNIS

Band I

Band II

Seite

VORWORT

Die 5. Jahrestagung der Deutschen Gesellschaft für Sprachwissenschaft (DGfS) fand am 1.3. - 3.3.1983 an der Universität Passau statt.

Bei den Vorüberlegungen über die einzurichtenden Arbeitsgruppen hatten die befreundeten Hannes Rieser und Thomas T Ballmer zeitweise erwogen, gemeinsam eine Arbeitsgruppe zum Thema "Prozedurale und nicht-prozedurale Grammatik" zu koordinieren. Es zeigte sich jedoch sehr bald, daß Thomas T Ballmer in seiner Eigenschaft als 2. Vorsitzender der DGfS völlig mit der generellen Organisation der Tagung ausgelastet war. So konzentrierte sich Hannes Rieser allein auf die Koordination einer Arbeitsgruppe mit dem Thema "Ellipsen und fragmentarische Ausdrücke". Im Rahmen dieser Arbeitsgruppe wurden die folgenden Vorträge gehalten (in chronologischer Reihenfolge):

(1) Reinhard Meyer-Hermann:	Zu Format und Funktion fragmentarischer Äußerungen (am Beispiel des Spanischen)
(2) Werner Kallmeyer:	Zur Behandlung von Formulierungsproblemen im Gespräch
(3) Hans-Jürgen Eikmeyer:	Ellipsen und Analysestrategien in Modellen für eine inkrementelle Sprachverarbeitung
(4) Hans Strohner:	Kooperatives Verstehen fragmentarischer Äußerungen
(5) Walther Kindt:	Elliptische Äußerungen im Rahmen einer Interaktionsgrammatik
(6) Dafydd Gibbon:	Prosodische Indikatoren für Äußerungsfragmente
(7) Peter Bosch:	Fokus und Ellipse
(8) Elisabeth Rudolph:	Kann asyndetische Koordination gelegentlich als Ellipse beschrieben werden?
(9) Wolfgang Wildgen:	Ellipse und kognitive Redundanz bzw. Prägnanz

Gegen Ende dieser Arbeitsgruppe hatte sich bei den Vortragenden und

Diskutierenden der Eindruck verdichtet, daß mit diesen Vorträgen und gegebenenfalls einigen weiteren Beiträgen das Minimum an kritischer Masse für die Publikation eines Sammelbandes gegeben sei. Nicht nur die örtliche Nähe war letztlich ausschlaggebend dafür, daß wir, die Unterzeichneten, uns die Aufgabe, einen solchen Band zu edieren, zu eigen machten. Wir waren uns sofort einig darin, daß wir uns nicht auf Edition der Vorträge beschränken wollten. Es sollten weitere Beiträge gefunden werden mit dem Ziel, ein möglichst breites Spektrum sowohl hinsichtlich der theoretischen und methodischen Ansätze als auch hinsichtlich der berücksichtigten Objektsprachen zu erfassen. Wir sind uns dessen bewußt, daß das Ergebnis als ein höchst relatives Optimum betrachtet werden muß. In diesem Zusammenhang bedauern wir, daß uns die Überarbeitungen der Vorträge von P. Bosch, D. Gibbon und W. Kallmeyer nicht zur Verfügung gestanden haben. Zu "Fokus und Ellipse" hat sich Peter Bosch inzwischen in seinem Buch "Agreement and Anaphora", London 1983, geäußert. Werner Kallmeyer und Dafydd Gibbon waren durch anderweitige Überbelastung daran gehindert, ihre Beiträge innerhalb eines tolerant gesetzten zeitlichen Rahmens fertigzustellen.

Wir danken allen Autorinnen und Autoren für ihre manchmal strapazierte Bereitschaft zur Überarbeitung der Beiträge.

Den unangenehmsten Teil der Erstellung dieses Sammelbandes hat Evelyn Kähler übernommen. Wir danken ihr für die geduldige Mitarbeit.

Der Niemeyer-Verlag hat im Zusammenhang der Publikation dieses Bandes wieder einmal die Tugenden eines wissenschaftlichen Verlages unter Beweis gestellt, indem er stillschweigend Verständnis für die Eigendynamik wissenschaftlicher Arbeit manifestierte.

Wir können dieses Vorwort nicht beenden, ohne hier an unseren Kollegen und Freund Thomas T Ballmer zu erinnern. Was uns nachgeht, ist das Bewußtsein, daß wir nicht verhindert haben oder konnten, daß er nun nicht mehr lebt.

Bielefeld, Februar 1985

R. Meyer-Hermann Hannes Rieser

ELLIPSEN UND FRAGMENTE
EINE EINLEITUNG ZU DEN VORLIEGENDEN BÄNDEN

Hannes Rieser
Universität Bielefeld

Wie schon in der Vorbemerkung dargelegt, bilden die ausgearbeiteten Versionen der Referate, die in der Arbeitsgruppe "Ellipsen und fragmentarische Äußerungen" anläßlich der DGfS-Tagung in Passau (1983) gehalten wurden, den Kern dieser Sammelbände. Wir haben uns bemüht, diesen Kern abzurunden durch Hinzunahme von Arbeiten aus Sprachen, die noch nicht abgedeckt waren (Italienisch, Russisch, Polnisch, Finnisch, Englisch) oder von Ansätzen, die nicht vertreten waren (z.B. die von L. Cherchi oder W. Klein). Manchmal konnten diese beiden Aspekte verbunden werden, wie im Falle von L. Cherchi, M. Grochowski und E. Hermann. Zu diesem Abrundungsprogramm gehören auch die beiden Rezensionen (W. Raible, D. Maingueneau) des von C. Fuchs herausgegebenen Bandes "L'Ellipse grammaticale - Etudes épistémologiques et historiques", der allen zu empfehlen ist, die sich mit der Ellipsenproblematik befassen.

Der Titel der Arbeitsgruppe zielte auf das Interesse von Linguisten ab, die das Problem unvollständiger Ausdrücke entweder vor dem Hintergrund irgendeines grammatik- oder sprachtheoretischen Paradigmas behandeln - für sie war der Begriff "Ellipse" gedacht - oder die es vor dem Hintergrund ethnolinguistischer bzw. konversationsanalytischer Methoden betrachten - diese sollten durch den Begriff "fragmentarische Äußerungen" angesprochen werden. Die Arbeitsgruppe hatte dann eine komplexere Struktur dadurch, daß sprachphilosophische (P. Bosch), sprachphilosophisch-historische (H. Ortner) und psycholinguistische Standpunkte (H. Strohner) vertreten waren. Diese Komplexität spiegeln auch die vorliegenden Bände wider. Sie soll im folgenden skizziert werden.

Die Darstellung ist nicht in erster Linie dazu gedacht, um den Rezensenten die Arbeit zu erleichtern. Sie richtet sich einerseits an die Benutzer der Sammelbände, andererseits an die Beiträger selbst. Beide Adressatengruppen sollten in die Lage versetzt werden, zu sehen, welche Themen in den Beiträgen angesprochen, welche Lösungsmöglichkeiten vorgeschlagen werden und wo Parallelen und Gegensätze bestehen. Eine grobe Trennungslinie läßt sich unter den Arbeiten dadurch ziehen, daß einige an Grammatiken oder Grammatiktheorien orientiert sind und andere nicht, zumindest nicht primär. Die erste Gruppe umfaßt wiederum Arbeiten verschiedenen Charakters. Da sind einmal diejenigen, welche die vorhandenen Beschreibungsmittel benützen, sie ausnützen, natürlich auf unterschiedliche Art. Dazu möchte ich die Arbeiten von W. Klein, J. Stegner, E. Hermann, E. Rudolph, H. Rohen und O. Smailus zählen. Für diese Gruppe von Arbeiten gilt: an der prinzipiellen Lösbarkeit des Ellipsenproblems im Rahmen einer der vorhandenen grammatischen Modellvorstellungen wird nicht gezweifelt. Diese Autoren behandeln im wesentlichen das Problem der regulären Ellipse oder die Frage "Wie darf aufgefüllt werden?" (entsprechend dem System der Standardsprache und bezüglich dieser oder jener weiteren Parameter).

Die zur zweiten Gruppe gehörenden Arbeiten kann man dadurch charakterisieren, daß sie entweder eine Alternative zur herkömmlichen Grammatiktheorie anbieten möchten, wie H.-J. Eikmeyer, oder daß sie die existierende Grammatiktheorie bzw. existierende Modellvorstellungen durch eine neue, fundierte Variante ergänzen möchten. Im Vordergrund stehen also die Absichten "Alternative" oder "Ergänzung". Der Aspekt der Ergänzung ist für W. Kindt sehr wichtig, Analoges kann man von der Arbeit M. Grochowskis sagen. Die Autoren der zweiten Gruppe betrachten Ellipsen als reguläre Formen sui generis, d.h. sie könnten auf den Begriff "Ellipse" auch verzichten, er ist nicht mehr als ein Zugeständnis an die historische Situation. Ellipsen sind für sie zentrale Phänomene, von denen eine Theoriebildung auszugehen hat. Gemeinsam ist den Arbeiten Eikmeyers, Kindts und Grochowskis die Orientierung an der Grammatik bzw. der Grammatiktheorie. Bestehende Paradigmen fest im Blick, wird ein neuer Ansatz vorgeschlagen.

Die Gruppe der Arbeiten, die nicht primär an der bestehenden Grammatikschreibung orientiert ist, umfaßt ein breites Spektrum von Ansätzen formaler und nicht-formaler Natur. Im formalen Rahmen der Katastrophentheorie ist W. Wildgens Arbeit angesiedelt. Sie baut aber u.a. auf Studien auf, die im Rahmen der Grammatikparadigmen entstanden sind. Unter den nicht-formalen Arbeiten bewegen sich zwei im Paradigma der Konversationsanalyse, nämlich die von R. Meyer-Hermann und von R. Weingarten. Beide begreifen das vertretene Paradigma als Beschreibungsinstrument, das eine Alternative zu grammatikorientierten Modellen darstellt. C. Caffi und F. Ravazzoli beschreiben fragmentarische Äußerungen in einem allgemeinen pragmatischen Rahmen. H. Ortner behandelt das Thema "Ellipse" aus sprachphilosophischer und historischer Sicht. Er weist nach, daß es eine Kontinuität der Antiellipsenargumentation gibt, zumindest im 19. und 20. Jahrhundert. Cherchi behandelt die Ellipse als Kohärenzfaktor. Rickheit und Strohner bewegen sich im experimentellen Rahmen der Psycholinguistik und untersuchen das Verstehensproblem bezüglich elliptischer Äußerungen. A. Betten behandelt den Reflex der gesprochenen Sprache in der Dramensprache des neuen Realismus.

Die nicht an einer Grammatiktheorie orientierten Autoren vertreten durchweg die Auffassung, daß Ellipsen und *a fortiori* fragmentarische Ausdrücke nicht als Aussparungs- oder Tilgungsphänomene betrachtet werden sollten, grammatikbezogene Termini werden nur zu Beschreibungszwecken verwandt.

Nun zu den einzelnen Arbeiten und ihren Bezügen untereinander (falls für mich erkennbar): W. Klein hat in den letzten Jahren bereits mehrere Arbeiten zum Ellipsenproblem veröffentlicht, u.a. auch im Zusammenhang mit Bühlers Sprachtheorie. Dies ist insofern von Interesse, als er z.B. andere Konsequenzen aus Bühlers Bemerkungen zur Ellipse zieht als z.B. Ortner oder Eikmeyer (vgl. deren Beiträge in diesem Band mit Klein (1984)). Sein Beitrag kann einerseits als Zusammenfassung seines bisherigen Ansatzes genommen werden, andererseits enthält er wichtige Hinweise zu einer neuen und allgemeineren Lösung des Ellipsenproblems und damit verwandter Probleme, die alle mit der Einschätzung und Markierung der Information im Diskurs durch den Sprecher zusammenhängen. W. Klein beschränkt sich auf regelhafte Ellipsen, d.h. solche, die nach festen Regeln aus dem Kontext ergänzt werden. Eingeschlossen - obwohl bei der Rekonstruktion dann ausgeklammert - sind dabei auch Korrekturen und produktionsbedingte Abbrüche. Unter "Kontext" ist "sprachlicher Kontext" zu verstehen. W. Klein versucht, Ellipsen von verwandten Erscheinungen wie "Kontrollphänomenen", "Argumentreduktion" und "Inferenz" abzugrenzen. Differentia der Abgrenzung sind Vollständigkeit und regelhafte Ergänzung. Klein unterscheidet verschiedene Typen von Ellipsen und unternimmt es dann, für zwei eng verwandte Gruppen, Koordinationsellipsen und Adjazenzellipsen, empirische Regularitäten anzugeben. In die Formulierung von Regularitäten gehen syntaktische und semantische Parameter ein. Form und Geltung der Regeln werfen Probleme auf, die nur durch Erweiterung der Menge definierender Merkmale oder komplizierte Einschränkungen gelöst werden könnten. Anstelle von Verbesserungen dieser Art schlägt W. Klein einen allgemeineren Erklärungsrahmen vor, in dem das Ellipsenproblem mutmaßlich adäquater behandelt werden kann. Zentral für diesen Erklärungsrahmen sind die Begriffe *thematischer Stand* und *Fokusgliederung*. Der thematische Stand einer Rede ist der während der Rede erreichte Informationsstand und seine Bewertung im Hinblick auf "beibehaltene", "neu eingeführte" u.a. Information. Die Fokusgliederung ist ein Pool von Strukturen, in den Intonation, Wortstellung, die Wahl von lexikalischen Elementen, Ellipsenmöglichkeiten etc. eingehen. Wie bei Cherchi, Stegner, Eikmeyer oder Smailus wird ein enger Zusammenhang zwischen Ellipsen und anderen Erscheinungen der semantischen Gliederung (Topic, "gegeben" vs. "neu", "topic" und "comment") hergestellt.

W. Klein bezweifelt, daß er durch eine weitere Detaillierung der Beschreibung zu einer allgemeineren Erklärung kommen kann. J. Stegner wählt dagegen den Weg der Detaillierung. Sie beschränkt sich bei ihrer Untersuchung der Thema-Rhema-Struktur von Ellipsen auf die geschriebene Sprache. Da es ihr - ähnlich wie W. Klein - darauf ankommt, Regularitäten für Typen von Ellipsen zu formulieren, engt sie ihren Untersuchungsgegenstand ein auf Vorwärts- und Rückwärtsellipsen in Sätzen, die mit *und* koordiniert sind (Sätze dieses Typs gehören auch zu den Kleinschen Standardfällen). Zunächst diskutiert J. Stegner die Hypothese (naheliegend für die "Tilgungsauffassung"), daß die Thema-Rhema-Struktur von Ellipsen identisch ist mit der Thema-Rhema-Struktur der korrespondierenden Vollsätze. Es stellt sich heraus, daß semantische und pragmatische Fakten dagegen sprechen. Als Alternative schlägt sie vor, Bündel von formalen und funktionalen Merkmalen zu spezifizieren, die dann einen Schluß auf die Thema-Rhema-Struktur zulassen. Die Merkmale, die in die Thema-Findung eingehen, lassen sich mit Kleins Konzept des thematischen Standes vergleichen. J. Stegner spezifiziert Regeln für Vorwärtsellipsen, Rückwärtsellipsen, behandelt deren Thema-Rhema-Struktur und kontrastiert die beiden Ellipsentypen. Neu an ihrer Regelformulierung ist einerseits, daß sie versucht, minimale und maximale Ellipsen festzulegen und andererseits die Tatsache, daß Parameter wie Intonation, semantische Strukturen wie "generische Lesart", "Kontrast", "lexikalische Füllung", Pronominalisierung u.a. einbezogen werden. Minimale und maximale Ellipsen sind vergleichbar mit W. Kleins "Tendenzregel" ("Was darf fallen, wenn X fällt?"), der Parameterreichtum mit W. Kleins Fokusgliederung.

Die Arbeiten von E. Rudolph und H. Rohen sind heuristischer Natur. Es geht in ihnen darum, den Geltungsbereich des Prädikats "Ellipse" zu bestimmen. "Sollen die Phänomene X, Y, Z unter der Bedingung Q als Ellipsen angesehen werden?" ist die Frage, die, vielfach variiert, in beiden Arbeiten gestellt wird. E. Rudolph behandelt das Problem, unter welchen Bedingungen kontextueller Art asyndetische Koordination als Kausalitäts-Verknüpfung aufgefaßt werden kann. Sie konstatiert eine allgemeine terminologische Unsicherheit bezüglich der Verwendung des Ellipsenbegriffs in zeitgenössischen deutschen Standardgrammatiken und kommt zum Schluß, daß die Untersuchung der asyndetischen Koordination eine neue Variante der Ellipsenproblematik darstelle. Ihre Beispiele stammen aus der geschriebenen Sprache, sind also gefunden und nicht erfunden.
E. Rudolphs zentraler Ansatzpunkt ist, daß bei Sprecher und Hörer ein Interpretationsspielraum bezüglich der asyndetischen Koordination bestehe. Kontextabhängig kann diese entweder als Kausal- oder als Folgerelation interpretiert werden. Bestehende Interpretationsmöglichkeiten werden mithilfe der Konzepte Argument, Erklärung, Begründung, Situationskenntnis und Weltwissen beschrieben. Einbezogen wird auch ein weiterer interessanter Gesichtspunkt, nämlich das "ontologische Raster" der Interpretanten. An Erörterungen struktureller Art schließt sich die Diskussion an, welche Funktion asyndetische Koordination in der Kommunikation haben kann. Sie mündet im Versuch, handfeste Regularitäten für die Interpretation der asyndetischen Koordination zu formulieren. Zum Vergleich: W. Kindt behandelt in seinem Beitrag asyndetische Koordination aus einem rein syntaktischen Blickwinkel.

H. Rohen geht in ihrer Arbeit zur Ellipse im gesprochenen Finnischen von einer Diskussion des Ellipsen- und Vollständigkeitsbegriffs aus. Sie unterscheidet an Ellipsentypen: kotextuelle bzw. syntaktische Ellipse und kontextuelle bzw. pragmatische Ellipse. Maßstab für die Vollständigkeit eines Satzes ist nicht, ob er auf der langue-Ebene bestimmte strukturelle Kriterien erfüllt, sondern ob er seine kommunikative Funktion in der menschlichen Interaktion erfüllen kann. In diesem Sinne gelten z.B. elliptische Buchtitel als vollständig, elliptische Antworten jedoch als unvollständig. H. Rohen schlägt überdies vor, zwischen elliptischen Äußerungen in der geschriebenen und der gesprochenen Sprache zu unterscheiden. (zu ähnlichen Aussagen vgl. den Beitrag von J. Stegner.) Sie untermauert dies durch Rekurs auf die an verschrifteten Texten orientierte Textlinguistik einerseits und die Konversationsanalyse andererseits. Den zentralen Teil des Aufsatzes bildet eine Zusammenstellung und Kommentierung von elliptischen Strukturen, die im gesprochenen Finnischen vorkommen. Die Analysekriterien werden zum einen aus einem nicht weiter explizierten Grammatikmodell genommen (das eine Unterscheidung in Tiefen- und Oberflächenstruktur erlaubt), zum anderen aus der Konversationsanalyse. Ziel der Untersuchung ist es, in vorliegenden Fällen zu unterscheiden, ob eine Äußerung ohne Ergänzung verständlich ist und welche Elemente gegebenenfalls in der Tiefenstruktur ergänzt werden müssen. Die Ellipsen werden nach kotextuell und kontextuell klassifiziert. Typen von elliptischen Strukturen für das gesprochene Finnisch werden herausgearbeitet (z.B. Fehlen des Subjekts, des finiten Verbs etc.).

E. Hermanns Arbeit behandelt GAPPING-Phänomene im Russischen. Der Begriff "GAPPING" zeigt bereits an, daß sie sich im transformationellen Paradigma bewegt. Sie stellt zunächst allgemeine Gesetzmäßigkeiten für das GAPPING im Russischen dar: RÜCKWÄRTS-GAPPING und VORWÄRTS-GAPPING sind gleichermaßen möglich; die Verbeliminierung ist unabhängig von Kongruenzkategorien, die Negationspartikel kann im zweiten Konjunkt ausgelassen werden, zusammen mit dem Verb wird eine identische NP weggelassen. Das Verhalten von Modalverben, analytischem Futur, kopulativen und halbkopulativen Verben gegenüber GAPPING wird kurz dargestellt. Daran schließt sich eine Analyse des GAPPING in Nominalisierungen an. Ausgangspunkt dazu ist die Überprüfung, wie sich die Transformationen CONJUNCTION-REDUCTION und GAPPING im Russischen verhalten. Im Zusammenhang mit

Nominalisierungen (im Anschluß an eine Typologie, die Vendler für Nominalisierungen vorgeschlagen hat) werden deren Intonationsstrukturen diskutiert. Abschließend wird erörtert, ob im Zusammenhang mit der Konjunktion *kak* GAPPING-Phänomene auftauchen.

O. Smailus legt den Ellipsenbegriff fest auf systematisch bedingte syntaktische Lücken, die semantisch ergänzt werden. Ausgangspunkt für seine Untersuchung ist eine Grammatikkonzeption, die drei Ebenen umfaßt, den semantischen Pool, die syntaktische Struktur und die Oberflächenstruktur. Er schränkt seinen Untersuchungsgegenstand auf NP-Ellipsen im Yukatekischen ein und geht davon aus, daß für das Ellipsenproblem folgende Bereiche eine Rolle spielen: semantischer Pool, semantosyntaktische Ebene (Ebene der Aktanten), morphosyntaktische Ebene (Ebene der Kasuszuweisung), morphologische Ebene (Ebene der Realisierung). Auf der morphologischen Ebene besteht unter bestimmten kontextuellen Bedingungen die Wahl zwischen Realisierung oder Ellipse. Die angeführten Bereiche werden zur Explikation von "NP-Ellipse" herangezogen. Smailus' Hypothese bezüglich des Yukatekischen ist: Ein Aktant wird beim ersten Auftreten durch eine NP belegt, im nachfolgenden Diskurs besteht dann die Wahl zwischen Ellipse, Pronominalisierung oder vollständiger NP. Ausgehend von dieser Hypothese untersucht er dann die Relation zwischen Aktantenrolle und Ellipse. Er versucht, empirische Regularitäten bezüglich des Vorkommens von NP-Ellipsen im Satz und im Diskurs aufzustellen und deren kommunikative Funktion zu interpretieren.

Soweit zu den Arbeiten, die sich im Rahmen geläufiger Modelle bewegen. Nun zu den alternativen Modellierungen. Auf eine Erweiterung der Grammatiktheorie durch neue Grammatiken zielt W. Kindt ab. Ansatzpunkt, um die Notwendigkeit für eine Erweiterung zu begründen, ist das Ellipsenproblem. Ellipsen werden in der Regel nicht als zentrale Explikanda, sondern als Randfälle für eine Grammatiktheorie aufgefaßt. W. Kindt versucht, Gründe für diese Haltung anzugeben und entwickelt eine dazu konträre Position. Er spricht sich gegen die "Vervollständigungsmethode" bzw. den "Aussparungsansatz" aus und untermauert dies mit ähnlichen Argumenten wie H. Ortner und M. Grochowski. Ellipsen werden als autonome Phänomene der Sprachproduktion betrachtet. Als nächster Schritt wird die Extension des Prädikats "elliptisch" erörtert. Die resultierende Definition von "elliptisch" ermöglicht eine Unterscheidung zwischen Ellipsen und Satzfragmenten. Ich möchte diesen Punkt hervorheben, weil er ein ungelöstes Problem für alle mir bekannten Ansätze darstellt: Ellipsen sind "irgendwie regulärer" oder "habitualisierter" als Abbrüche, trotzdem kann man Abbrüche häufig sehr gut verstehen, also sind sie auch an Regularitäten gebunden (vgl. zu diesem Punkt den Kleinschen Sprachgebrauch "regelhafte Ellipse" und die Bemerkung A. Bettens zur Ergänzbarkeit von Fragmenten). Danach wird erörtert, welche Form der Syntax für eine Beschreibung der Ellipsen herangezogen werden soll. Neben einer neuen Satzkategorie werden zwei Arten von syntaktischen Beziehungen vorgeschlagen, Verknüpfung und Plazierung. Zur Definition der Syntax werden allgemeine spieltheoretische Konzepte verwendet. Die Hauptidee des Syntaxmodells besteht darin, sequentiell nicht (unmittelbar) benachbarte Plazierungen von grammatisch miteinander verknüpften Elementen zuzulassen. Die Alternative zum "Aussparungsmodell" besteht nun darin, Ellipsenformen als Rückanknüpfungen mit nicht benachbarter Plazierung zu erklären.

W. Kindt unterscheidet zwei Typen von Ellipsen: elliptische Sequenzen mit umgebungsunabhängiger Bedeutung vs. elliptische Sequenzen mit umgebungsabhängiger Bedeutung. Sein Ansatz ist auf die Erklärung umgebungsabhängiger Ellipsen zugeschnitten. Er diskutiert eine geeignete Verknüpfungsrelation und spezifiziert deren Eigenschaften. Anhand eines überschaubaren Paradigmas wird dann untersucht, welche Arten der Ellipsenbildung theoretisch möglich sind und welche Anforderungen sie an die Regeln der Syntax stellen. An verschiedenen Stellen wird auf die Regelformulierung in Klein (1981) Bezug genommen und versucht, dort bestehende Probleme in dem entwickelten Rahmen zu lösen. W. Kindts zentrale Hypothese ist: "eine systematische Untersuchung der Wirkungsweise von Koordinationsregeln" [Anm. des neu entwickelten Regeltyps] liefert "einen wesentlichen Schlüssel für die Aufklärung des Ellipsenproblems insgesamt". Ferner beschreibt er, welche speziellen Verknüpfungsregeln man neben den Koordinationsregeln benötigt. Seine Antwort darauf: eine Spezifikation syntaktischer Beziehungen wie in Dependenzgrammatik oder Prädikatenlogik. Es folgen noch eine Reihe von Thesen, die hier nur stichwortartig angeführt werden können. Sie betreffen die syntaktische Rolle von Verben, die Positionsbeziehungen, die Erklärungskraft von Dependenz- und Positionsbeziehungen, syndetische und asyndetische Koordination, die Natur der Verknüpfungspole, u.a.m.

Die Arbeit von W. Kindt entwickelte sich im letzten Jahr zu immer größerem Umfang aufgrund der Probleme, die bei ihrer Verfertigung vom systematischen Standpunkt aus entstanden. Angesichts der Tatsache, daß es sich um einen neuen Ansatz handelt, hielten wir es für gerechtfertigt, eine längere Version davon in den Band aufzunehmen.

M. Grochowski argumentiert einleitend gegen eine unscharfe Verwendung des Ellipsenbegriffs. Er wendet sich gegen das intuitive Vorverständnis bezüglich Ellipse im Sinne von "Fehlen eines Elements", "Unvollständigkeit", u.dgl. Sein Bezugspunkt ist, wie in den meisten Arbeiten, die auf eine formale Beschreibung abzielen, die sogenannte reguläre Ellipse, Satzfragmente werden ausgeklammert Grochowskis These ist, daß Ellipsen im herkömmlichen Sinne nicht existieren, da eine konkrete Feststellung dessen, was fehle, nicht möglich sei. (Zu diesem Punkt äußern sich auch Klein, Stegner, Ortner, Cherchi und Kindt, ziehen aber je verschiedene Konsequenzen.) Er expliziert seine Hypothese relativ zu einem Grammatikrahmen, wobei er die interessante Auffassung vertritt, "daß [...] Satzgenerierungsregeln eine Idealisierung gewisser wirklicher menschlicher Handlungen mit Objekten" (nämlich Spracheinheiten) seien. Sind in so einem - wie man sagen kann, realistischen - Rahmen die Begriffe "Ellipse" und "Eliminierungsregel" notwendig? M. Grochowski versucht diese Frage anhand folgender Typen von syntaktischer Ellipse zu beantworten: fehlender Akkusativ einerseits und fehlendes Element in koordinierten Strukturen andererseits. Fehlende Akkusative werden nicht als "ellipsenerzeugend" betrachtet (vgl. dazu die analoge Auffassung Kleins bezüglich der Argumentreduktion und Cherchis Aussagen zur syntaktischen Wiederentdeckbarkeit), sondern durch pragmatische Zusammenhänge erklärt. Bezüglich der koordinierten Strukturen ist Grochowskis Syntaxintuition ähnlich der, die W. Kindt vertritt (und konträr zu den sonstigen, bis hierher besprochenen Auffassungen). Im Gegensatz zu Kindt strebt er allerdings keine extensive Rekonstruktion der Bildungsmuster an. Auf die Begriffe "Ellipse" und "Tilgungsregel" kann er in seinem Rahmen in der Tat verzichten.

Das mit "Ellipse" verbundene Vollständigkeitskonzept wird in

mehreren Arbeiten (z.B. bei Klein, Stegner und Kindt) angesprochen. Einen zentralen Punkt bildet es in der von H.-J. Eikmeyer vorgelegten Arbeit. Er weist anhand von Belegen nach, daß der Begriff der Ellipse den dualen Begriff der Vollständigkeit mit- oder voraussetzt. Als Beispiele, die dies zeigen, führt er aus: den Bezug auf einen syntaktischen Vollständigkeitsbegriff, Vollständigkeit bezüglich einer ATN-Grammatik und das Konzept kontextuelle vs. grammatische Vollständigkeit. Eine vergleichbare Diskussion wird von W. Kindt geführt, weitere informative historische Belege für die "Dualitätshypothese" finden sich in der Arbeit von H. Ortner.
Als weiteres Thema wird von H.-J. Eikmeyer die Interpolationstechnik als Beschreibungsmittel für Ellipsen diskutiert ("Interpolation" ist die Konverse zu "Tilgung" bzw. "Aussparung" und entspricht W. Kindts "Auffülltechnik"), sowie die übliche Beschränkung von Arbeiten zur Ellipse auf reguläre Ellipsen. Die Interpolationstechnik wird in einer Reihe von Paradigmen, z.B. der Transformationsgrammatik (cf. den Beitrag von E. Hermann in diesem Band und das Chomsky-Zitat in der Arbeit von R. Meyer-Hermann), der logischen Grammatik und der künstlichen Intelligenz verwendet. Interpoliert wird eine vollständige syntaktische Struktur vor dem Hintergrund eines syntaktischen Vollständigkeitsbegriffs. Gründe für die Inadäquatheit solcher Ansätze werden in den Arbeiten von Klein und Kindt erörtert. Als Alternative zu einem syntaktischen Vollständigkeitsbegriff schlägt H.-J. Eikmeyer - unter Rückgriff auf eine empirische Untersuchung zum London-Lund-Korpus - einen "natürlichen Vollständigkeitsbegriff" vor. Dieser kommt durch eine Korrelation von Vollständigkeitskriterien auf den Ebenen Prosodie, Syntax und Semantik zustande, ist also mehrdimensional, während der syntaktische Vollständigkeitsbegriff eindimensional ist. Eine analoge Auffassung bezüglich der Interpolationstechnik vertritt W. Kindt, zieht aber bezüglich syntaktischer Vollständigkeit die konträre Konsequenz, eine "sui-generis"-Vollständigkeit für elliptische Strukturen (man verzeihe den scheinbaren Widerspruch in meiner Formulierung) anzunehmen. H.-J. Eikmeyer skizziert dann eine Klasse von prozeduralen Modellen, die inkrementellen Modelle, und diskutiert anhand eines Diskursausschnitts, wie im Rahmen solcher Modelle die Kooperation von Vollständigkeitskriterien simuliert werden kann. Der aus der vorgeschlagenen Vollständigkeitskonzeption

resultierende Ellipsenbegriff ist semantischer Natur. Inkrementelle Modelle unterteilen Ausdrücke nicht in vollständige und unvollständige, sondern in interpretierbare und nicht-interpretierbare.

H.-J. Eikmeyers Diskussion der Dualitätsrelation zwischen Ellipse und Vollständigkeit anläßlich der DGfS-Tagung hat eine Reihe von Beiträgern auf diesen Punkt aufmerksam gemacht. Wenn man bedenkt, wie umfassend ein natürliches Vollständigkeitskonzept definiert werden kann, dann kann man der Kritik gegen die Verwendung eines solchen Konzepts vielleicht wiederum etwas von seiner Schärfe nehmen. Polemisiert wird in der Regel gegen einen syntaktisch orientierten oder einen diffus verwendeten Vollständigkeitsbegriff (vgl. dazu Kindt, Meyer-Hermann, Rohen, Ortner, Raible). Eine Erweiterung des Vollständigkeitskonzepts findet sich in den Arbeiten von Raible (unter dem Stichwort "semantische Ellipse") und insbesondere bei R. Weingarten, der die weitreichendste systematische Unterscheidung bezüglich Vollständigkeit trifft.

W. Wildgen präferiert einen Modellierungsansatz, der nicht auf der Grammatikhierarchie oder den formalen Sprachen, sondern auf der Katastrophentheorie aufbaut. In seinen Arbeiten stehen nicht in erster Linie Ellipsen im Vordergrund. Es geht ihm um eine Klasse von Phänomenen in der Sprachverwendung, die durch Unvollständigkeit und die Notwendigkeit einer irgendwie gearteten Ergänzung gekennzeichnet sind. Diese heißen "reduktive Prozesse". Auch in den Arbeiten Kleins, Stegners, Kindts oder Eikmeyers finden sich Hinweise dafür, daß eine umfassendere Theorie für eine Familie verwandter Phänomene angestrebt werden solle, die Klasse der anvisierten Phänomene ist jedoch bei W. Wildgen am ausgedehntesten. Sie enthält reguläre Ellipsen im Sinne von Klein (1980), *ad hoc*-Komposita, bei denen die "funktional-dynamischen Organisationsprinzipien" im Vordergrund stehen, pidginisierte Sprachformen, die aus dem sekundären Spracherwerb ausländischer Arbeiter resultieren und Approximationen phylogenetischer Prozesse. Es geht in Wildgens Beitrag darum, für diesen weiten Bereich eine Modellvorstellung zu entwickeln, die in der Lage ist, die Dynamik solcher Phänomene zu erfassen. Dies ist mit den üblichen Methoden der strukturellen, generativen und sprach-philosophisch-logischen Grammatik- und Sprachtheorie nicht möglich, da es sich dabei um statische Ansätze handelt. W. Wildgen greift daher auf die von R. Thom entwickelte

Archetypensemantik zurück. Das Interessante an seinem Ansatz ist, daß für eher lokale Prozesse (wie Komposita) und globale Prozesse (wie die Sprachevolution) ein einheitlicher Bezugs- und Beschreibungsrahmen entwickelt wird, der sich nicht an Syntax und Semantik formaler Sprachen anlehnt, aber dennoch auf die Vorteile eines mathematischen Rahmens nicht zu verzichten braucht. Die elementaren Einheiten des Bezugsrahmens, semantische Archetypen, und Übergänge zwischen diesen werden anhand von Beispielsätzen erläutert. Das Modell wird schließlich zur Beschreibung lexikalischer Komposita, *ad hoc*-Komposita und verbloser Sätze in pidginisiertem Deutsch verwendet. Im Anschluß daran erläutert er, wie die vorgestellten Rekonstruktionshypothesen mit Paivios Dual-Coding-Theory untermauert werden können. Abschließend wird versucht, eine funktionale Interpretation von Reduktionsprozessen zu geben und sie "als Ausbeutung von Prägnanzeigenschaften und [...] als Verringerung von Redundanz zu deuten".

Die Beiträge von R. Weingarten und R. Meyer-Hermann bewegen sich im Paradigma der Konversationsanalyse. Die Bereitschaft, sich mit "undurchsichtigen" sprachlichen Phänomenen auseinanderzusetzen, ist in diesem Paradigma weitaus größer als in der auf Idealisierung ausgerichteten strukturellen Betrachtungsweise. Dies hat sich u.a. im Zusammenhang mit der Analyse von Reparaturen gezeigt. Die Schwierigkeit solcher Ansätze besteht darin, daß das Beschreibungsinstrumentarium erst immer anhand der Phänomenenanalyse entwickelt werden muß und daß keine weitreichenden Standardisierungen für die Beschreibung von syntaktischen und semantischen Zusammenhängen existieren.

R. Weingarten setzt sich von einem Vollständigkeitskonzept ab, das an der Syntax oder an den Verständigungsnormen der verschrifteten Standardsprache orientiert ist. Er behandelt das Konzept der Vollständigkeit in der mündlichen Kommunikation, und zwar in Abhängigkeit von Interaktanten, Kontexten und den relevanten Dimensionen Verständlichkeit, Richtigkeit und Wahrheit. Da er generell die Vollständigkeitsproblematik untersucht, steht bei ihm das Thema Ellipse nicht im Vordergrund. Er vertritt einen weiten Ellipsenbegriff, der reguläre Ellipsen und Satzfragmente einschließt, nämlich jede Art von Unvollständigkeit bezüglich standardsprachlicher Wohlgeformtheit. Neu an R. Weingartens Ansatz ist, daß er

Vollständigkeit als allgemeines Phänomen begreift, das nicht auf linguistische Strukturen eingeengt ist. Dies wird klar, wenn man z.B. seine Arbeit mit jener von H.-J. Eikmeyer vergleicht, der dem Vollständigkeitskonzept auch breiten Raum gibt. Bisher hatten wir nur metasprachlich orientierte (theorie-determinierte) Vollständigkeitskonzepte angetroffen (vgl. dazu auch Raibles Aussagen zur metasprachlichen Ellipse), im Gegensatz dazu akzeptiert R. Weingarten nur Belege als empirische Daten, in denen eine Thematisierung von Vollständigkeit durch Interaktionsbeteiligte gegeben ist. Analysatorabhängig ist nur die Benennung der relevanten Dimensionen, die Feststellung einer bestehenden Unvollständigkeit stammt von den am Diskurs Beteiligten. R. Weingartens Daten kommen aus der Unterrichtskommunikation. Einige seiner Vollständigkeitskonzepte bezüglich Verständlichkeit sind mit dem Raibleschen Konzept der semantischen Ellipse vergleichbar.

W. Kindts Ansatz zeigt, daß die Auffassung, Ellipsen seien autonome syntaktische Strukturen (was ein Abgehen von traditionellen Interpretationsmechanismen bedeutet, nämlich Ellipsen gerade nicht als "oratio imperfecta", als "defectus dictionis" zu betrachten, vgl. dazu Raible, Maingueneau und Ortner) zu einem Neuansatz im Rahmen der Grammatiktheorie führt. Wenn man im Rahmen der Diskursanalyse bleiben und nicht auf herkömmliche grammatische Explikationsmodelle Bezug nehmen will, welche Erklärungsansätze ergeben sich dann für unvollständige Formen?

Eine Antwort auf diese Frage versucht R. Meyer-Hermann zu geben. Er nimmt auch auf Vollständigkeitskonzepte Bezug, verzichtet aber auf die Verwendung eines Ellipsenbegriffs wegen der Normorientiertheit der dort zugrunde gelegten Satzdefinitionen (zur Relation Satzdefinition-Ellipse cf. Eikmeyer, Raible, Ortner, Weingarten und Kindt). Bezüglich der Grammatik sind die Kategorien "Satz", "Nicht-Satz", etc. zentral. Welche Kategorien sind bezüglich des Datenbereichs face-to-face-Interaktion von analoger Bedeutung? R. Meyer-Hermann versteht die Frage im Sinne von "Welche Kategorien sind für die Interaktanten wichtig?" (cf. die damit übereinstimmende Auffassung von R. Weingarten). Antwort: Relevante Kategorien können aufgrund von metakommunikativer Thematisierung gefunden oder aufgrund des Interaktantenverhaltens erschlossen werden. Als relevante Kategorien ergeben sich: kommunikativ-funktionale Vollständigkeit (cf. dazu auch Ortner, Weingarten, Rohen) sowie Verbalisierungsangebot und Ratifizierung. R. Meyer-Hermanns Beitrag ist der einzige in diesem Band, in dem die "interaktive Auflösung" von Fragmenten diskutiert wird. Eine vollständige Theorie von Ellipse und fragmentarischen Ausdrücken müßte natürlich beide Aspekte erfassen: Auflösung von Unvollständigkeit *ohne* und *unter* kooperativen Bedingungen. Der kooperative Aspekt bleibt den an der Grammatiktheorie orientierten Ansätzen natürlich verschlossen.

Im Zusammenhang mit der Erörterung relevanter Kategorien erfolgt bei R. Meyer-Hermann eine Definition von "fragmentarischer Äußerung". Es handelt sich dabei um solche, die unvollständig sind (entsprechend den beiden genannten Kategorien), aber interaktiv erfolgreich interpretiert werden können. Der zentrale Lösungsansatz für das Fragmentproblem ist der Begriff der Interpretierbarkeit (eine ähnliche Auffassung findet sich bei H.-J. Eikmeyer sowie bei C. Caffi und F. Ravazzoli). Dann werden hauptsächlich drei Fragen erörtert: Typologie der Fragmente, Modelle für die Interpretation von Fragmenten und die interaktive Funktion von Fragmenten. Für die Zwecke der Typologisierung werden an Parametern verwendet: Sprecher Kontext, vorangehender Kotext, folgender Kotext, Vorhandensein von Spuren, welche die Interpretation des Fragments steuern können. Die vorgeschlagene Typologie ist offen, weitere Differenzierungsmöglichkeiten ergeben sich aufgrund der Struktur der Spuren und aufgrund der Interaktionssysteme, in welche die Fragmente eingebettet sind.

R. Meyer-Hermann diskutiert zwei Modelle für die Interpretation von Fragmenten, das Oberflächenmodell und das Diskurswelt-/Interaktionswelt-Modell. Die Specifica der face-to-face-Kommunikation sprechen für das zweite Modell. Hier wird deutlich, daß auch ein konversationsanalytischer Ansatz nicht ohne Analoga zu Kleins "thematischem Stand" oder Eikmeyers prozeduraler Semantik auskommt. Die Frage nach der interaktiven Funktion von Fragmenten beantwortet R. Meyer-Hermann so, daß keine Zuordnung von Manifestationsformen und interaktiven Funktionen und vice versa erkennbar ist, in der auf Fragmentarizität Bezug genommen würde.

Die vorliegenden Bände zeigen, daß die meisten Beschreibungen von Ellipsen oder fragmentarischen Äußerungen auf eine Menge unterschiedlicher Parameter wie Satzmuster, phonologische Merkmale und semantische Entitäten Bezug nehmen (vgl. dazu die Beiträge von H.-J. Eikmeyer, W. Klein und J. Stegner). Demgegenüber sind Arbeiten mit *einer* dominanten Orientierung selten, ein Beispiel für eine dominant syntaktische Orientierung ist die Arbeit von W. Kindt, ein Beispiel für eine dominant pragmatische Orientierung ist der Aufsatz von C. Caffi und F. Ravazzoli. Die Verfasserinnen nehmen sich das schwierige Gebiet der fragmentarischen Äußerungen vor, "schwierig" deshalb, weil es noch diffuser und "unverstandener" ist als der Bereich der regulären Ellipse. Unter fragmentarischen Äußerungen verstehen sie solche, die mehrere Produzenten haben (der einfachste Fall davon ist die indirekte Rede unter bestimmten Modi der Redewiedergabe) oder die ohne explizite illokutionäre Markierungen sind. Ihr Ziel besteht darin, Aussagen zu machen zu den Strategien, die zur Interpretation solcher Fragmente benützt werden. Thematisiert werden: Strategien beim Verstehen, kommunikative Strategien, die hinter der Verwendung von Ambiguität und Fragmentarisierung stehen und schließlich sprachliche Mittel, die Fragmentarisierung und Ambiguität in irgendeinem Sinne anzeigen.

Als zentral für die Explikation von fragmentarischen Äußerungen sehen sie den Begriff der Interpretierbarkeit an, den sie wiederum als Entsprechung zum Begriff des geglückten Sprechakts auffassen. Sie sichern ihren interpretativen und heuristischen Ansatz durch ein breites Spektrum von Arbeiten aus dem Bereich der Pragmatik ab und diskutieren interessante Konzepte wie "kontextuelle Implikation", "Relevanz" oder "Nicht-Kooperation". Als Text dient ihnen ein Leitartikel aus dem *Corriere della Sera*, betreffend eine Interpretation von Craxis Brief an Andropov, betreffend Craxis Interpretation von Andropovs Interpretation des Standes der Abrüstungsverhandlungen nebst einer Stellungnahme des sowjetischen Botschafters zu Craxis Brief betreffend Craxis Interpretation etc. Man sieht daraus bereits, daß natürliche Sprachprodukte nicht nach dem einfachen Muster von Modus und Satzradikal oder performativem Prädikat und Proposition organisiert sind. Das Bemerkenswerte an dem Leitartikel ist nun, daß sich hinter der geglätteten, stromlinienförmigen Oberfläche semantische und pragmatische Fragmentarisierungen verbergen, so daß in der Tat dem Leser nicht klar ist, wer was zu wem sagte, da er sich mit einem Escherschen Verwirrspiel aus Bericht und Kommentar, paraphrasiertem und wörtlichem

Zitat konfrontiert sieht.

Ein historisches und sprachphilosophisches Pendant zu R. Weingartens Diskussion von Vollständigkeitskonzepten ist die Arbeit von H. Ortner. Er wählt als Ausgangspunkt die normative Auffassung "Ellipse gleich defekte Struktur", die sich seiner Meinung nach im 19. Jahrhundert verfestigte und mit der sogenannten "Repräsentationstheorie des Satzes" verbunden wurde. Im Rahmen dieses Denkmodells werden Ellipsen und - vorsichtig ausgedrückt - deren vollständige(re) Korrelate als "unterschiedliche Realisationen *einer* Bedeutung" angesehen. Die Kritik an diesem Denkmodell betrifft somit die meisten bekannten sprachphilosophisch-logischen und linguistischen Grammatiktheorien, auch eine Reihe von Beiträgen in den vorliegenden Bänden.

H. Ortner behandelt zuerst die Rolle des Ellipsenbegriffs und verwandte Begriffe in der Beschreibung von "Sprachverwendung und Sprachverkehr". Insbesondere zeigt er eine Tradition der Polemik gegen den Ellipsenbegriff und den Vollständigkeitsbegriff auf, die sich mit den Namen Mauthner, H. Paul, Bühler und Wittgenstein verbindet. Für Ortners eigene Denkrichtung ist die Wittgensteinsche Sprachauffassung, sind vor allem die Konzepte des "Sprachspiels" und der "Familienähnlichkeit" zentral. Zum Thema Vollständigkeit: Eine interessante Alternative zum herkömmlichen eindimensionalen Vollständigkeitsbegriff entwickelt H.-J. Eikmeyer, auch die noch weiter verallgemeinernde Weingartensche Redeweise bezüglich der Dimensionen von Vollständigkeit kann dieser Diskussion neue Akzente verleihen. Das Umgekehrte folgt natürlich ebenso: Neuere Vollständigkeitskonzepte wären vor dem Hintergrund der historischen - von H. Ortner aufbereiteten Kritik - zu reflektieren. Soweit ich sehe, entzieht sich der Standpunkt von W. Kindt (Ellipsen sind syntaktisch wohlgeformt, d.h. vollständig) der historischen Kritik, da er die "comparatio" mit vollständigeren Formen nicht benötigt. Analoges gilt von H.-J. Eikmeyers Ansatz.

An den historischen Teil schließt H. Ortner Überlegungen betreffend den Ellipsenbegriff und verwandte Begriffe in der Beschreibung von Sprachkompetenz und Sprachsystem an. Er zeigt, daß die Genese der Einschätzung "Ellipse gleich reduzierte Struktur" im wesentlichen auf zwei Tendenzen aufbaut: der Hypostasierung *einer* zugrunde liegenden semantischen Struktur einerseits und Idealisierungen vzw. Quasi-Generalisierungen betreffend die Eigenschaften von Sätzen andererseits. Beide Tendenzen führen notwendig zur Ergänzungsstrategie, dem Korrolar der "defectio dictionis"-Auffassung. (Vgl. zu diesem Punkt Raibles Bemerkungen zur Norm und zur Historizität des Ellipsenbegriffs.) Gegen die Ergänzungsstrategie macht H. Ortner ähnliche Einwände geltend wie Cherchi, Grochowski oder Rohen. Darüberhinaus zeigen Argumente aus der Ontogenese und der Phylogenese des sprachlichen Verhaltens, daß Ellipsen als eigenständige Strukturen aufgefaßt werden müssen (vgl. dazu ähnlich W. Wildgens und W. Kindts Beiträge). Die Modellierungsrichtung ist durch die oben genannten Wittgensteinschen Begriffe vorgegeben. Damit ist der Punkt markiert, an dem eine historisch bewußte Theorie des Ellipsenphänomens einsetzen kann. In einem abschließenden Abschnitt belegt H. Ortner, welche Widerstände gegen die Anerkennung von Ellipsen als "sozialisierte[r] Formen sprachlicher Verständigung" bestehen und welche Begründungen dafür angegeben werden.

W. Raible hat es dankenswerterweise unternommen, den Band "L'Ellipse grammaticale - Etudes épistémologiques et historiques", herausgegeben von C. Fuchs, zu besprechen. In diesem Zusammenhang hat er, aufbauend auf den Beiträgen des genannten Bandes, eine Reihe von historischen und systematischen Ergänzungen vorgenommen, die für diesen Band wichtig sind, insbesondere deswegen, weil die historische Dimension der Ellipsenproblematik hier nicht in extenso thematisiert wird (zum 19. und 20. Jahrhundert vgl. den Beitrag von H. Ortner). W. Raible skizziert den griechischen Philosophie-, Mathematik- und Grammatikhintergrund, vor dem die Redeweise von der Ellipse eingeführt wurde. Ellipse und Pleonasmus als "zu wenig" bzw. "zu viel" galten als *ein* Extrem bezüglich des Normalen, Vollständigen. Hier sind wir an der geistesgeschichtlichen Quelle der Redeweise von der "oratio imperfecta". Der Rezensent weist darauf hin, daß Ellipse und Pleonasmus in einem Feld von Abweichungen von der Norm zu lokalisieren sind. Er sieht die heuristischen Operationen des analysierenden Grammatikers als Analoga zu den Figuren von Grammatik und Rhetorik, m.a.W.: von Ellipse etc. kann in methodologischer Absicht Gebrauch gemacht werden.

W. Raible diskutiert ausführlich das Normproblem. (Es wird in diesen Bänden von anderen Beiträgern wie Eikmeyer, Ortner und Weingarten vor allem unter dem Begriff der Vollständigkeit erörtert.) Er arbeitet heraus, *daß historisch unterschiedliche Normen zu unterschiedlichen Ellipsenbegriffen führen*: Wird eine umfassendere Norm-Struktur angesetzt, dann führt dies zu einer größeren Anzahl von Ellipsen. Raible schließt sich der Unterscheidung in diskursive und metasprachliche Ellipsen einerseits sowie Ellipsen auf der Ebene des Sinns andererseits an. Metasprachliche Ellipsen sind Ellipsen aufgrund einer metasprachlich explizierten Norm. Diskursive und metasprachliche Ellipsen werden unter dem Begriff "grammatische Ellipsen im eigentlichen Sinne" zusammengefaßt. Ellipsen auf der Ebene des Sinns können nicht relativ zu einer "kanonischen *grammatischen* Struktur" definiert werden, sondern nur vor dem "Hintergrund größerer Sinn-Ganzer". Solche Sinn-Ganze können z.B. Argumentationsschemata oder literarische Gattungen sein. Ohne den Begriff der semantischen Ellipse zu verwenden, vertritt R. Weingarten eine vergleichbare Auffassung, zum Begriff der semantischen Ellipse vgl. den Beitrag von H.-J. Eikmeyer, eine Ausweitung der Raibleschen Problematik findet sich im pragmatisch orientierten Beitrag von C. Caffi und F. Ravazzoli.

Eine Alternative zur Verwendung des Ellipsenbegriffs sieht W. Raible in der Verwendung von funktionalen Erklärungen, wie sie z.B. Tesnière im Zusammenhang mit den "Translativen" vornimmt. Diese Tendenz zu funktionalen Erklärungen findet sich in der "Grammaire générale et raisonnée" und davor schon in der Spätscholastik, bei Roger Bacon. Bacon vertritt die Auffassung, daß Kurzformen und deren längere Entsprechungen unterschiedliche Funktionen haben. Er ist somit ein Gegner der "Auffüllungstrategie". Im vorliegenden Band wird eine "Baconsche Auffassung" z.B. von Grochowski, Kindt, Rohen, Cherchi und Eikmeyer vertreten.

Wie läßt sich eine alternative Haltung zur "Auffüllungstrategie" rechtfertigen? W. Kindt hat dies dadurch erreicht, daß er den Standpunkt "Ellipsen gleich autonome Strukturen" erarbeitete und verteidigte. W. Raible skizziert eine Perspektive, die eher an konversationsanalytische Überlegungen anschließt: Man könne davon ausgehen, daß Ellipsen die Kommunikation nicht störten. Infolgedessen sei es angebracht, sie nicht als Abweichung von einer Norm zu charakterisieren, sondern als regulär bezüglich des Sprachsystems. (Das ist in etwa auch die Auffassung von W. Kindt oder

M. Grochowski.) Die funktionalistische Sehweise sei auf dem Weg dazu, K. Bühler habe diesen Weg am weitesten beschritten (siehe dazu den Beitrag von H. Ortner).

Eine kurze Beschreibung der einzelnen Beiträge des Bandes "L'Ellipse grammaticale..." findet sich in der Rezension von D. Maingueneau, übersetzt von A. Grésillon.

L. Cherchi argumentiert gegen die Beschränkung von Untersuchungen auf Sätze. Er untersucht Ellipsen im Zusammenhang mit der Kohärenz von Diskursen. Cherchi kann eine Reihe von Argumenten dafür beibringen, daß elliptische Formen nicht durch Tilgung von Konstituenten aus vollständigen Formen erklärt werden sollten. Erklärungen dieser Art gingen von einer *a priori*-Trennung in "grammar" vs. "usage" oder ähnlichen Unterscheidungen aus (vgl. dazu H. Ortner), vernachlässigten die Differenzierung in Kommunikation vs. Metakommunikation (vgl. dazu R. Meyer-Hermann), mißachteten die pragmatische Funktion von Ellipsen und ließen außer acht, daß Ergänzungsmöglichkeiten für Ellipsen nicht eindeutig gegeben seien. Eine Alternative dazu sei die Untersuchung von Ellipsen in Diskursen. Cherchi schränkt den Ellipsenbegriff insofern ein, als er weder Satzfragmente, noch automatisch wiederentdeckbare Elemente dazu zählt (vgl. dazu die analoge Einschränkung von W. Klein bezüglich seiner "Kontrollphänomene"). Anhand von Äußerungspaaren aus Konversation und Drama kann er zeigen, daß elliptische Äußerungen andere Relationen zu ihren Vorgängersätzen eingehen als ihre nicht-elliptischen Entsprechungen. Eine elliptische Form wird als "dependency operator" zwischen Äußerungen aufgefaßt. Ellipsen isolieren Thema und Rhema einer Äußerung.

H. Strohner und G. Rickheit gehen in ihrem Beitrag aus von den Konzepten "Fragment" und "Vollständigkeit" und diskutieren diese aus der Perspektive von Struktur- und Funktionsanalyse. Sie plädieren für eine funktionalistische Variante der Psycholinguistik. Sprachliche Verständigung fassen sie als kooperatives Problemlösen auf. Im Anschluß an die Arbeiten von H. Clark u.a. beschreiben sie Verstehensprozesse als Problemlösestrategien und explizieren das Prädikat "funktional vollständig" in diesem Rahmen. Strukturelle Vollständigkeitskriterien werden den funktionalen nachgeordnet. Dies ist in etwa die Position, die von Rohen und Eikmeyer (in einer etwas anderen Form) vertreten wird, in Opposition zu Grochowski und Kindt. Das Konzept der funktionalen Vollständigkeit wirft insbesondere für die Psycholinguistik erhebliche theoretische und methodologische Probleme auf, Experimente zur Verarbeitung funktional unvollständiger Äußerungen stehen erst am Anfang. Strohner und Rickheit beschreiben zwei einschlägige Beispiele aus der experimentellen Sprachforschung. Das erste zeigt, daß syntaktische und semantische Vollständigkeit keine notwendige Bedingung für funktionale Vollständigkeit ist. Das zweite macht deutlich, daß spontane Ergänzungsprozesse von situativen Einflüssen abhängen. Als Fazit ergibt sich die These, daß das problemlose Umgehen mit Fragmenten den Regelfall und nicht die Ausnahme darstelle, eine These, die so insbesondere von W. Wildgen und H.-J. Eikmeyer, in abgeschwächter Form aber auch von W. Raible geteilt wird.

Wie ausgeprägt ist der Reflex von Ellipsen und Fragmenten in der Literatur? Diese Frage behandelt A. Betten in ihrem Beitrag. Cherchi stellt die Funktion von Ellipsen für die Kohärenz alltagssprachlicher Diskurse *und* literarisierter Dialoge heraus. A. Betten untersucht in einem ersten Abschnitt, welche Typen von Ellipsen in Stücken vorkommen. Es finden sich: Imperativ, Frage-Antwort-Ellipse, isoliertes Adverb, Ersparung von Pronomina, Isolierung von Rhemakernen, Satzabbruch. Im weiteren werden Satzabbrüche aus der Untersuchung ausgeklammert. Der Ellipsenbegriff wird als Oberbegriff für reduzierte Äußerungen verwandt, die kommunikativ vollständig sind (vgl. dazu die ähnliche Auffassung bei Rohen und die Arbeit von Strohner und Rickheit). Reduzierte Äußerungen in literarischen Dialogen stehen im allgemeinen eher "den geschriebenen Texten näher als der spontanen Mündlichkeit", wie man anhand von Stilistiken nachweisen kann. A. Betten untersucht nun, ob in der Richtung, die als "neuer Realismus" apostrophiert wird (Bauer, Bernhard, Kroetz, Slavik, Strauß, Turrini, Widmer), über die traditionellen Mittel hinaus stärker Fragmente verwandt werden, was einer detaillierteren und präziseren Erfassung der gesprochenen Sprache gleichkommen würde. Sie typologisiert die gefundenen fragmentarischen Ausdrücke aufgrund dependenz-grammatischer Kriterien in drei Gruppen: Reduktion von Satzgliedern auf ihre Nuclei, Fehlen obligatorischer Satzglieder, Kontaktsignale, die nicht auf Satzmuster abgebildet werden können. Zur Beschreibung der Funktion wird auf die Thema-Rhema-Unterscheidung zurückgegriffen. Es stellt sich heraus, daß diese Fragmente (insbesondere diejenigen aus der zweiten Gruppe) mit ästhetischen Programmen verbunden und fest in der literarischen Tradition verankert sind. Eine besondere mimetische Leistung kann ihnen offenbar nicht zugesprochen werden.

Eine Lektüre der beiden vorliegenden Bände zeigt, daß die darin versammelten Arbeiten teilweise enge Berührungspunkte bezüglich der Haltung zu Daten oder zu sonstigen methodologischen Problemen aufweisen. Über die methodologischen Grenzen hinweg meine ich, daß sie die historisch tradierten Strategien zur Lösung des Ellipsenproblems "Auffüll- und Weglaß-Strategie" versus "Ellipsen als autonome Formen" exemplifizieren. In einer Reihe von Fällen fällt eine solche Zuordnung allerdings schwer, z.B. deshalb, weil auf ein rein syntaktisches Vollständigkeitskonzept verzichtet wurde. Was fällt mir als wiederholtem Leser dieser Arbeiten auf? Zunächst: Sie ergänzen einander gut und es ist zu hoffen, daß Leser und Autoren daraus Gewinn ziehen. In einer Reihe von Beiträgen wird auf offene Probleme des jeweils vorgetragenen Einsatzes eingegangen. Vor dem Spektrum aller Arbeiten zeigen sich, mutmaßlich für jeden Beiträger, neue und andere offene Probleme. Die versammelten Aufsätze markieren subjektiv und objektiv wahrscheinlich nur einen Abschnitt auf dem Weg zur Lösung des Ellipsenproblems (ich verzichte an dieser Stelle auf *das* einschlägige Bühler-Zitat). Einige sudelbuchartige Gedankensplitter zu den Arbeiten und ihrer Anregungsfunktion für einander und insgesamt mögen sich als nützlich erweisen: Bedenkenswert finde ich die Bemerkung W. Kleins, daß sich hinter dem geläufigen Ellipsenbegriff eine Klasse heterogener Phänomene verberge, deren einheitliche Behandlung kaum möglich sei, ebenso die Auffassung von J. Stegner, man möge Erklärungsansätze und Sprachvarietäten trennen und keine zu hohen Erwartungen bezüglich Generalisierbarkeit hegen.

Ich vermute, daß die Abstimmung der Kleinschen Konzepte "Fokusgliederung" und "thematischer Stand" in Richtung einer dynamischen Modellierung Eikmeyerscher Art gehen müßte. Der Gedanke, daß der thematische Stand sich entwickelt hat und verändert, liegt nahe, auch, daß er eher von subjektiven Gegebenheiten abhängt als vom Sprachsystem. Wenn alle Verknüpfungsregeln angegeben werden und der Intuition keine Lücke eingräumt wird, welche Form wird dann die von W. Kindt entwickelte Syntax haben? Wird man für die Regeln

Zusatzbedingungen benötigen, die sie an das Stegersche Regelformat annähern? Wird die Syntax *nur* die gewünschte Satzmenge erzeugen? Welcher "Ellipsenspur" sind mehr Chancen einzuräumen, der Kleinschen oder der Kindtschen? (Ich begreife diese beiden Zugänge als Fundamentalopposition.)

Das Nützliche von Kleins und Stegners Arbeit liegt u.a. in ihren Regelformulierungen. Regelformulierungen dieser Art lassen erst die Diskussion von Gegenbeispielen zu. Eine Reihe von Arbeiten sind von einer detaillierten Regelformulierung noch etwas entfernt. Letztlich benötigt man aber Fortschritte in dieser Richtung, um Erklärungsansprüche erheben zu können. Ich würde meinen, daß dies für die Arbeiten von Grochowski, Hermann, Rudolph, Rohen, Smailus, Eikmeyer und Cherchi gilt. Hier liegen nützliche Beobachtungen, Klassifizierungen und Vorschläge vor, aber die dahinterliegenden Regularitäten sind noch nicht hinreichend bekannt oder ausformuliert.

Hätte ich einen Beitrag verfaßt, dies würde auch von meinem gelten. Das zeigt mir, daß die Erforschung der Problematik noch in der Anfangsstufe - Explikation von Begriffen, Systematisierung von Beobachtungen - steht. In abgewandelter Form gilt dies auch von den konversationsanalytischen Arbeiten: die Formulierung falsifizierbarer Regularitäten steht noch aus. Andererseits: Sind die in Meyer-Hermann und Weingarten beschriebenen Daten nicht so geartet, daß man sie in bestehenden, auch in erweiterten Grammatiktheorien keinesfalls beschreiben könnte, weil sie nicht über Satzmengen spezifizierbar sind? Sollte man also einen ganz anderen Weg zur Lösung des Ellipsen- und Fragmentproblems suchen, der dann der allgemeinere wäre? Etwa analog zur Vorgehensweise von Kindt, der das überkommende Denkmuster "Unvollständigkeit vs. Vollständigkeit" ausklammert und so zu einer neuen "Nicht-Defizit-Auffassung" kommt? Wie lassen sich wiederum im Kindtschen Ansatz phonetische und semantische Fakten unterbringen, die in anderen Arbeiten zur Sprache kommen, z.B. bei E. Hermann und L. Cherchi? Wie wird die Semantik von Verknüpfungsregeln spezifiziert? Wenn man das Konzept der Familienähnlichkeit von Ausdrücken explizieren wollte, wie H. Ortner dies vorschlägt, welches Modell sollte man dazu wählen? Ist z.B. der Kindtsche Ansatz mit den Wittgensteinschen Intuitionen besser vereinbar als der Kleinsche oder der Eikmeyersche? Sollte man sich um Bühlers u.a. Aussagen zur Ellipse überhaupt kümmern, sind sie denn vor dem Hintergrund heutiger Modelle nicht erstaunlich vage? Wenn W. Wildgen seine Daten vergleichsweise so detailliert beschreibt wie Klein, Stegner oder Kindt, wie sieht dann die Struktur der semantischen Archetypen aus? Läßt sich modulo Detaillierung der allgemeine Erklärungsansatz dann für den anvisierten Phänomenbereich noch halten, insbesondere vor dem Hintergrund der oben erwähnten Bemerkungen Kleins und Stegners? Wie nimmt man in diesem Ansatz auf phonetische und morphologisch-syntaktische Informationen Bezug, wie auf Formen überhaupt? H.-J. Eikmeyer kommt letztlich auch nicht darum herum, detaillierte Regularitäten für die Interpretierbarkeit von Ausdrücken aufzustellen. Welche Rolle spielen darin phonetische und morphologisch-syntaktische Informationen? Wie sieht eine Modellierung der Eigenschaft "ist regelhafter als" oder "ist habitualisierter als" aus? Welche Erklärungsansätze stützen die Ergebnisse aus der funktionalistischen Psycholinguistik? Wie verhält es sich mit der psychologischen Realität von Grochowskis "praktischen Regeln"? Dies anstelle eines zündenden Schlußsatzes.

ELLIPSE, FOKUSGLIEDERUNG UND THEMATISCHER STAND

Wolfgang Klein
Max-Planck-Institut für Psycholinguistik Nijmegen

Freunde, nicht diese Töne!
Beethoven

1. Worum geht es?

Ende der Sechzigerjahre äußerte sich der damalige Bundeskanzler Kiesinger auch einmal über die prekäre Weltlage, und zwar kleidete er seine Botschaft in die folgenden Worte: "Ich sage nur: China, China, China." Dieses "China, China" ist zwar einesteils doppelt und insofern redundanzreich, aber andererseits als Äußerung doch sehr elliptisch und heute schwer zu deuten. Nun war jedoch dieser Spitzenpolitiker bei den Deutschen für seine Rednergabe so angesehen wie Faust bei Gretchen ("seiner Rede Zauberfluß"). Man wird daher annehmen dürfen, daß er sich diese elliptische Form wohl überlegt hat und davon ausgehen konnte, daß sie in der betreffenden Situation von jedem richtig verstanden würde, der Deutsch kann und ein wenig Bescheid weiß in den Dingen der Welt. Es wird jedoch schwer halten, *Regeln* anzugeben, denen gemäß die Äußerung "China, China" in diesem Kontext genau das bedeutet, was Kiesinger sagen wollte und die breite deutsche Öffentlichkeit verstanden hat: die Äußerung ist hochgradig elliptisch.

In diesem Aufsatz geht es um *regelhafte Ellipsen*. Sie liegen dann vor, wenn der Sprecher bei seiner Äußerung bestimmte Elemente weglassen kann, die der Hörer, sofern er die betreffende Sprache beherrscht, nach festen Regeln aus dem Kontext ergänzen kann. Die Äußerung "Rainer Maria" wird als Antwort auf die Frage "Wer hat wem geholfen" *regelhaft* im Sinne von "Rainer hat Maria geholfen" verstanden, als Antwort auf die Frage "Wie heißt Rilke mit Vornamen?" hingegen *regelhaft* als "Rilke hieß mit Vornamen Rainer Maria."

Von jedem, der dies nicht so verstünde, würde man sagen, daß er kein Deutsch kann, nicht anders als von jemandem, der "Kiesinger warnt vor China" im Sinne von "China warnt vor Kiesinger" versteht. Bloß sind es im letzteren Fall Regeln der Wortstellung und der Rektion, im ersteren hingegen Regeln der Ellipse, die nicht verstanden sind.

Im folgenden möchte ich einige Regeln der Ellipse fürs Deutsche diskutieren (Abschnitt 3).[1] Diese Regeln decken viele Fälle ab, aber sie sind in mancherlei Hinsicht sehr unbefriedigend; einige Probleme werden in Abschnitt 4 genannt. Störend ist aber weniger, daß es einzelne Fehler, Unzulänglichkeiten und nicht erfaßte Fälle gibt, sondern, daß die Regeln kein einheitliches Bild ergeben, das sie als spezieller Fall innerhalb allgemeiner Gesetzlichkeiten der Kontextabhängigkeit erscheinen ließe. In Abschnitt 5 diskutiere ich wie ein solcher allgemeiner Rahmen aussehen müßte; Ellipse, Anaphorik, Intonation, Wortstellung und möglicherweise andere Erscheinungen bilden dabei gemeinsam die *Fokusgliederung* einer Äußerung, die zu einem bestimmten *thematischen Stand* der Rede passen muß. Ich bin nicht in der Lage, die Gesetzlichkeiten anzugeben, die zwischen Fokusgliederung und thematischem Stand vermitteln; deshalb ist dieser Abschnitt eher eine Art Programm.

Bevor ich auf die Regeln selbst komme, ist es vielleicht hilfreich, die hier behandelten Fälle von Ellipse von andern sowie von einigen verwandten Erscheinungen abzugrenzen.

2. Arten der Ellipse und verwandte Phänomene

Der Begriff "Ellipse", der ja eigentlich aus der antiken Rhetorik kommt, wird in der sprachwissenschaftlichen Literatur nicht einheitlich verwandt. Ich glaube auch nicht, daß er überhaupt eine einheitliche Klasse von Erscheinungen abdeckt. Deshalb will ich auch gar nicht versuchen, ihn hier irgendwie präziser zu fassen. Stattdessen will ich ganz heuristisch einige Phänomene anführen,

---

1 Die folgenden erörterten Regeln gehen auf eine Anzahl älterer Arbeiten zurück, insbesondere auf Klein (1979; 1981; 1984). Für Diskussionen und Kommentare danke ich E. Engdahl, Y. Kuroda, W.J.M. Levelt, B. Partee und A.v. Stechow.

die in der Forschung unter dem Stichwort "Ellipse" abgehandelt werden, und sie von drei anderen damit verwandten Erscheinungen, nämlich "Kontrollphänomenen", "Argumentreduktionen" und "Inferenzen" abgrenzen.

A. Ellipsen[2]

1. *Textsortenellipsen.* Manche Texte sind systematisch durch Auslassungen, Verkürzungen usw. gekennzeichnet. Bekannte Beispiele sind Telegramme, Wetterberichte, Überschriften, Schlagzeilen, Werbespots u.ä.

2. *Handlungsellipsen.* Damit meine ich verkürzte Äußerungen, die in stark vorstrukturierten Handlungssituationen als Aufforderung oder als Frage verwendet werden, z.B. "Raus!", "Links um!", "Bitte klopfen", "Mit oder ohne?", "Zweimal mit" usw. Viele, aber durchaus nicht alle dieser Fälle sind idiomatisiert.[3]
   Eng verwandt sind auch handlungsorientierte Ausrufe, z.B. "Heiße Würstchen", "Gipfel geplatzt" usw.

3. *Expressive Ausrufe,* z.B. "So'n Quatsch", "Wunderbar" usw.

4. *Elliptische Formeln,* wie etwa "Keine Ahnung", "Nicht zu fassen", "Schon möglich", "Gewitter im Mai - April vorbei" usw.

5. *Lexikalische Ellipsen,* wie in "Wer hebt ab?", "Ich habe leider zwei Jahre gesessen" usw. (vgl. hierzu auch Nikula 1978).

6. *Koordinationsellipsen,* d.h. Auslassungen identischer Teile innerhalb von Koordinationen. Fälle dieser Art sind vor allem im Rahmen der Transformationsgrammatik ausführlich untersucht worden, und zwar unter Stichworten wie "coordination reduction", "gapping", "right node raising", etc. (Vgl. dazu beispielsweise Ross 1970; Sag 1976; Neijt 1979; Kuno 1980; 1982, der allerdings einen breiten Ansatz vertritt.) Man unterscheidet dabei gewöhnlich zwei Hauptfälle, je nachdem,

---

2 Vgl. zum folgenden auch Klein (1984: 118-119). Eine wirkliche Typologie gibt Lenerz (1983); darauf komme ich gleich zurück.

3 Wittgenstein diskutiert in den "Philosophischen Unterschungen" (§ 2ff.) eine ganze Reihe, die nur aus solchen Handlungsellipsen besteht.

ob die Auslassung im ersten oder im zweiten (bzw. dritten, vierten, ...) Konjunkt erfolgt. Ein Beispiel für erstere ist "Fritz lag auf - und Maria lag unter dem Bett", ein Beispiel für letztere "Fritz lag auf dem Tisch und - schlief." Beide können auch gemeinsam auftreten; doch gibt es dafür viele Beschränkungen (vgl. dazu ausführlich Klein 1979: Kap. 2-4).

7. *Adjazenzellipsen.* Damit sind Auslassungen in der zweiten Komponente eines "adjacency pair" gemeint. Typische Beispiele dafür sind
   - Frage-Antwort-Folgen, z.B. "Arnim ein Bock" als Antwort auf "Wer hat was getrunken?", oder "Karl glaubt zwei" als Antwort auf "Wieviel Bären waren denn da?";
   - Korrekturen von Behauptungen, wie "Nein, für Maria" nach "Dieses Buch ist für Peter";
   - bestätigende und ergänzende Fortführung, wie "Ja, im Spiel" oder "in der Liebe auch" nach "Peter hat Glück im Spiel".

8. *Verarbeitungsbedingte Ellipsen.* Oft bleibt aufgrund momentaner Probleme in der Sprachproduktion oder auch aufgrund einer dauernden Sprachstörung eine Äußerung unvollständig. Dazu kann man auch weiterhin jene Fälle rechnen, bei denen der Sprecher bemerkt, daß seine Äußerung überflüssig geworden ist oder unpassend wäre.
   Diese Fälle sind insofern nicht ganz uninteressant, als sie uns gewisse Aufschlüsse über die Sprachverarbeitung geben können. Es scheint aber nicht plausibel anzunehmen, daß die Regeln, denen solche "Ellipsen" folgen, dieselben sind, die beispielsweise Adjazenzellipsen zugrunde liegen.

9. *Entwicklungsbedingte Ellipsen.* Sowohl im Erst- wie im Zweitspracherwerb treten lange Zeit Äußerungen auf, die gemessen an der Zielsprache "elliptisch" sind. (Vgl. beispielsweise fürs Deutsche Miller 1976; Klein/Dittmar 1979.)

10. *Sonstige.* Die Aufzählung ist schon recht bunt. Aber es gibt noch eine Reihe weiterer Fälle, die bisher kaum untersucht wurden. Dazu zählen beispielsweise Verwendungen in poetischer Sprache, infinite Sequenzen ("Sterben - schlafen. Schlafen! Vielleicht auch träumen!"), Bühlers "dingfest an-

geheftete Namen" (Bühler 1934: § 10), d.h. Aufschriften auf Waren, Wegweisern usw.

Diese Liste ist offenbar uneinheitlich. Manche Klassen überschneiden sich offenbar, bei andern handelt es sich um schwerlich vergleichbare Erscheinungen. Ich hielte es für den falschen Weg, diese Einteilung verbessern und auf einheitlichere Kriterien gründen zu wollen. Stattdessen will ich versuchen, für zwei eng verwandte Gruppen, nämlich Koordinationsellipsen und Adjazenzellipsen, die sich vergleichsweise gut untersuchen lassen, feste Regeln zu entwickeln, die sich möglicherweise auf die andern Fälle durch geeignete Verallgemeinerungen ausweiten lassen. Ich bezeichne diese beiden Gruppen zusammenfassend als "Kontextellipsen", wobei sich "Kontext" lediglich auf den unmittelbaren *sprachlichen* Kontext bezieht, nicht aber auf Informationen, die aus der situativen Wahrnehmung oder aus dem allgemeinen Weltwissen der an der Kommunikation Beteiligten rühren.

In elliptischen Äußerungen wird die tatsächlich ausgedrückte Bedeutung regelhaft durch andere Bedeutungselemente ergänzt. Dies trifft nun auch für drei andere sprachliche Erscheinungen zu, nämlich für Kontrollphänomene, Argumentreduktionen und textuelle Inferenzen. Sie wollen hier zumindest kurz erwähnt werden.

B. Kontrollphänomene

In den drei Sätzen

(1) Rieke bedeutete Johann, sich zu waschen.

(2) Rieke versprach Johann, sich zu waschen.

(3) Rieke bestritt die Notwendigkeit, sich zu waschen.

ist der Infinitivsatz *sich zu waschen* jeweils durch ein Agens zu ergänzen. Diese Ergänzung ist nicht frei, sondern sie wird von bestimmten Eigenschaften des übergeordneten Satzes, insbesondere der Rektion des Matrixverbs, aber auch der Nomina gesteuert: im ersten Fall würde jeder *Johann* als Agens ergänzen, im zweiten *Rieke*, im dritten so etwas wie *jeder Beteiligte*. Kontrollphänomene dieser und ähnlicher Art, fürs Deutsche ausführlich von Bech

(1955) untersucht, sind neuerdings wieder stark ins Blickfeld der Grammatikforschung gerückt, vor allem in der "Government and Binding"-Theorie (Chomsky 1981; Engdahl 1981). Lenerz (1983) betrachtet sie als einen speziellen Fall von Ellipsen. Ich tue das hier aus zwei Gründen nicht:

1. Zu allen "Ellipsen", die wir weiter oben aufgelistet haben, gibt es jeweils eine "vollständige" Variante: "Rainer (hat) Maria (geholfen)", "(Dreht euch) links um", "(Das ist) nicht zu fassen", "(Ich) heiße Würstchen" usw. In manchen Fällen läßt der Kontext offen, was nun genau zu ergänzen ist, aber im Prinzip gibt es jeweils eine vollständige Form - oder eben gar mehrere, lexikalisch verschiedene.[4] Bei Kontrollphänomenen ist dies normalerweise nicht der Fall.

2. Die Gesetzlichkeiten, denen Ellipsen und jene, denen kontrollierte "leere" Einheiten folgen, sind offenbar ziemlich verschieden. Dies im einzelnen zu begründen, hieße, dem folgenden Abschnitt vorgreifen. Aber man kann es sich leicht überlegen.

Es scheint mir daher zweckmäßig, Kontrollphänomene dieser Art von Ellipsen zu trennen. Das ist aber eine heuristische Überlegung. Es könnte sich im nachhinein erweisen, daß beiden Phänomenen auf einer tieferen Ebene doch gemeinsame Prinzipien zugrunde liegen. Dann würde sich natürlich diese Aussonderung als hinfällig erweisen.

C. Argumentreduktionen

Viele mehrstellige Verben können in manchen Kontexten eines ihrer Argumente weglassen. Es gibt mindestens drei typische Fälle dieser Art:

1. Absoluter Gebrauch. Das betreffende Argument ist unspezifiziert: "Als wir ankamen, kochte Peter (etwas)", "Wer kann,

---

4 Davon gibt es vielleicht doch einige Ausnahmen (z.B. "Bitte klopfen"), vor allem bei idiomatischen Ausdrücken. Soweit dies nicht bloß idiomatisiert, sondern systematisch der Fall ist, würde ich auch nicht von Ellipsen reden.

soll helfen (jemandem)".

2. Agens in Passivsätzen: "Karl verbrannte das Grundgesetz" gegenüber "Das Grundgesetz wurde verbrannt".

3. Lexikalisierungen, wie wir sie oben im Anschluß an Nikula (1978) als "lexikalische Ellipsen" bezeichnet haben: "Karl gab (Karten)", "Otto saß (im Gefängnis)".

In allen drei Fällen wird aber nicht eine bestimmte im Kontext gegebene Einheit regelhaft ergänzt. Deshalb scheint es mir auch hier nicht zweckmäßig, von Ellipsen zu reden. Dies gilt auch für die "lexikalischen Ellipsen", obwohl hier immerhin die ergänzte Bedeutung aus dem jeweiligen Verb, also schon einer kontextuell gegebenen Einheit hervorgeht; deshalb ist der Sprachgebrauch von Nikula mit dem meinen nicht ganz unvereinbar.

D. Textuelle Inferenzen

In den beiden Satzfolgen

(4) Gestern gegen fünf kam ich in Nijmegen an. Es regnete.

(5) Feuerland ist ziemlich unwirtlich. Die Leute sind aber ganz nett.

wird jeweils im zweiten Satz etwas ergänzt: Man würde sagen, daß gemeint ist, daß es *gestern um fünf Uhr in Nijmegen regnete*, nicht daß es überhaupt regenete, und ebenso denkt man sich bei (5), daß es sich um die Leute handelt, *die in Feuerland leben*. Wir schließen dies, weil nur so der Text einen gewissen Sinn gibt. Solche textuelle Inferenzen können sehr unsicher, aber eben auch, wie in den beiden obigen Fällen, sehr bestimmt sein. Sie unterscheiden sich aber von Ellipsen im hier gemeinten Sinn dadurch, daß die betreffenden Äußerungen syntaktisch *vollständig* sind. Im Gegensatz zu "Arnim ein Bock" oder "Zweimal mit" sind *Es regnete.* und *Die Leute sind aber ganz nett.* ganze Sätze. Das wirft natürlich die Frage auf, was im Deutschen ein "ganzer Satz" oder "eine syntaktisch vollständige Äußerung" ist. Ich werde diese Frage hier nicht zu beantworten versuchen, weil dies keine Arbeit über die deutsche Syntax im allgemeinen ist. Es scheint mir aber sinnvoll und durchaus auch möglich, einen Unterschied zwischen "vollständigen" und "unvollständigen" Äußerungen zu machen.

Nach diesen heuristischen Vorklärungen wenden wir uns nun den Regeln für Kontextellipsen zu.

3. Einige Regeln für Kontextellipsen im Deutschen

Kontextellipsen unterliegen zumindest drei Arten von Beschränkungen, die ich hier einmal syntaktisch, semantisch und stilistisch nenne. Mit syntaktischen Beschränkungen ist folgendes gemeint. Wenn man auf eine Frage wie

(6) Wovon hast du heute nacht geträumt?

zum Ausdruck bringen möchte, daß man von einem Kornfeld geträumt hat, muß die elliptische Antwort gewissen syntaktischen Anforderungen, beispielsweise der präpositionalen Rektion, genügen, wie sie durch eine entsprechende vollständige Äußerung gesetzt werden. Man muß sagen

(7) Von einem Kornfeld.

Zur Not geht noch *einem Kornfeld*, nicht aber *ein Kornfeld* oder gar *eines Kornfeldes*. Andere syntaktische Erfordernisse betreffen die Stellung, die Kongruenz oder den Konstituentenaufbau. Wir werden gleich Beispiele dafür sehen.

Die allgemeine semantische Bedingung ist klar: Das nicht Ausgedrückte, aber regelhaft Ergänzte muß irgendwo im engeren oder weiteren Kontext enthalten sein. Bei den "Kontextellipsen" muß die entsprechende Bedeutung also im selben (koordinierten) Satz oder aber in der unmittelbar vorausgehenden Äußerung eingeführt werden. Deshalb hat man in der Transformationsgrammatik die Ellipse oft als "Tilgung" (deletion) von formal gleichen Ausdrücken beschrieben, insbesondere bei Koordinationen. Das ist aber nur in manchen Fällen möglich. Betrachten wir dazu einige Beispiele. In der Koordination

(8) Ein Mädchen stand an der Ecke und - winkte mir über die Straße zu.

führt das erste Konjunkt ein Mädchen ein, das von nun an bestimmt ist: das Mädchen, das bei der betreffenden Gelegenheit an der Ecke stand.

Eingeführt wird es natürlich nicht allein durch die indefinite NP *ein Mädchen*, sondern durch das ganze erste Konjunkt. Man kann sich nun im zweiten Konjunkt auf ebendieses Mädchen beziehen wollen; dazu gibt es verschiedene Möglichkeiten,. so die Ausdrücke *dieses Mädchen*, *es*, *das* oder eben, wie in (8), Ellipse. Hingegen kann man nicht den mit dem Subjekt des ersten Konjunkts identischen Ausdruck *ein Mädchen* dazu verwenden. Damit bezöge man sich auf irgendein Mädchen, das mit dem eingeführten identisch sein kann, aber nicht muß. Man kann daher nicht annehmen, daß (8) durch "Tilgung" aus

(9) Ein Mädchen stand an der Ecke und ein Mädchen winkte mir über die Straße zu.

hergeleitet werden kann. In der Koordination

(10) Claudia stand an der Ecke und - winkte mir über die Straße zu.

ist gleichfalls im ersten Konjunkt eine bestimmte Person eingeführt und weiter verfügbar, hier eben durch den Eigennamen *Claudia*. Wenn man im zweiten Konjunkt weiter über Claudia reden will, so kann man sich erneut mit *Claudia* - oder mit *sie*, *die* oder Ellipse - auf die kontextuell eingeführte Bedeutungseinheit beziehen. Deshalb sind (10) und

(11) Claudia stand an der Ecke und Claudia winkte mir über die Straße zu.

synonym, wenn auch nicht in jeder Hinsicht gleichwertig.

Ellipsenregeln lassen sich, wie wir sehen werden, oft leicht formulieren, wenn man sagt, daß "identische Elemente" weggelassen werden. Damit ist gemeint: solche, die dieselbe Bedeutung ausdrücken. Oft sind diese Elemente auch der Form nach identisch; das muß aber nicht sein, und oft ist es sogar ausgeschlossen.

Nun ist es natürlich eine heikle Frage, was "diesellbe Bedeutung ausdrücken" eigentlich genau besagen soll. Im obigen Beispiel ist offenbar "referentielle Identität" verlangt, d.h. es muß sich in beiden Fällen um die nämliche Person handeln. Das gilt aber nicht allgemein. Zum ersten gibt es natürlich auch Ellipsen bei nicht-referentiellen NP, wie in

(12) Der Schädiger haftet und - muß gegebenenfalls auch die Kosten für den gegnerischen Anwalt übernehmen.

Zweitens ist auch bei referentiellen NPs oft nur eine schwächere Art der Bedeutungsgleichheit gefordert. In der Koordination

(13) Maria liebt - und Claudia verabscheut ihre Eltern.

ist - zumindest in einer Lesart - im ersten Konjunkt sinngemäß *ihre Eltern* zu ergänzen. Aber Maria und Claudia brauchen nicht dieselben Eltern zu haben. Wir werden auf dieses Problem im folgenden Abschnitt zurückkommen.

Drittens gibt es auch Ellipsen bei Präpositionen oder Adverbien, d.h. Einheiten, bei denen man nicht im gleichen Sinn von referentieller Identität reden kann. All diese Fragen lassen sich nur im Rahmen einer geeigneten Bedeutungstheorie beantworten. Ich werde mich im folgenden auf die Redeweise zurückziehen, daß die ausgedrückte Bedeutung mit einer kontextuell gegebenen übereinstimmen muß, damit das entsprechende Ausdruckselement weggelassen werden kann, und lediglich an einer Stelle auf dieses Problem zurückkommen.

Soviel zu semantischen Bedingungen. Ob man eine Ellipse gebraucht oder nicht, hängt schließlich auch noch von stilistischen oder rhetorischen Faktoren ab, als da sind: Eleganz des Ausdrucks, Ökonomie, Tendenz zur Vermeidung von Mehrdeutigkeiten, Nachdrücklichkeit usw. Darauf gehe ich hier nicht weiter ein.

Die im folgenden[5] angegebenen und kommentierten Regeln decken die meisten Fälle ab. Sie gehen jeweils von vollständigen Sätzen aus und geben an, was unter welchen Umständen weggelassen werden kann. So lassen sich die Regeln sehr einfach formulieren. Es sei aber daran erinnert, daß mit "Weglassen" nicht "Tilgung bei formaler Identität" gemeint ist. Mit "identischen Ausdrücken" ist stets

---

5 Die folgende Darstellung bis zum Ende des Abschnitts ist im wesentlichen aus Klein (1984) übernommen.

gemeint: Ausdrücke, die dasselbe ausdrücken.

Drei der folgenden Regeln (E1 - E3) sind neutral; sie werden ausführlicher kommentiert. Die beiden letzten betreffen einige Randfälle; deshalb werden sie nur kurz angeführt.

E1: *Identisches Endstück in Koordinationen kann beim ersten Vorkommen weggelassen werden.*

Einige Beispiele:

(14) Karl soll seiner (Mutter helfen) und Maria soll ihrer Mutter helfen.

(15) Vor einem kargen (Mahl) und nach einem reichen Mahl.

Einige Eigenschaften dieser Regel will ich kurz besprechen (vgl. ausführlicher Klein 1981):

1. Das Auffälligste ist sicher, daß die ausgelassenen Elemente an der Stelle, an der sie mitverstanden werden, überhaupt noch nicht im Beiwissen sind. Es ist der einzige Fall einer "Rückwärtsellipse". Wir haben bereits in Abschnitt 2 gesehen, daß dies interessante Probleme für die Sprachverarbeitung aufwirft.

2. Die Regel ist extrem allgemein. Insbesondere muß weder der verbleibende Teil noch der ausgelassene Teil eine Konstituente sein bzw. einer solchen entsprechen, obwohl dies natürlich nicht ausgeschlossen ist. In (14) ist weder *Karl soll seiner* noch *Mutter helfen* eine Konstituente.

3. Ellipse nach E1 kann nicht durch Anaphora (oder Kataphora) ersetzt werden. In (14) und (15) ist dies allein schon deshalb nicht möglich, weil es für *Mutter helfen* bzw. *Mahl* keine passenden Anaphern gibt, jedenfalls im Deutschen nicht. Aber selbst wenn dies der Fall ist, können die entsprechenden Wörter nicht angewandt werden:

(16) Karl liebt - und Peter haßt seine Eltern.

(17) Karl liebt sie und Peter haßt seine Eltern.

Der letzte Satz ist nur möglich, wenn *seine Eltern* bereits zuvor eingeführt worden war, beispielsweise durch eine vorausgehende Frage. Dann kann natürlich *sie* als Anapher dafür verwendet werden.

4. Ellipse nach E1 erfordert keine referentielle Identität: es kann sich in (16) um verschiedene Eltern handeln.

5. Wenn das ausgelassene Element explizit gemacht wird, so ist bei E1 in der Tat formale Identität der beiden Endstücke erforderlich. Der Satz

   (18) Karl liebt - und Maria haßt ihre Eltern.

   kann nur bedeuten, daß auch Karl *ihre* Eltern haßt, nicht aber, daß er seine Eltern haßt. Er entspricht in der Bedeutung also (19), nicht jedoch (20):

   (19) Karl liebt ihre Eltern und Maria haßt ihre Eltern.

   (20) Karl liebt seine Eltern und Maria haßt ihre Eltern.

   Man könnte aber wohl - nach derselben Regel E1 - in (20) das Wort *Eltern* auslassen, ohne daß sich an der Bedeutung etwas ändern würde.

Soviel zu E1. In allen folgenden Regeln ist das ausgelassene Element im vorausgehenden Kontext eingeführt worden. Ein solches Element bezeichne ich auch als *thematisch*.

E2: *Identisches Anfangsstück in Koordinationen kann beim zweiten Vorkommen weggelassen werden.*

Auch hier zunächst ein paar Beispiele:

(21) Meistens geht Maria in die Kirche und (meistens geht) Otto in die Kneipe.

(22) Nach einem guten Essen oder (nach) längerem Arbeiten.

Diese Regel sieht wie das genaue Gegenstück zu E1 aus, und in der Tat gibt es viele Entsprechungen, aber auch einige auffällige Unterschiede.

1. Wie E1, so ist auch E2 sehr allgemein. Auch hier brauchen weder verbleibender Teil noch ausgelassener Teil eine Konstituente zu sein bzw. einer solchen zu entsprechen. So sind in (21) weder *meistens geht* noch *Otto in die Kneipe* eine Konstituente.[6]

2. Statt das thematische Element gemäß E2 ganz wegzulassen, ist auch eine Anapher möglich, immer vorausgesetzt, daß es eine geeignete Anapher gibt. Das ist bei (21) oder (22) nicht der Fall, wohl aber im folgenden Beispiel:

   (23) Ein Nachbar war da und { -- / er / der } hat sich ziemlich beschwert.

   Auch hier gibt es einige Einschränkungen; wenn z.B. das erste Element Objekt und nicht Subjekt ist, wirkt eine Anapher zumindest sehr hart.

3. Im Gegensatz zu E1 brauchen bei E2 die ausgelassenen Elemente, wenn sie explizit gemacht werden, nicht in der Form mit ihrem Gegenstück im ersten Konjunkt übereinstimmen. Oft dürfen sie es sogar nicht. So darf in (23) *ein Nachbar* nicht wiederholt werden, ohne daß sich die Bedeutung ändern würde.

Es liegt nahe, die etwas unterschiedlichen Eigenschaften der beiden Regeln eben mit dem Umstand in Zusammenhang zu bringen, daß im ersten Fall die zu ergänzende Bedeutung erst eingeführt werden muß, während sie im zweiten Fall bereits vorhanden ist. Deshalb haben sie auch in der Sprachverarbeitung einen unterschiedlichen Status. Bei E1 wird die Verarbeitung - und zwar Produktion wie Verstehen - an irgendeiner Stelle durch *und* (bzw. eine andere Konjunktion) unterbrochen, ein zweites, zum ersten paralleles Segment wird aufgebaut, bis die dem Unterbrechungspunkt entsprechende Stelle erreicht ist, und dann wird der fehlende, aber kontextuell erwartbare Teil für beide parallele Stücke zu Ende geführt. Bei E2 gibt es keine solche Unterbrechung im Aufbau bzw. in der Analyse,

---

6 Es gibt allerdings einige Einschränkungen, vgl. Klein (1981).

sondern eine bereits im Kontext eingeführte Bedeutung - ein thematisches Element - wird in seiner Funktion beibehalten, und es wird lediglich das, was neu ist, anschließend hinzugefügt: nachdem das erste Konjunkt vollständig aufgebaut ist, wird ein zweites angefügt; solange dieses mit dem ersten identisch ist, d.h. keine neue Bedeutung einführt, wird alles "stillschweigend" beibehalten.

Die beiden Regeln gelten nur für Koordinationen, und zwar für Satzkoordinationen wie für die Koordination von Nominalphrasen oder von verbalen Komplexen (für letztere haben wir hier keine Beispiele angegeben). Die folgenden drei Regeln gehen darüber hinaus; sie gelten also auch z.B. für Frage-Antwort-Folgen oder Korrekturen.

E3: *Thematische F-Umgebung und thematische N-Umgebung können wegfallen.*

N heißt Nomen, F finiter Teil des Verbs, d.h. Hilfsverb, Kopula, Modalverb oder eben auch lexikalisches Verb, falls finite Komponente und lexikalische Komponente in einer Form zusammenfallen (vgl. *sah* gegenüber *hat ... gesehen*). F-Umgebung bzw. N-Umgebung bedeuten demnach F bzw. N und die unmittelbar angrenzenden Teile; falls F oder N fallen, können die unmittelbar angrenzenden Teile auch fallen. Geben wir auch hier einige Beispiele:

(24) Karl aß seine Spaghetti mit den Fingern und Hans (aß seine Spaghetti) mit dem Löffel.

(25) Wer half wem? - Der Vater (half) der Mutter, der Onkel (half) der Tante.

(26) Verlor Karl sein rechtes Bein im Krieg? - Nein, (Karl verlor sein rechtes Bein) bei einem Unfall.[7]

(27) In Amerika sind die meisten Häuser aus Holz und (in Amerika sind) nur manche (Häuser) aus Stein.

Die Regel E3 kann sich in ihrer Wirkung gelegentlich mit der von E2 überschneiden; wie diese kann sie durch Anaphora ersetzt werden

7 Diese Frage-Antwort-Folge ist ein gutes Beispiel dafür, welche Rolle die Intonation spielen kann. Wenn bei der Frage nicht die "Betonung" (was immer dies sein mag) auf *Krieg*, sondern auf *Bein* liegt, wäre die Antwort unangemessen; vgl. dazu Klein/v. Stechow (1982).

(falls es eine geeignete Anapher gibt), und sie verlangt keine formale Identität, sondern schließt sie in manchen Fällen sogar aus. Möglicherweise, ja sogar wahrscheinlich, sind beide Manifestationen eines allgemeineren Prinzips, aber wenn dem so ist, so habe ich es bis jetzt nicht gefunden.

Man hat den Eindruck, daß F bzw. N sozusagen als Einfallstore für Sätze bzw. Nominalphrasen fungieren: wenn sie fallen, fällt auch die Umgebung. Für den Fall des Finitums läßt sich dies sogar zu folgender Regel verallgemeinern:

E4: *Wenn F fällt, kann jedes thematische Element in dem betreffenden Satz fallen.*

Man kann dies illustrieren, wenn man Beispiel (25) etwas abwandelt:

(28) Wer hat wem einen Kuß gegeben? - Der Vater (hat) der Mutter (einen Kuß gegeben) und der Onkel (hat) der Tante (einen Kuß gegeben).

Diese Regel hat einige verzwickte Ausnahmen (vgl. Klein 1981). Deshalb und um die weithin parallele Rolle von F und N zu illustrieren, habe ich E3 und E4 in dieser Weise auseinandergenommen.

Es gibt schließlich noch eine Reihe von Kontextellipsen, bei denen F erhalten bleibt, aber trotzdem gewisse Auslassungen möglich sind. Es ist sehr schwer, diese Fälle auf eine klare Regel zu bringen.

Näherungsweise kann man aber die folgenden "Präferenzen" feststellen:

E5: *Wenn F vorhanden ist, gibt es die folgenden Auslassungstendenzen.*

1. *Infiniter Teil des Verbs eher als Nominalphrasen*
2. *Anapher eher als lexikalische Nominalphrasen*
3. *Je weiter vorn im Satz, umso eher*
4. *Subjekt eher als direktes Objekt, dieses eher als indirektes Objekt, und dies wiederum eher als präpositionale Ergänzung.*

Dies ist eine "Tendenzregel" und als solche dem Linguisten ein Greuel. Sie deckt aber viele empirische Gegebenheiten ab; deshalb führe ich sie hier an, ohne aufs Einzelne - etwa das mögliche Zusammenspiel der vier Einzelpräferenzen - einzugehen.

4. Einige Probleme

Die im vorigen Abschnitt besprochenen Regeln decken viele Gesetzmäßigkeiten von Kontextellipsen im Deutschen ab, teilweise auch von anderen Ellipsen. Zumindest in dreierlei Hinsicht sind sie aber unzulänglich. Erstens gibt es eine Reihe von Gegenbeispielen, und zwar in beiderlei Hinsicht: sie schließen Ellipsen aus, die durchaus möglich sind, und sie lassen unzulässige zu. Zweitens berücksichtigen sie nicht, daß vielfach eine Ellipse nur bei einer bestimmten Intonation möglich ist. Drittens lassen sie zwar ein einheitliches Bild ahnen, aber sie geben es nicht. Insbesondere wird nicht deutlich, wie die Ellipse mit anderen Faktoren der Kontextabhängigkeit zusammenspielt. Im folgenden will ich zunächst die beiden ersten Punkte etwas veranschaulichen. In Abschnitt 5 soll dann angedeutet werden, in welche Richtung man weiterbauen müßte, um zu einer befriedigenden Theorie der Ellipse zu gelangen.

4.1 Einige Gegenbeispiele

Die Ellipsenregeln, wie sie hier formuliert wurden, sind optional: bestimmte Elemente können ausgelassen werden, müssen es aber nicht. Dies führt bei E3 (unter anderem) gelegentlich zu Problemen:

	(a)		(b)
(29)	Karl ist gekommen	-	(Nein,) * Peter gekommen.
(30)	Wer ist gekommen?	-	*Peter gekommen.
(31)	Ist Peter gekommen?	-	(Ja,) *Peter gekommen.
(32)	Peter ist gekommen und		*Peter bald wieder gegangen.

In allen vier Fällen sind nach (a) *ist* und *gekommen* thematisch, bei (31) und (32) auch noch *Peter*, mithin der ganze Gedanke, daß Peter gekommen ist. Im Gegensatz zu dem, was Regel E3 vorsieht, kann aber in den (b)-Sätzen nicht bloß F, hier also *ist*, ausgelassen werden. Vielmehr müssen *sämtliche* beibehaltenen Elemente fallen, also *gekommen* in (29) und (30), *Peter* in (32). Besonders verwischt ist jedoch (31), denn dort ist zunächst einmal "Totalellipse" möglich; ebenso ist es möglich, den ganzen Satz zu wiederholen; dabei ist eine besondere Intonation einzuhalten. Es kann aber durchaus auch ein einzelnes Element "überleben", je nachdem, was in der Frage hervorgehoben war: liegt dort der Akzent[8] auf *Peter*, kann *Peter* beibehalten werden; liegt er hingegen auf *gekommen*, so kann dies in (31b) wiederholt werden. Die nach E3 durchaus zulässige Ellipse *Peter gekommen* ist hingegen, soweit ich sehe, auf jeden Fall merkwürdig.

Man beachte, daß Konstruktionen wie *Peter gekommen* keinesfalls grundsätzlich ausgeschlossen sind. In andern Kontexten sind sie völlig angemessen:

(33) Ist Hans gegangen oder (ist) Peter gekommen?[9] - Peter gekommen.

(34) Hans ist gegangen. - (Nein,) Peter gekommen.

In diesen Elementen sind jeweils beide Elemente "neu". Es scheint, so möchte man meinen, eine Art "Prinzip der Maximalität" zu geben: es muß nicht ausgelassen werden, aber *wenn* etwas ausgelassen wird, dann alles, was möglich ist.

In diesen Beispielen ging es jeweils um F bzw. um die F-Umgebung. Ähnliche Beobachtungen kann man aber für N-Ellipsen und für kombinierte Fälle machen. Betrachten wir dazu das folgende Bei-

---

8 Aus Gründen, die ich hier nicht näher erläutern kann (vgl. Klein/v. Stechow 1982), halte ich Begriffe wie "Akzent", "Hauptton" u.ä. für keine geeigneten Begriffe einer Intonationstheorie. Aber irgendwie muß man sich ja zunächst einmal verständlich machen, und dafür ist "Akzent" im Augenblick gut genug.

9 Diese Doppelfrage kann je nach Intonation unterschiedlich verstanden werden; in einem Fall endet "gegangen" hoch, alles folgende ist hoch und in "gekommen" fällt der Ton; im andern Fall endet "gegangen" gleichfalls hoch, aber "Peter" ist tief, und "gekommen" hat wieder Anstieg; im ersten Fall handelt es sich um eine Alternativfrage, im zweiten nicht; die elliptische Antwort paßt nur zur ersten Lesart.

spiel.
Auf die Frage

(35) Lag das Buch auf oder unter dem Tisch?

sind die folgenden Antworten nach E3 zugelassen:

(36) (a) Das Buch lag unter dem Tisch.
(b) Unter dem Tisch.
(c) Das Buch lag unter.
(d) Unter.

Von diesen ist (c) aber nicht möglich. Bemerkenswert an (36) ist, daß man sehr wohl eine Präposition allein verwenden kann, daß aber diese Präposition nicht die Präpositionalphrase gegenüber dem Restsatz vertreten kann. Diese Beispiele zeigen auch, daß ein "Maximalitätsprinzip", wie es eben angedeutet wurde, den Fakten nicht gerecht wird. Es gibt vielmehr eine Implikationsbeziehung zwischen Elementen, die in einem gegebenen Kontext potentiell elliptisch sein können: damit bestimmte Elemente weggelassen werden können, müssen andere fallen. Es ist aber schwer, diese Stufung auf ein Prinzip zu bringen.

4.2 Intonatorische Bedingungen

Die Beispiele (31) und (33) haben schon gezeigt, daß die Ellipse oft an spezielle intonatorische Bedingungen geknüpft ist. Ich betrachte im folgenden noch ein weiteres Beispiel etwas näher.
Der Satz

(37) Peter besuchte Claudia und Hans.

kann - unter anderem[10] - durch zwei Ellipsen zustandegekommen sein,

---

10 Ich muß hier zumindest kurz auf das Problem der "phrasal conjunction" zu sprechen kommen, das in der Literatur zur "Koordinationsreduktion" viel diskutiert wurde. Die Anwendung einer der obigen Ellipsenregeln führt leicht auf eine Struktur, bei der zwei Konstituenten gleichen Typs, etwa zwei NP (wie bei (36)), zwei VP, zwei Adv, unmittelbar durch eine Konjunktion verbunden sind. Man betrachte beispielsweise
(x) Gestern (fuhr er nach München) und heute fuhr er nach München.
(xx) Die Eltern (kamen) und die Kinder kamen.

und zwar nach E2 oder nach E3. Die entsprechenden vollständigen Sätze sind:

(38) (a) Peter besuchte Claudia und Peter besuchte Hans.

(b) Peter besuchte Claudia und Hans besuchte Claudia.

Die erste Möglichkeit klingt natürlicher. Die zweite Deutung von (37) ist nur möglich, wenn eine bestimmte Intonation vorliegt, wie man sie beispielsweise durch eine vorausgehende Frage "Also, wer alles besuchte denn jetzt Claudia?" erzwingen oder zumindest nahelegen kann. Die Anwendbarkeit unterliegt in diesem Fall also klaren intonatorischen Einschränkungen.

Es gibt viele Fälle dieser Art (vgl, zu einigen weiteren - unter vielen - Beispielen Klein 1981: section 4). Man könnte nun die Ellipseregeln durch geeignete intonatorische Bedingungen zu ergänzen versuchen. Das ist freilich nicht einfach, wie man sich schon an den Beispielen (31), (33) und (37) vergegenwärtigen kann. Wichtiger aber ist, daß ja die intonatorischen Verhältnisse selbst die jeweiligen kontextuellen Bedingungen reflektieren. So sind in den Adjazenzellipsen durchweg die "neuen" Teile auch hervorgehoben;

Nun sieht (xx) nicht wie eine Ellipse aus, sondern es scheint sich einfach um die Koordination zweier NP zu handeln, die gemeinsam eine "höhere" NP bilden, auf die dann "kamen" angewandt wird. Die Frage ist, ob man solche Fälle als "Konjunktion von Phrasen" oder als Ergebnis der Anwendung einer Ellipseregel ansehen soll. Ich beschränke mich hier auf drei Bemerkungen zu dieser Frage. Erstens: es gibt klare Fälle koordinierter NPs (und anderer Konstituenten), denen keine Ellipse zugrunde liegen kann, gleich wie man diese technisch behandelt - beispielsweise

(xxx) Connors und Borg bestreiten das Endspiel.

Zweitens werfen ebendiese Fälle auch für eine Behandlung als "phrasal conjunction" Schwierigkeiten auf, wie man etwa an

(xxxx) Connors und wahrscheinlich Borg bestreiten das Endspiel.

sehen kann - es sei denn, man sieht "wahrscheinlich Borg" als NP an; das verstößt aber gegen alle syntaktischen NP-Regeln des Deutschen. (Barbara Partee schlägt vor, "wahrscheinlich" in solchen Fällen als Parenthese zu behandeln; nur will scheinen, daß es zwischen parenthetischem und dem hier vorliegenden Gebrauch klare - beispielsweise intonatorische - Unterschiede gibt).

Drittens haben Sätze wie "Gestern und heute fuhr er nach München" in der Tat zwei Lesarten, die direkter Koordination und Ellipse entsprechen: im ersten Fall ist gemeint, daß sich die Reise über zwei Tage erstreckt hat, im zweiten, daß er zweimal gefahren ist. Dies deutet darauf hin, daß man tatsächlich beide Möglichkeiten in der grammatischen Beschreibung vorsehen muß. Der Unterschied scheint sich auch oft in Intonation zu äußern, aber darauf einzugehen würde uns hier zu weit führen.

das sind jene, die gewöhnlich nicht weggelassen werden können. Man muß sich nun vor allzu einfachen Hypothesen hüten, etwa, daß genau die "Fokuskonstituenten" hervorgehoben und nicht ellipsefähig sind. Die Zusammenhänge sind weitaus komplizierter, und ich weiß nicht, wie man sie wirklich auf Prinzipien bringen kann. Im folgenden Abschnitt will ich aber zumindest andeuten, wie ich mir diese Zusammenhänge vorstelle.

5. Thematischer Stand und Fokusgliederung

Im Verlauf der Rede werden bestimmte Inhalte thematisch - entweder dadurch, daß sie direkt ausgedrückt werden, oder aber aufgrund von Inferenzprozessen.[11] Wenn jemand sagt

(39) Abraham hat ein Weib gefreit.

ist Abraham zu einem bestimmten Zeitpunkt thematisch, weil er direkt benannt wurde. Das Weib, das Abraham gefreit hat, ist inferentiell thematisch. Inferentiell thematisch ist beispielsweise auch jede existentielle Abschwächung von (39), wie *Abraham hat jemanden gefreit*. Der thematische Stand ändert sich fortwährend mit dem Voranschreiten der Rede. Dadurch entstehen zumindest zwei Arten von "thematischen Relationen"[12] zwischen den einzelnen Bedeutungseinheiten, die sukzessive thematisch gemacht werden:

A. Zwischen den einzelnen Einheiten einer Äußerung besteht eine Abstufung im "Aktualitätsgrad": was weiter zurückliegt, ist zu einem geringeren Grade thematisch als das,

---

11 Es gibt auch andere Möglichkeiten, bestimmte Inhalte zu thematisieren, beispielsweise durch Zeigegesten oder dadurch, daß die Wahrnehmung in einer gegebenen Situation auf irgend etwas fokussiert wird. Solche Fälle will ich aber hier nicht weiter erörtern.

12 Es sollte klar sein, daß dieser Ausdruck nicht im Sinne der "Government and Binding"-Theorie gebraucht wird. - Den Ausdruck "thematisch" betrachte ich hier als Grundbegriff, der sich nicht weiter definieren läßt; man kann ihn aber anhand der mit ihm beschreibbaren Wirkungen explizieren. Es sei noch darauf hingewiesen, daß "thematisch" in den Ellipseregeln von Abschnitt 2 etwas spezieller verwendet wird, nämlich im Sinne von "bereits zu Beginn der möglicherweise elliptischen Einheit thematisch". Wir kommen gleich darauf zurück.

was gerade eben geäußert oder erschlossen wurde. Diese Abstufung ist allerdings nicht nur von den sequentiellen, sondern auch von den hierarchischen Gegebenheiten einer Äußerung abhängig. Man muß zumindest unterscheiden, ob man Schwesterknoten vergleicht oder solche, die sich nur über Zwischenstufen in Bezug bringen lassen.

B. Eine bestimmte Bedeutungseinheit kann schon einmal *zuvor* thematisch gewesen sein. In diesem Sinn kann man sie beibehalten und "neue" Einheiten in einer Äußerung unterscheiden.[13]

Beide Begriffe müssen noch einmal differenziert werden. Bei den "neuen" Einheiten ist beispielsweise danach zu unterscheiden, ob es sich um eine Korrektur ("Hans war hier. - Nein, Karl war hier."), eine Spezifikation ("Jemand war hier. - Richtig, Karl war hier.") oder um eine "Ersteinführung" ohne Gegenstück in der vorangehenden Rede ("Stell dir vor: Karl war hier.") handelt. Bei beibehaltenen Elementen ist mindestens danach zu trennen, ob sie mit dem gleichen Ausdruck oder einem verschiedenen, etwa einer Anapher, erneut thematisiert werden. Auch hier sind die hierarchischen Verhältnisse innerhalb einer Äußerung wichtig; es kann beispielsweise sein, daß lauter lexikalisch neue Elemente insgesamt eine Bedeutungseinheit benennen, die unter anderem Namen zuvor thematisch war.
Diese thematischen Verhältnisse können außerordentlich kompliziert sein, und ich will hier gar nicht versuchen, sie aufzudröseln. Jedenfalls ist zu jedem Zeitpunkt der Rede ein bestimmter thema-

---

13 In der Literatur wird oft zwischen "gegebener" und "neuer" oder "alter" und "neuer" Information unterschieden. Das ist sicher zu grob. Wenn a irgendein Inhalt ist, dann muß man mindestens dreierlei auseinanderhalten: a ist bekannt, a ist eingeführt, a ist thematisch. So ist die Sonne als bekannt anzusehen und in diesem Sinne gegebene Information: der Sprecher kann annehmen, daß sie im Vorwissen des Hörers enthalten und somit abrufbar ist, wenn er sich mit "die Sonne" darauf bezieht. Aber man redet ja nicht unentwegt über die Sonne. Wenn man etwas über die Sonne sagen will, muß sie erst einmal thematisch gemacht werden. Ist dies geschehen, so ist sie in die betreffende Rede eingeführt. Aber man braucht ja nicht bei diesem Thema zu bleiben: daß die Sonne in die Rede eingeführt ist, braucht ja nicht zu heißen, daß sie weiterhin thematisch ist. Ein eingeführter Inhalt läßt sich allerdings anders thematisieren als ein nicht eingeführter - nämlich durch eine Anapher.

tischer Stand vorhanden. Jede neue Äußerung setzt an diesem Stand an und entwickelt ihn weiter. Eine zentrale Rolle spielt dabei die *Fokusgliederung* der Äußerung.

Unter Fokusgliederung verstehe ich eine abstrakte Strukturierung der Äußerung, die sich in Intonation, Wortstellung und Ellipsemöglichkeiten niederschlägt,[14] ferner auch in der Wahl bestimmter lexikalischer Elemente - etwa Anapher, Partikeln usw. Die Fokusgliederung muß zum thematischen Stand *passen*; sonst ist die Rede nicht wohlgeformt. Sie ist aber nicht vom thematischen Stand determiniert. Ich will dies an zwei Beispielen kurz zeigen. In

(40) Wer ist größer, er oder sie? - Sie ist größer.

ist in der Antwort *alles* eingeführt. Trotzdem ist ganz klar *sie* hervorgehoben, und nur *ist größer* kann weggelassen werden. Man kann sagen, daß die NP-Position in der Antwort noch nicht ausspezifiziert oder "offen" ist, wobei der thematische Stand hier die Alternanten auf zwei beschränkt, deren jede bereits eingeführt ist; der Rest *ist größer* wird hingegen als geschlossen angesehen, als nicht mehr weiter zu spezifizieren.

Nach der Behauptung

(41) Peter hat angerufen.

ist gleichfalls ein bestimmter thematischer Stand erreicht. Man kann nun die Behauptung durch eine Echofrage anzweifeln und dabei nach gusto bestimmte Elemente fokussieren, in diesem Fall also als fraglich markieren:

(42) (a) Peter hat angerufen?

(b) Peter hát angerufen?

(c) Peter hat ángerufen?[15]

---

14 Alle drei Faktoren unterliegen auch sonstigen Beschränkungen; so ist beispielsweise die Wortstellung teilweise vorgegeben, für die Intonation gelten auch rein artikulatorische Bedingungen, die ihren Einsatz für Zwecke der Fokusgliederung einschränken, usw. Das versteht sich und braucht hier nicht weiter betrachtet zu werden.

15 Die tatsächliche Intonationskontur ist dabei bis einschließlich der lexikalisch betonten Silbe des "hervorgehobenen" Wortes tief, steigt dann scharf

Die Entscheidung, was tatsächlich fokussiert wird, ist völlig ins Ermessen des Sprechers gestellt. Was er tut, ist, eine bereits vollzogene Spezifikation wieder "offen" zu machen.

Die beiden Dichotomien "beibehalten - neu" und "offen - geschlossen", die ich hier nur sehr lax anhand einiger Beispiele angedeutet habe, spielen miteinander zusammen. Der Sprecher hat verschiedene Möglichkeiten, mit dem jeweiligen thematischen Stand umzugehen: er kann neue Elemente weiterhin als geschlossen behandeln (und sie dann beispielsweise weglassen), er kann sie auch wieder "offen" machen, er kann bestimmte als offen markierte Konstituenten schließen, usw.; letzteres ist etwa bei W-Fragen der Fall, die vorgeben, daß eine Konstituente in der Antwort offen und somit zu spezifizieren ist. Dementsprechend richtet er die Fokusgliederung seiner Äußerung ein.

Ich kenne nicht die Gesetzmäßigkeiten, die dies regeln. Mir scheint, daß die Wortstellung im wesentlichen der Dichotomie "geschlossen - offen" entspricht (von zwei vergleichbaren Konstituenten ist diejenige mit dem höheren Grad an Thematizität jene, die als zu spezifizierend betrachtet wird), die Ellipse der Dichotomie "beibehalten - neu", und die Intonation übernimmt Funktionen in beiden Bereichen. Für eine Reihe von Fällen, vor allem bei der Intonation, läßt sich das auch gut zeigen; andere sind völlig unklar. Die Regeln, wie sie in Abschnitt 3 diskutiert wurden, sind jedenfalls nur eine Zwischenstufe auf dem Weg zu allgemeinen Gesetzlichkeiten, aus denen sich die Eigentümlichkeiten der Ellipse als Sonderfall ergeben.

---

an und bleibt bis zum Ende hoch. Ich erwähne das hier, weil sich diese Art der Hervorhebung sehr stark von andern unterscheidet; vgl. dazu auch die Beispiele in Klein/v. Stechow (1982).

Literatur

Bech, Gunnar. 1955. *Studien über das deutsche Verbum infinitum.* Kopenhagen 1955 und 1957. Nachdruck Tübingen, Niemeyer 1983.

Bühler, Karl. 1934. *Sprachtheorie.* Jena, Fischer.

Chomsky, Noam. 1981. *Lectures on Government and Binding.* Dordrecht, Foris.

Engdahl, E. 1981. Parasitic gaps. Erscheint in: *Linguistics and Philosophy.*

Klein, Wolfgang. 1979. *Reguläre Ellipsen im Deutschen.* Ms., MPI für Psycholinguistik, Nijmegen.

\- 1981. Some rules of regular ellipsis in German. In: *Crossing the boundaries in linguistics. A Festschrift for Manfred Bierwisch.* Hrsg. von W. Klein und W.J.M. Levelt. Dordrecht, Reidel. 51-78.

\- 1984. Bühler Ellipse. In: *Karl Bühlers Axiomatik.* Hrsg. von C.F. Graumann und T. Hermann. Frankfurt/M., Klostermann.

Klein, Wolfgang; Dittmar, Norbert. 1979. *Developing grammars.* Heidelberg, Springer.

Klein, Wolfgang; v. Stechow, Arnim. 1982. *Intonation und Semantik von Fokus.* Konstanz, Arbeitspapiere des SFB 99.

Kuno, Susumu. 1980. Discourse Deletion. In: *Harvard Studies in Syntax and Semantics* III. Hrsg. von S. Kuno. Cambridge, Mass. 1-144.

\- 1982. Principles of Discourse Deletion. In: *Journal of Semantics* 1. 61-92.

Lenerz, Jürgen. 1983. *Zur Analyse und Typologie von Ellipsen.* Unveröff. Ms.

Miller, Max. 1976. *Zur Logik der frühkindlichen Sprachentwicklung.* Stuttgart, Klett.

Neijt, Anna. 1979. *Gapping.* Dordrecht, Foris.

Nikula, Henrik. 1978. *Lexikalische Ellipse.* Turku.

Ross, John R. 1970. Gapping and the order of constituents. In: *Progress in linguistics.* Hrsg. von M. Bierwisch und K. Heidolph Den Haag, Mouton. 249-259.

Sag, Ivan. 1976. *Deletion and logical form.* Ph.D. Diss. Cambridge, Mass.

ELLIPSE ALS MITTEL ZUM AUSDRUCK DER THEMA-RHEMA-STRUKTUR

Juliane Stegner
Universität München

In der deutschen Sprache stehen mehrere Mittel zur Verfügung, um die Thema-Rhema-Struktur (TRS) auszudrücken. Zu nennen sind hier: Satzgliedstellung, Satzakzent, Pronominalisierung oder die Artikelwahl (Definitheit/Indefinitheit von NPs). Darüber hinaus kann aber auch die Tilgung bestimmter Satzglieder oder Konstituenten als ein Mittel zum Ausdruck der TRS und als deren Reflex betrachtet werden.[1] Für die Verwendung der genannten 'Formmittel' beim Textaufbau lassen sich allgemein folgende Tendenzen festhalten:

- Rhematische Satzglieder folgen eher auf thematische Satzglieder.
- Pronomen werden eher anaphorisch und damit thematisch gebraucht.
- Definite Artikel (NPs) werden eher thematisch, indefinite Artikel (NPs) eher rhematisch verwendet.
- Das Satzglied, das den Satzakzent trägt, kann eher zum Rhema gerechnet werden als zum Thema.

Über den Grad an Rhematizität bzw. Thematizität der einzelnen 'Formmittel' ist man sich in der Literatur nicht ganz einig.[2] Bezüglich der TRS getilgter oder tilgbarer Konstituenten wird jedoch, soweit ich sehe, einheitlich davon ausgegangen, daß nur d e r Teil einer Äußerung getilgt werden kann, der thematisch ist.[2a] Nicht einheitlich ist dagegen der Ellipsenbegriff, vor des-

---

1 So verstanden bei: J. Lyons: Einführung in die moderne Linguistik, München 1975: 342; R. Steinitz. In: Grundzüge einer deutschen Grammatik (Heidolph et al. eds.), Berlin-Ost 1982: 143.

2 Vgl. hierzu: Halliday 1967; Daneš 1970; Admoni 1972, 132f., 252ff.; Beneš 1973; Weinrich 1979, 140ff., 163ff.; Höhle 1979; Pasch 1983 a und b.

2a Erben [11]1972: 193, 611; Weinrich 1976: 163, 174; Steinitz 1981: 143; Lyons 1975: 342.

sen Hintergrund diese Aussage getroffen wird.
Grob gesehen lassen sich zwei Hauptargumentationsrichtungen unterscheiden. Einerseits werden Ellipsen unter dem Primat der Form untersucht. Hierbei steht die geschriebene Sprache im Vordergrund der Betrachtung, verbunden mit der Vorstellung, daß Tilgungen in bestimmter Weise rekonstruierbar sind (Ellipsenexplikation vor dem Hintergrund einer vollständig zu rekonstruierenden Konstituentenstruktur). Methodisch läßt sich für diesen Ansatz eine Grenze absehen für Fälle, für die die Rekonstruktion einer syntaktisch vollständigen Struktur nicht mehr sinnvoll zu vertreten ist.[3]
Andererseits geht man von der Funktion der Ellipse aus. Hier ist der Untersuchungsgegenstand im Prinzp die gesprochene Sprache. Oberflächlich gesehen existiert für diese Richtung obenerwähntes Problem nicht, da sie den Ellipsenbegriff nur für die gesprochene Sprache zuläßt.[4]
Die schon von Bühler (1965:155) beklagte "crux" beruht nun meines Erachtens nicht darin, daß die unterschiedlichsten Phänomene mit demselben Begriff benannt werden, und damit "der Ellipsenflut und der Ellipsenplage" (167 f.) weiter Vorschub geleistet wird, sondern darin, daß Aussagen, die für verschiedene Sprachf o r m e n gelten, willkürlich von einer Sprachform auf die andere übertragen werden. In der Folge davon kommt es immer wieder zu Beweisen und Gegenbeweisen von, wie ich meine, nicht vergleichbaren Aussagen.[5]

Die Lösung des Problems sehe ich demzufolge auch nicht darin, den Ellipsenbegriff nur für e i n e n Ansatz oder e i n e Sprachform zuzulassen, sondern darin, Sprachform, Funktion und Me-

---

3 Vgl. hierzu: W. Klein: Some Rules of Regular Ellipsis in German. In: W. Klein/W. Levelt (eds.), Crossing the Boundaries in Linguistics, 1981: 52.

4 Zum Ellipsenproblem unter 'anderen Namen' vgl. Ortner (1983:157).

5 So werden häufig Beispiele aus der gesprochenen Sprache angeführt, um die Unangemessenheit des syntaktischen Vollständigkeitsbegriffs zu zeigen, der jedoch für die geschriebene Sprache methodisch durchaus sinnvoll anwendbar ist. Ebenso dienen in der Regel situationelle Ellipsen als Beleg, um zu zeigen, daß bei Ellipsen immer nur ein thematischer Teilausdruck weggelassen werden kann.

thode explizit und exakt zu trennen.[6] Insofern der Unterschied zwischen gesprochener und geschriebener Sprache nicht in der Funktion, sondern in der Form begründet liegt, wird deutlich, daß verschiedene sprachliche Formen und damit eben auch verschiedene Ellipsenformen auch unterschiedliche Formen der Beschreibung (Methoden) nach sich ziehen.

Die folgenden Überlegungen zur Thema-Rhema-Struktur von Ellipsen sind im Sinne einer Theorie der Textkonstitution, nicht in dem einer Textanalyse zu verstehen. Sie beziehen sich ausschließlich auf Ellipsenformen der geschriebenen Sprache. Ich nehme diese Beschränkung zum einen aus den bereits erläuterten Gründen vor, zum anderen, weil sich in Voruntersuchungen gezeigt hat, daß die TRS-Analyse dieser Ellipsen zu den interessanteren Ergebnissen führt.

Generell wird es um die Beantwortung folgender Fragen gehen:

- Wie muß ein elliptischer Ausdruck beschaffen sein,[7] damit er in bestimmten verbalen Kontexten verwendet werden kann?
- Welche Bedingungen gelten für eine minimale bzw. maximale Ellipse?[8]
- Kann man bezüglich der Thema-Rhema-Struktur generell davon ausgehen, daß alles, was weggelassen werden kann, Thema ist?
- Welche Thema-Rhema-Struktur hat der nicht getilgte Rest eines Ausdrucks?

Es kann in diesem Papier selbstredend nicht der Versuch unternommen werden, systematisch alle Sprachmittel darzustellen, die Ein-

---

6 Henning Brinkmann (1974:152) unterscheidet zwar zwischen gesprochener und geschriebener R e d e und nennt dieses Phänomen Reduktion (sh. Anmerkung 4). Mit dieser Unterscheidung nimmt er jedoch keine Trennung der Sprachformen vor. Brinkmann subsummiert unter geschriebener Rede sowohl Sachtexte und Gebrauchstexte als auch schriftlich fixierte 'gesprochene Sprache'.

7 *Beschaffensein* bezüglich formaler Merkmale wie z.B. Wortstellung und Intonation.

8 Minimale Ellipse: Minimum an Tilgung, das durchgeführt sein muß. Unterhalb dieses Minimums kann nicht von einer Ellipse gesprochen werden (Minimale Tilgung).

Maximale Ellipse: Maximum an formaler/pragmatischer Tilgbarkeit. Bei Überschreitung werden die Äußerungen syntaktisch oder pragmatisch inakzeptabel (Maximale Tilgung).

fluß auf die TRS nehmen können. Ich werde deshalb meine Beispiele prinzipiell auf Verb-2-Sätze mit einem identischen Subjekt beschränken, im Fall der Vorwärtsellipse auf Beispiele mit Normalbetonung und normaler Wortstellung, für die Rückwärtsellipsen auf Beispiele mit nicht normaler Betonung oder Wortstellung.[9]

1. Geschriebene vs. gesprochene Ellipse. Eine Formunterscheidung

Exemplarisch für Ellipsen in koordinierten Satzfolgen werde ich Vorwärts- und Rückwärtsellipsen[10] in mit *und* koordinierten Sätzen untersuchen. Die Beobachtungen, die mich dazu veranlassen, diesen Ellipsentyp der geschriebenen Sprache zuzuordnen und ihn damit von situationellen Ellipsen, Frage-Antwort-Ellipsen, Korrekturen und ähnlichen elliptischen Äußerungen zu trennen, beruhen unter anderem auf einem Vergleich der Mannheimer Korpora (geschriebene Sprache) mit dem Freiburger Korpus (gesprochene Sprache)[11] und einem Sprechfertigkeitskurs für Deutsch als Fremdsprache (Gutzat u.a. 1983). So fällt beim Sprechfertigkeitskurs auf, daß im Belegbereich der authentischen Dialoge (gesprochene Sprache)

---

9 *Normalbetonung* und *normale Wortstellung* verstanden wie bei Höhle (1979: 424ff.).
Normalbetonung: Bei gleichbleibender Wortstellung und variierenden Satzakzenten ist d i e Betonungsvariante normal betont, die in die meisten Kontexttypen eingebettet werden kann.
Normale Wortstellung: Bei gleichbleibender Betonung und variierenden Wortstellungen hat d i e Variante normale Wortstellung, die in die meisten Kontexttypen eingebettet werden kann.
In der Terminologie von Renate Pasch (1983 a) sind diese Sätze "kontextabhängige Sätze".
Ich behandle Rückwärtsellipsen nur bei nicht normaler Betonung oder Wortstellung, da Rückwärtsellipsen unter diesen Bedingungen am häufigsten auftreten.

10 *Vorwärtsellipse/Rückwärtsellipse:* Ich folge hier in der Terminologie und teilweise im Ansatz W. Klein (1981), der in seiner Arbeit schon grundlegende Regeln für diesen Ellipsentyp bereitgestellt hat.

11 Die Mannheimer Korpora und das Freiburger Korpus sind im IDS in Mannheim vollständig gespeichert. Die Korpora können sowohl via Bildschirm als auch via Drucker abgerufen werden. Um Belege zu finden, die ein gesuchtes Phänomen enthalten, in unserem Fall Vorwärts- bzw. Rückwärtsellipsen, muß man die Korpora nach Kriterien absuchen, die eine sinnvolle Eingrenzung ermöglichen. Bislang kann man die Korpora noch nicht nach syntaktischen Kategorien, sondern nur nach Wörtern und Silben absuchen (wobei auch eine Su-

keine einzige Vorwärts- bzw. Rückwärtsellipse zu finden ist, wohingegen im beschreibenden Bereich (geschriebene Sprache) des Kurses etliche Ellipsen dieses Typs registriert werden können. Ähnliche Ergebnisse erhalten wir bei einem Vergleich der Mannheimer Korpora mit dem Freiburger Korpus. Im Freiburger Korpus treten koordinierte Sätze mit Vorwärts- und Rückwärtsellipse recht selten auf. *Und* hat in diesem Korpus nicht selten die Funktion eines 'Pausenfüllers' (*und-und* statt *äh-äh*) oder es hat die Funktion, die Themen aneinanderzureihen.

Die Tatsache, daß Vorwärts- und Rückwärtsellipsen prinzipiell auch in der gesprochenen Sprache vorkommen k ö n n e n, sagt noch nichts darüber, daß sie primär der geschriebenen Sprache zuzuordnen sind. Es fällt auf, daß dieser Ellipsentyp von einem bestimmten Sprechertyp in einer bestimmten Gesprächssituation verwendet wird. Die Feststellungen zu Sprechertyp und Gesprächssituation können vorläufig nur hypothetischen Charakter haben, ich wage jedoch die Behauptung aufzustellen: Je mehr Sprecher an einem Gespräch beteiligt sind, je öfter Sprecherwechsel stattfindet, je spontaner das Gespräch ist und je unvorbereiteter die Gesprächspartner sind, desto seltener treten Vorwärts- bzw. Rückwärtsellipsen auf.

Dahingegen lassen sich Vorwärts- oder Rückwärtsellipsen für fast alle geschriebenen 'a l l g e m e i n s p r a c h l i c h e n' Texte nachweisen. Eine Ausnahme machen hier in der Regel 'f a c h s p r a c h l i c h e' Texte, die in ihrem Bestreben nach Präzision des Ausdrucks oft so weit gehen, jede syntaktisch eigentlich mögliche Ellipse zu vermeiden (Wagner 1970:100). Die Anzahl der

---

che nach Wort- und Silbenkombinationen möglich ist). Da Belege, die die Suchwörter *und, oder, aber* enthalten, naturgemäß sehr häufig vorkommen, wurden diese Belege zunächst am Bildschirm kursorisch nach Texten abgesucht, die Vorwärts- bzw. Rückwärtsellipsen enthielten. Diese Belege wurden ausgedruckt und anschließend nochmal einer genauen Analyse unterzogen. Im einzelnen wurde nach folgenden Kriterien abgesucht:

- MK(1) Suchwort *und*
- MK(2) Suchwort *und*
  Kombinationssuche: *und/hat/ge**
  *und/hat/be**
- FK Suchwort: *und, oder, aber*
  Kombinationssuche: *und/hat/ge**
  *und/hat/be**

Vorwärts- bzw. Rückwärtsellipsen in geschriebenen fachsprachlichen Texten ist demzufolge sehr viel geringer als in allgemeinsprachlichen Texten.

2. Ellipse und Thema-Rhema-Struktur

Die Annahme, daß elliptische Ausdrücke auf Ausdrücke mit vollständiger Konstituentenstruktur beziehbar und beide Ausdrücke als bedeutungsgleich anzusehen sind (Steinitz 1981:143; Admoni 1972:246), eröffnet die Möglichkeit, auch die Thema-Rhema-Struktur beider Ausdrücke gleichzusetzen. Diese Folgerung legt die Interpretation von Renate Steinitz nahe, die besagt, daß in Ellipsen "immer dasjenige Satzglied erhalten bleibt, das im vollständigen Satz Rhema ist." (1981:143).[12] Demnach kann im vollständigen Satz alles getilgt werden, was Thema ist, ohne daß in dem durch Tilgung entstandenen elliptischen Ausdruck eine andere Bedeutung entsteht. Vergleichen wir hierzu die Beispiele (1) und (2), und fragen wir uns, ob sie auf die gleiche Weise interpretierbar sind.

(1) *Rosa ißt Steak und Salat.*

(2) *Rosa ißt Steak und Rosa ißt Salat.*[13]

In Satz (1), in dem die identischen Elemente *Rosa ißt* im 2. Konjunkt getilgt sind, läßt die koordinative Konjunktion *und* durchaus eine Interpretation im Sinne von "mit", "gleichzeitig", "zu-

---

12 Ergänzend kommt noch hinzu, daß bei bestimmten Ellipsen bzw. Tilgungstypen neben dem Rhema auch noch thematische Elemente getilgt werden können. Die Tilgung rhematischer Elemente wird bei Steinitz implizit ausgeschlossen.

13 *Auszeichnung der Beispielsätze:*
Kursive Schreibweise steht für eine Sachverhaltsbeschreibung.
"Anführungszeichen": semantische Interpretation.
(Klammern): rekonstruierte Ausdrücke werden in Klammern gesetzt.
?hochgestelltes Fragezeichen: zweifelhafte Rekonstruktion (?xy)
zweifelhafte Tilgung ?(xy)
*Asterix: inakzeptable Rekonstruktion (*xy)
inakzeptable Tilgung *(xy)
S p e r r u n g : gesperrt geschriebene Konstituente oder Silbe kennzeichnet die Lage des Satzakzents.

sammen" zu. Etwa in dem Sinn "Rosa ißt Steak zusammen/in Kombination mit Salat". Wird dagegen die syntaktisch eigentlich mögliche Ellipse nicht durchgeführt (2), kann damit angedeutet werden, daß die Sachverhaltsbeschreibungen der beiden Konjunkte in irgendeinem Kontrast zueinander stehen.[14] Hier etwa in dem Sinn einer Reihenfolgebeziehung "Rosa ißt mal Steak, mal Salat".

Problematisch wird die Rekonstruktion bei der Wiederholung einer identischen, indefiniten NP.

(3) *Der Laster hat einen Mann erfaßt und (der Laster hat ?einen Mann/?ihn/Ø) zu Boden geschleudert.*

(ZB1:1295)[15]

Rekonstruiert man die indefinite NP im 2. Konjunkt mit *einen Mann*, so kann je nach Betonung einmal 'referentielle Kontrastivität' (4) - "zwei verschiedene Männer" - und einmal 'generische Kontrastivität' (5) - "Mann im Gegensatz zu Frau" - ausgedrückt werden.

(4) *Der Laster hat e i n e n Mann erfaßt und e i n e n Mann zu Boden geschleudert.*

(5) *Der Laster hat einen M a n n erfaßt und einen M a n n zu Boden geschleudert.*

Dabei ist zu beachten, daß in (4) die Verben sich auf verschiedene Referenten beziehen, in (5) dagegen beide Verben auf ein und dasselbe 'generische Objekt' beziehbar sind, nämlich eines aus der Spezies *Mann*.

Daneben gibt es aber auch Fälle, für die sich die Rekonstruktion der vollständigen Konstituentenstruktur von vornherein verbietet. Dazu gehört beispielsweise das Zeugma im Bereich der Literatur oder des Witzes.

---

14 Die unterschiedlichen Interpretationsweisen werden nicht zuletzt durch die semantische Unterdeterminiertheit von *und* ermöglicht. Zum Verhältnis von Semantik und Pragmatik bei der Interpretation von koordinierten Konjunktionen verweise ich auf Posner (1979).

15 *Belegnachweis*: Die Kürzel beziehen sich auf die Sigle-Angaben der Mannheimer Korpora: (ZB1:13) "Text ZB1, Satz Nr. 13". Belege ohne Nachweis sind veränderte Beispiele meist aus den Mannheimer Korpora. Die genauen Angaben sind im Literaturverzeichnis zusammengestellt.

(6) *Sie wäre zu gerne klatschhaft, aber man muß sich zurück- und etwas auf sich halten, hört sie immer.*

(Nizon 1971:13)

Zum anderen gilt dies für Sätze, in denen die Sachverhaltsbeschreibungen beider Konjunkte nur z u s a m m e n wahr sind.

(7) *Der Kern des Kohlenstoffatoms besteht aus 6 Protonen und 6 Neutronen.*

(WHN:293)

In (7) kann nicht rekonstruiert werden:

(7a) *Der Kern des Kohlenstoffatoms besteht aus 6 Protonen und (*der Kern des Kohlenstoffatoms besteht aus) 6 Neutronen.*

da die Sachverhaltsbeschreibungen in (7a) getrennt voneinander keinen Wahrheitsgehalt haben und somit pragmatisch inakzeptabel sind.

Ähnliches gilt für den Fall einer phrasalen Koordination (8).

(8) *Hans und Karl haben Uschi das Fahrrad repariert.*

Auf die Ursachen dieser Phänomene werden wir noch in Teil 3 bzw. Teil 5 zurückkommen.

Auf andere, vor allem fachsprachliche Besonderheiten wurde schon zuvor (S. 29) hingewiesen.

Aus dem Gesagten wird deutlich, daß die Rekonstruktion der vollständigen Konstituentenstruktur nur ein gedankliches Hilfsmittel sein kann, vor dessen Hintergrund sich syntaktische Regelhaftigkeit für den Gebrauch von Ellipsen abhebt. Pragmatisch gesehen aber verbietet sich eine Gleichsetzung des elliptischen Ausdrucks mit dem ihm entsprechenden Satz mit vollständiger Konstituentenstruktur. Somit kann auch nicht von den möglichen Thema-Rhema-Strukturen des vollständigen Satzes auf die des elliptischen Ausdrucks geschlossen werden.

Es gibt kein formales oder funktionales Einzelmerkmal, von dem aus sofort auf die TRS eines Satzes/Ausdrucks geschlossen werden kann. Aus diesem Grund muß bei der Analyse jedes Ausdrucks ein ganzes Bündel formaler und funktionaler Merkmale geprüft werden, um sich quasi im Ausschlußverfahren der TRS zu nähern. Zur T h e m a-Findung gehören dazu: relevanter Kontext und situative Präsenz.[16] Als formales Merkmal soll vorerst die Tilgbarkeit bestimmter Satzglieder gelten, in dem Sinn, daß tilgbare bzw. getilgte Satzglieder potentiell bzw. tatsächlich thematisch sind. Für die funktionale Beschreibung von R h e m a verweise ich auf die Ausführungen von Höhle (1979:417f.).[17] Als formales Merkmal zur Rhemaidentifizierung soll der Satzakzent dienen.

Im folgenden (Kapitel 3) werden drei Regeln formuliert für die syntaktischen und pragmatischen Bedingungen, unter denen ein r h e m a t i s c h e s Element

(I) - nicht getilgt werden darf
(II) - getilgt werden darf
(III) - getilgt werden muß.

Zu diesem Zweck wird es nötig sein, den Begriff der Identität zu differenzieren in formale Identität, referentielle Identität und gleiche lexikalische Füllung (wobei referentielle Identität für

---

16 *Relevanter Kontext* ist das, was im Dialog zwischen Sprecher und Hörer schon zur Sprache gekommen ist, bzw., was man als Fortsetzung eines früheren Dialogs interpretieren könnte. In (5) *Der Laster hat einen M a n n erfaßt und einen M a n n zu Boden geschleudert* geht der Sprecher davon aus, daß ihm unddem Hörer bekannt ist, daß es eine Handlung gegeben hat, bei der das Agens *der Laster* jemanden erfaßt und zu Boden geschleudert hat, und dem Hörer n i c h t bekannt ist, daß innerhalb dieser Handlung *Mann* das Patiens war (vgl. hierzu ausführlich bei Höhle 1979: 395f.).
Situative Präsenz: In einer Situation oder in einem Dialog kann das als situativ präsent gelten, was unmittelbar vorher erwähnt wurde oder im Wahrnehmungsbereich der Kommunikationspartner eine wahrnehmbare Erscheinung ist. Renate Pasch gibt dazu das folgende Beispiel:
Zwei Reisende stehen an einem Bahnsteig. Sie warten auf ein und denselben Zug und unterhalten sich dabei. Wenn in der unmittelbar vorausgehenden Äußerung von *Zug* die Rede war, kann einer der Sprecher den anderen über die Ankunft des Zuges nur mit einer Äußerung folgenden Typs informieren: (a) *Der Zug k o m m t.* Unterhalten sich die Reisenden aber nicht über den Zug, auf den sie warten, dann kann ein Reisender den anderen auch folgendermaßen darüber informieren, daß der Zug kommt: (b) *Der Z u g* kommt. In (a) ist *Zug* situativ präsent, in (b) dagegen nicht (vgl. hierzu ausführlich Pasch 1983 a).

17 *Rhema funktional:* Die traditionelle Bestimmung von Rhema war "neu/unbekannt". Höhle fragt, inwiefern eine NP überhaupt Information enthalten kann Nach Höhle kann auch eine definite NP Rhema sein. Neu ist dann der Referent der NP zu den anderen Elementen des Sachverhalts: seine Funktion ist also nicht aus dem relevanten Kontext bekannt (1979:417f.).

Verben nicht relevant ist).[18] Formale Identität der Konstituenten beider Konjunkte wird prinzipiell vorausgesetzt.

3. Drei Tilgungsregeln für Vorwärtsellipsen

Für koordinierte Satzverbindungen mit Vorwärtsellipse soll allgemein gelten:

> Elemente, die im 1. Konjunkt schon genannt wurden, können im 2. Konjunkt unter bestimmten Bedingungen getilgt werden bzw. müssen unerwähnt bleiben.

In koordinierten Sätzen mit normaler Wortstellung und normaler Betonung:

(I) darf das Satzglied, das im 1. Konjunkt den Satzakzent trägt, im 2. Konjunkt n i c h t getilgt werden, wenn die betonten Satzglieder referentiell n i c h t identisch sind. Dabei spielt es keine Rolle, ob sie lexikalisch gleich gefüllt sind oder nicht.

(II) darf das Satzglied, das im 1. Konjunkt den Satzakzent trägt, im 2. Konjunkt getilgt werden, wenn die betonten Satzglieder referentiell identisch, aber lexikalisch unterschiedlich gefüllt sind. Für diesen Fall ist Pronominalisierung möglich bzw. bei finitem Vollverb notwendig.

(III) muß das Satzglied, das im 1. Konjunkt den Satzakzent trägt, im 2. Konjunkt getilgt werden, wenn die betonten Satzglieder referentiell identisch und lexikalisch gleich gefüllt sein sollen.

Zu (I)

(9) *Der Laster hat einen M a n n erfaßt und (der Laster hat) ein K i n d zu Boden geschleudert.*
[min: Subj./max: Subj. + fin. HV][19]

---

18 *Formal identisch:* gleiche Betonung, gleiche Satzgliedstellung, gleicher Kasus.
Referentiell identisch: Ausdruck bezieht sich auf ein und dieselbe Realität bzw. dieselbe Erscheinung in der Realität.

19 Ausdrücke in eckigen Klammern: Minimale bzw. maximale Ellipse.
Z.B.: min: Subj. "Für eine minimale Ellipse muß mindestens das Subjekt ge-

(10) *Der Laster erfaßte einen M a n n und (der Laster) schleuderte ein K i n d zu Boden.*

[min.=max: Subj.]

(11) *Der Laster hat e i n e n Mann erfaßt und (der Laster hat) e i n e n (Mann) zu Boden geschleudert.*

[min: Subj./max: Subj. + fin. HV + AO ohne Artikel]

(12) ?*Der Laster erfaßte e i n en Mann und schleuderte e i n en Mann zu Boden.*

(13) *E i n en Mann erfaßte der Laster und e i n en (Mann) schleuderte *(der Laster/er) zu Boden.*

[min.=max: AO ohne Artikel]

Die Beispiele (9) und (10) stehen für referentielle Verschiedenheit und verschiedene lexikalische Füllung. Die Beispiele (11) bis (13) für referentielle Verschiedenheit und gleiche lexikalische Füllung. In der Version mit finitem Vollverb (12) reicht die Betonung der beiden NPs nicht ganz aus, um die referentielle Verschiedenheit eindeutig erscheinen zu lassen. Für diesen Fall (lexikalisch gleiche Füllung/referentielle Verschiedenheit/finites Vollverb) muß topikalisiert werden (13).

Zu (II)

(14) *Der Laster hat einen alten M a n n erfaßt und (*einen/den G r e i s/i h n zu Boden geschleudert.*

[min: Subj./max: Subj. + fin. HV + AÓ]

(15) *Der Laster erfaßte einen alten M a n n und schleuderte *(G r e i s/i h n) zu Boden.*

[min.=max: Subj.]

(16) *Der Laster erfaßte und verletzte einen alten M a n n.*

[min.=max: Subj. + fin. HV + AÓ = Vorwärts-Rückwärtsellipse!]

In (14) kann die betonte Konstituente getilgt oder erwähnt werden.

---

tilgt sein".
Z.B.: max: Subj. + inf. HV "Für eine maximale Ellipse kann höchstens das Subjekt und das finite Hilfsverb getilgt werden".

In (15) ist eine Tilgung aus syntaktischen Gründen nicht möglich. Für einen Satz mit finitem Vollverb ist nur eine Vorwärts-Rückwärtsellipse möglich (16).

Zu (III)

(17) *Der Laster hat einen M a n n erfaßt und (der Laster hat Ø) zu Boden geschleudert.*

[min.=max: Subj. + fin. HV + AÓ]

(18) **Der Laster erfaßte einen M a n n und (der Laster) schleuderte Ø zu Boden.*

(19) *Der Laster erfaßte und verletzte einen M a n n.*

[min.=max: Subj. + AÓ = Vorwärts-Rückwärtsellipse!]

Für den Fall (III) ist das thematische Element quasi identisch mit dem rhematischen Element, insofern als es nur eine NP geben kann, die sowohl referentiell identisch als auch lexikalisch gleich gefüllt ist. Ob man hier nun von Thema-Tilgung oder von Rhema-Tilgung spricht, hängt von der Perspektive ab, von der aus man die Tilgung betrachtet. Geht man vom 1. Konjunkt aus, so wird im 2. Konjunkt das Rhema des 1. Konjunkts getilgt. Betrachtet man die Tilgung vom 2. Konjunkt aus, so kann man von einer obligatorischen Tilgung eines für dieses Konjunkt thematischen Elements sprechen. Die TRS der anderen Tilgungstypen werde ich im folgenden Kapitel noch ausführlich besprechen.

Ergänzungsregel zu (III)

(IIIa) Das betonte Satzglied im 1. Konjunkt, das referentiell identisch ist und lexikalisch gleich gefüllt ist, muß im 2. Konjunkt n i c h t getilgt werden, wenn eine 'generische' Lesart erlaubt ist.

Zu (IIIa)

(20) *Der Laster hat einen M a n n erfaßt und (auch) einen M a n n zu Boden geschleudert.*

[min: fin. HV/max: Subj. + fin. HV]

(21) *Der Laster erfaßte einen M a n n und schleuderte*

(auch) einen M a n n zu Boden.
[min.=max: Subj.]

Für die Fälle (20) und (21) muß eine Lesart wie: "einen M a n n, keine F r a u" oder "ein K i n d, keinen E r w a c h s e n e n" "einen H u n d, keine K a t z e" intendiert sein.

Die dargestellten Regeln gelten prinzipiell auch für Fälle, in denen das betonte Satzglied durch eine definite NP oder durch einen Namen repräsentiert ist. Wird im Falle der Regel (I) das betonte Satzglied des 1. Konjunkts im 2. Konjunkt durch eine lexikalisch gleich gefüllte, definite NP repräsentiert, so muß in eine deiktische Interpretation ausgewichen werden (22).

(22/12)[20] *Martha Chaffee holte d i e Uniform aus dem Schrank und brachte d i e Uniform in Ordnung.*

Werden die betonten Satzglieder mit einem Namen gefüllt, kann nur dann auf verschiedene Referenten verwiesen werden, wenn zusätzlich zum Namen noch der definite Artikel eingeführt wird (auch hier dann deiktische Interpretation).

(23/11-13) *Ich mag d e n Peter sehr gerne und kann d e n Peter nicht ausstehen.*

Der Artikel ist hier notwendig, da Namen, wenn sie nicht anders markiert werden, in der Regel bei gleicher lexikalischer Füllung auf die gleiche Person referieren. Diese Tatsache ermöglicht auch, im Fall (III) für beide betonte NPs einen Namen einzusetzen.

(24/17) *Der Laster hat P e t e r erfaßt und P e t e r zu Boden geschleudert.*

Bei 3-wertigen Verben muß in koordinierten Sätzen mit finitem Vollverb das Dativobjekt des 1. Konjunkts im 2. Konjunkt wiederholt werden, da sonst die Äußerungen nicht eindeutig interpretierbar sind.

---

20 (22/12): Die Zahl nach dem Schrägstrich bezieht sich auf den Beispielsatz, in dem eine Regel zum ersten Mal angewandt wurde. Hier Beispielsatz (12).

(25/10) *Ihre Freundin kaufte ihr ein K o s t ü m und nähte *(ihr) eine S e i d e n b l u s e.*

Ebenso muß das Dativobjekt wiederholt werden, wenn im Falle der Regel (II) das betonte Satzglied des 1. Konjunkts im 2. Konjunkt pronominalisiert wird.

(26/15) *Der Freund backt ihr einen K u c h e n und packt *(ihr) ihn (das Trumm) ein.*[21]

Betrachten wir noch kurz koordinierte Sätze, in denen nur e i n identisches Vollverb vorkommt.

(27) *Der Bekannte schickte ihr ein teures K o s t ü m und eine S e i d e n b l u s e.*

(ZB1:2221)

Für Beispiele dieses Typs sind Vorwärtsellipsen nur für Regel (I) mit unterschiedlicher lexikalischer Füllung möglich (gilt für Definitheit wie für Indefinitheit der betonten NP). Für die definite NP ist zusätzlich Variante (12+13), dann aber in deiktischer Lesart, möglich (28).

(28/12,13) *Der Bekannte kaufte ihr d a s Kostüm und d a s Kostüm.*

Die Regeln (I) bis (III) sind ebenso für koordinierte Sätze mit normaler Wortstellung und n i c h t normaler Betonung gültig (Betonung: Subjekt, Dativobjekt). Bei Verbbetonung sind nur die Regeln (I) und (II) relevant.
Für Regel (III) sind Varianten mit nur einem Vollverb syntaktisch nicht möglich.

(29/20)* *Der Bekannte hat ihr eine S e i d enbluse und Ø geschickt.*

Aus den bisherigen Überlegungen lassen sich einige generelle Aussagen zur Tilgbarkeit in koordinierten Sätzen ableiten.

---

21 *Trumm*, süddt.: "großes Stück".

Werden im 2. Konjunkt NPs, die mit den formal entsprechenden NPs im 1. Konjunkt bezüglich Referenz und lexikalischer Füllung identisch sind, nicht getilgt, so muß in eine marginale Interpretation ausgewichen werden (11-13).

Werden identische Vollverben im 2. Konjunkt nicht getilgt, so werden die Äußerungen häufig inakzeptabel, da Verben keine Referenzeigenschaften im Sinne von NPs haben. Somit kann auch nicht in eine andere Interpretation ausgewichen werden, die es erlauben würde, die Äußerung als sinnvoll zu interpretieren.

Das Merkmal, das den größten Einfluß auf die Tilgbarkeit von NPs ausübt, ist das der referentiellen Identität (die lexikalische Füllung spielt hier nur eine untergeordnete Rolle - näheres dazu in Teil 4).

Regelverstöße:

Gegen (I): "Referentiell nicht identisches Satzglied wird im 2. Konjunkt getilgt."

führt zu unklaren Bezügen.

(29) *Bei alten Grauhaarigen finde ich blaue Augen toll und bei jungen (?Grauhaarigen/?Leuten) furchtbar.*

Gegen (III): "Referentiell identisches Satzglied wird mit gleicher lexikalischer Füllung wiederholt, obwohl keine generische oder kontrastierende Lesart intendiert ist."

führt entweder zu pragmatisch inakzeptablen Äußerungen (vgl. hierzu auch 7a)

(30) *..., daß die moderne Atomphysik das Gesetz von Ursache und (*das Gesetz von) Wirkung aufhebe.*
(WHN:186)

oder zu ausweichenden Interpretationen. Ausweichende Interpretationen sind im Fall von Namen möglich, da diese zwar referentiell identisch sind, die referentielle Identität jedoch auch bei gleicher lexikalischer Füllung erkennbar ist. Deshalb weicht man in der Regel auch nicht in Interpretationen aus wie in (11) oder (15), sondern interpretiert gemäß den Konversationsmaximen (z.B.: Qualitätsmaxime "Mache deinen Beitrag nicht informativer als nötig" vgl. hierzu: Grice 1979:243) das Element, das sich nach der NP am ehesten uminterpretieren läßt. In unseren Beispielen ist das in der Regel *und* (vgl. hierzu Beispiel 2).

4. Thema-Rhema-Struktur bei Vorwärtsellipse

Betrachten wir nun, wie sich die Tilgungen auf die TRS von Vorwärtsellipsen auswirken. Grob gesehen lassen sich zwei Gruppen von Sätzen unterscheiden. Dies sind: a) Sätze, in denen rhemaprojektive Verhältnisse herrschen und b) solche, in denen keine rhemaprojektiven Verhältnisse herrschen.[22]

In unseren Beispielen herrschen rhemaprojektive Verhältnisse in (9) und (10), (14) - (15) und (17) und (19), nicht rhemaprojektive Verhältnisse in (11) - (13), (20) und (21). Für normalbetonte Sätze in Koordination gelten offensichtlich andere Bedingungen

---

22 *Rhemaprojektion:* Ausdehnung des Rhemas von einem betonten Satzglied aus durch Aufsuchen möglicher Kontexttypen. Unter Rhemaprojektion im Sinne Höhles (1979: 405, dort: "Fokusprojektion") versteht man den Vorgang, bei dem das Rhema unter bestimmten Bedingungen (z.B. Normalbetonung und/oder normale Wortstellung vgl. Anm. 9) von einem betonten Satzglied aus, auf weitere Satzglieder ausgeweitet werden kann. In dem Satz *Karl hat dem Kind ein B u c h geschenkt* kann das Rhema von *ein B u c h* aus schrittweise auf den Gesamtsatz ausgedehnt werden.

Was hat Karl dem Kind geschenkt?	*ein B u c h* (minimales Rhema)
Was hat Karl bezüglich des Kindes getan?	*ein B u c h geschenkt* (1. Rhemaausdehnung)
Was hat Karl getan?	*dem Kind ein B u c h geschenkt* (2. Rhemaausdehnung)
Was ist denn los?	*Karl hat dem Kind ein B u c h geschenkt* (maximales Rhema)

Im Gegensatz zu: *K a r l hat dem Kind ein Buch geschenkt./ Karl hat dem K i n d ein Buch geschenkt./ Karl hat dem Kind ein Buch g e s c h e n k t.* In diesen Varianten ist das minimale Rhema auch gleichzeitig das maximale Rhema. Rhemaprojektion ist hier nicht möglich.

bezüglich der TRS als für nicht koordinierte Sätze. Da alle Sätze (außer 11-13) normalbetont sind, müßte prinzipiell auch in allen Sätzen Rhemaprojektion auf den Gesamtsatz möglich sein. Warum dies nicht in allen Sätzen möglich ist, scheint, so weit ich im Moment sehe, daran zu liegen, daß die referentielle Identität bzw. Verschiedenheit der einzelnen NPs nicht so entscheidend für die Rhemaprojektion (für die Anzahl der möglichen Rhemata) ist, wie die Tatsache, daß die beiden betonten Konstituenten lexikalisch unterschiedlich gefüllt sein müssen. Betrachten wir dazu einige Beispiele genauer. Wie der Test der natürlichen Antwort[23] zeigt, ist im Falle der Regel (I) Rhemaprojektion nur möglich, wenn die betonten Satzglieder in beiden Konjunkten lexikalisch unterschiedlich gefüllt sind:

(31/10)	a)	Wen erfaßte und schleuderte der Laster zu Boden?	*einen M a n n und ein K i n d.*
	b)	Was tat der Laster?	*erfaßte einen M a n n und schleuderte ein K i n d zu Boden.*
	c)	Was ist denn geschehen?	*Der Laster erfaßte einen M a n n und schleuderte ein K i n d zu Boden.*

(32/12)	a)	Was tat der Laster?	*erfaßte e i n e n Mann und schleuderte e i n e n zu Boden.*

Für (32/12) ist minimales Rhema gleichzeitig auch maximales Rhema, denn außer der VP läßt sich kein anderes Element dieser Äußerung erfragen. Oder andes ausgedrückt, es ist kein Kontext denkbar, in dem *Der Laster hat e i n e n Mann erfaßt und e i n e n Mann zu Boden geschleudert* total rhematisch sein könnte. Genausowenig kann

23 *Test der natürlichen Antwort:* Der Test dient der operationalen Erfassung der TRS. Bei diesem Test geht man davon aus, daß all die Elemente in einer W-Frage zusammenfaßbar sind, die als Thema in dem zu testenden Ausdruck gelten sollen. Der Teilausdruck außerhalb der W-Frage-Formulierung gilt als Rhema. Der Test ist nur auf Aussagesätze anwendbar.

auf die Frage "Wen hat der Laster erfaßt und wen hat der Laster zu Boden geschleudert?" geantwortet werden: *e i nen Mann und e i nen Mann.*
Im Falle der Regel (II), für die gilt, daß alle betonten NPs auf ein und denselben Referenten verweisen müssen, ist für alle Fälle Rhemaprojektion auf den Gesamtsatz möglich, da beide NPs lexikalisch unterschiedlich gefüllt sind.

(38/14) a)	Wen hat der Laster erfaßt und zu Boden geschleudert?	*einen alten M a n n*
b)	Was hat der Laster getan?	*einen alten M a n n erfaßt und (den Greis) i h n zu Boden geschleudert.*

Wir sehen, daß sich im Falle des minimalen Rhemas (a) nur eine NP erfragen läßt. Man kann bei Referenzidentität der beiden NPs auf die Frage "Wen hat der Laster erfaßt und zu Boden geschleudert?" nicht antworten *einen alten M a n n und i h n*. Andererseits läßt sich bei Erfragung der VP das Pronomen recht gut als Teil des Rhemas aufnehmen. Auch bei Rhemaausdehnung auf den Gesamtsatz (c) ist das Pronomen kein Hindernis. Daneben ist aber genauso gut Rhemaausdehnung nur von der ersten NP auf die beiden Vollverben möglich (b): *einen alten M a n n erfaßt und zu Boden geschleudert.* Bleibt das Pronomen oder dessen 'Ersatz' (*der Greis*) bei der Rhemaprojektion unberücksichtigt, dann liegt für die Regel (II) dieselbe TRS vor wie für Regel (III). Wird es aber in die Rhemaprojektion miteinbezogen, so ändert sich die TRS dieser Version gegenüber der gerade genannten. Das 2. Konjunkt enthält dann zwei rhematische Elemente (die ganze VP) gegenüber einem (nur die NP).

Kommen wir nun zu den Sätzen, in denen keine Rhemaprojektion möglich ist, Sätzen also, die kontextabhängiger (kontextsensitiver) sind als die eben betrachteten.
Das Beispiel für Regel (II), in dem die betonten Satzglieder in beiden Konjunkten referentiell verschieden, aber lexikalisch gleich gefüllt sein sollen, haben wir schon oben erläutert (32/12). Bleibt noch die Regel (IIIa). Wir hatten festgestellt, daß die referentiell identische und lexikalisch gleich gefüllte NP im

2. Konjunkt nicht getilgt werden muß, wenn die NPs durch einen Namen repräsentiert werden oder eine 'generische' Lesart erlaubt ist.

(34/20)	a)	Wen hat der Laster erfaßt und zu Boden geschleudert?	**einen M a n n und einen M a n n.*
	b)	Was hat der Laster getan?	*einen M a n n erfaßt und einen M a n n zu Boden geschleudert.*
	c)	Was ist geschehen?	**Der Laster hat einen M a n n erfaßt und einen M a n n zu Boden geschleudert.*

Bemerkenswert ist an diesem Beispiel (34/20), daß in einem Satz, der normalbetont ist und zwei Satzakzente hat, keine Rhemaausdehnung auf den Gesamtsatz möglich ist. In (20) wie in (21) fällt das minimale mit dem maximalen Rhema zusammen auf die VP (b). Diese Sätze sind also kontextabhängig, obwohl sie normalbetont sind.

Wir können bezüglich der TRS in Vorwärtsellipsen allgemein festhalten:

- Wird eine syntaktisch eigentlich mögliche Ellipse nicht durchgeführt, eine lexikalisch gleich gefüllte NP nicht getilgt, dann ändert sich in der Regel die TRS (2; 11-13; 17-21).
- Die Tilgbarkeit ist kein verläßliches und ausreichendes Kriterium zur Identifizierung des Themas in koordinierten Satzfolgen mit Vorwärtsellipse.
- Neben thematischen Satzgliedern können auch rhematische Satzglieder getilgt werden (14-15; ?17-19).
- Das Merkmal der Referenzverschiedenheit ist 'stark rhematisch markiert'.

5. Drei Tilgungsregeln für Rückwärtsellipsen

Für koordinierte Satzverbindungen mit Rückwärtsellipse soll allgemein gelten:

> Elemente, die im 2. Konjunkt genannt werden, können bzw. müssen im 1. Konjunkt unter bestimmten Bedingungen getilgt werden.

Die drei Tilgungsregeln, die wir in Kapitel 3 für Vorwärtsellipsen formuliert haben, lauten angewandt auf Rückwärtsellipsen:

In koordinierten Sätzen mit Rückwärtsellipse

(I) d a r f das Satzglied, das im 2. Konjunkt den Satzakzent trägt, im 1. Konjunkt n i c h t getilgt werden, wenn die formal entsprechenden Satzglieder in beiden Konjunkten referentiell nicht identisch sind. Dabei spielt es keine Rolle, ob sie lexikalisch gleich gefüllt sind oder nicht.

(II)u.(III) m u ß das Satzglied, das im 2. Konjunkt den Satzakzent trägt, im 1. Konjunkt getilgt werden, wenn die formal entsprechenden Satzglieder in beiden Konjunkten referentiell identisch sind. Dabei ist es gleichgültig, ob sie lexikalisch gleich gefüllt sind oder nicht. Pronominalisierung ist n i c h t möglich.

(IIIa) m u ß das Satzglied, das im 2. Konjunkt den Satzakzent trägt, im 1. Konjunkt n i c h t getilgt werden, wenn die formal entsprechenden Satzglieder in beiden Konjunkten referentiell identisch und lexikalisch gleich gefüllt sind und eine 'generische' Lesart erlaubt ist.

Zu (I)

(35/9) *einen M a n n (hat der Laster) erfaßt und ein K i n d hat der Laster zu Boden geschleudert.*

[min.=max: Subj. + fin. HV]

(36/10) *einen M a n n erfaßte (der Laster) und ein K i n d schleuderte der Laster zu Boden.*

[min.=max: Subj.]

(37/11) *e i n e n Mann erfaßt (hat der Laster) und e i n e n*

(Mann) zu Böden geschleudert hat der Laster.

[min: Subj. + fin. HV/max: Subj. + fin. HV + AO ohne Artikel]

(38/12,13) *e i n e n Mann erfäßte (der Laster) und e i n e n (Mann) schlèuderte der Laster zu Boden.*

[min: Subj./max: Subj. + AO ohne Artikel]

Die Beispiele (35) und (36) stehen für referentielle Verschiedenheit und verschiedene lexikalische Füllung, die Beispiele (37) und (38) für referentielle Verschiedenheit und gleiche lexikalische Füllung. In (37) und (38) reicht der Kontrast, der durch die Betonung der indefiniten Artikel entstehen soll, nicht ganz aus, die Vollverben müssen mindestens mitbetont werden.

Zu (II) und (III)

(39/14) **einen/den alten M a n n erfaßt (hat der Laster) und den G r e i s zu Boden geschleudert hat der Laster.*

(40/15) **einen/den alten M a n n erfaßte (der Laster) und den G r e i s schleuderte der Laster zu Boden.*

(41) **i h n erfaßte (der Laster) und den/einen alten M a n n schleuderte der Laster zu Boden.*

(42) **einen alten M a n n und den/einen G r e i s erfaßte der Laster.*

(43) *erfäßt und zu Böden geschleudert hat der Laster einen alten M a n n.*

[min.=max: Subj. + fin. HV + AÓ]

(44/16) *Der Laster erfaßte und verletzte einen alten M a n n.*

[min.=max: Subj. + fin. HV + AO = Vorwärts-Rückwärtsellipse!]

Die Beispiele (39) bis (42) sind natürlich nur insofern inakzeptabel, als mit diesen Satzgliedstellungen und Betonungen keine Referenzidentität zwischen *den/einen alten M a n n* und *den/einen*

G r e i s/i h n ausgedrückt werden kann.
Wird die referentiell identische, betonte NP im 1. Konjunkt getilgt, so müssen die Vollverben topikalisiert werden (43). Die Betonung von *M a n n* zwingt zu einer 'generischen Lesart' ("keine Frau"). Für einen Satz mit finitem Vollverb ist nur eine Vorwärts-Rückwärtsellipse möglich (44).

Zu (IIIa)

(45) *einen M a n n erfäßt und (auch) einen M a n n zu Böden geschleudert hat der Laster.*

[min.=max: Subj. + fin. HV]

(46) *einen M a n n erfäßte und (auch) einen M a n n verlêtzte der Laster.*

[min.=max: Subj.]

In beiden Fällen (45, 46) müssen die beiden Vollverben mindestens einen Nebenakzent erhalten. Eine Betonung, die nur die beiden NPs hervorhebt, ist bei dieser Satzgliedstellung kaum durchführbar.

Die Regel (I) bis (III) gelten für Rückwärtsellipsen im gleichen Maße wie für Vorwärtsellipsen (vgl. S.37 und 38), auch dann, wenn das betonte Satzglied

- durch eine definite NP repräsentiert wird (sh. 22/12)

(47/12) *D i e Tische und d i e Tische werden an den Rand geräumt.*

(bei gleicher lexikalischer Füllung der beiden NPs, muß deiktisch interpretiert werden)

- durch einen Namen repräsentiert wird (sh. 23/11-13)

(48/11-13) *D e r Peter und d e r Peter war mit mir in einer Klasse.*

Ich führe die Überlegungen, die wir für den Geltungsbereich der drei Regeln schon bei den Vorwärtsellipsen angestellt haben (sh. S. 38), hier für Rückwärtsellipsen nicht weiter, da der Geltungsbereich für beide Ellipsentypen prinzipiell derselbe ist. Unterschiede sind nur für den Bereich der Satzgliedstellung festzustellen. So müssen bei Rückwärtsellipsen die formal entsprechenden Elemente möglichst unmittelbar aufeinander folgen, wohingegen bei Vorwärtsellipsen weitere Klammern gebildet werden können/müssen. Auf diesen Aspekt werde ich im nächsten Kapitel noch einmal zurückkommen.

Aus den bisherigen Überlegungen lassen sich generelle Aussagen zur Tilgbarkeit in koordinierten Sätzen mit Rückwärtsellipse ableiten.

- Werden im 1. Konjunkt NPs, die mit den formal entsprechenden NPs im 2. Konjunkt bezüglich Referenz und lexikalischer Füllung identisch sind, n i c h t getilgt, so muß in eine marginale Interpretation ausgewichen werden (37-38).

- Formal identische und lexikalisch gleich gefüllte NPs m ü s s e n im 1. Konjunkt einer Rückwärtsellipse n i c h t getilgt werden, wenn sie unbetont sind und/oder ihre Referenzeigenschaften über andere Elemente gesteuert werden.
  Steuern können beispielsweise:

  o A r t i k e l (37,38; 47,48)

  o A d j e k t i v e (49)

  (49) *eine u n bürokratische (Entscheidung) und (eine) m e n schliche Entscheidung traf die evangelische Kirchengemeinde in Sontheim.*
  (ZB1:3903)
  [min: fin. VV/max: Subj. + fin. VV + AO ohne Artikel]

  o P r o n o m e n (50)

  (50) *Vor d i e sem (Tisch) und hinter d i e sem Tisch.*
  (Klein 1981:62)

- Betonte, referenzsteuernde Elemente dürfen nicht getilgt werden, auch wenn sie lexikalisch gleich gefüllt sind (51).

  (51) *Fritz soll s e i ner (Mutter helfen) und Hans soll s e i ner Mutter helfen.*
  (nach Klein 1981:59)

- Regelverstöße:

  Gegen (I): "Referentiell nicht identisches Satzglied wird im 1. Konjunkt getilgt."

führt im Falle einer Rückwärtsellipse zu falschen Bezügen, die als solche aber nicht immer erkennbar sind.

(52) *Fritz liest (?irgendetwas/?den/?einen Artikel) und Hans schreibt einen Artikel.*

(53) *einen M a n n erfaßte und *(ein K i n d) verletzte der Laster.*

<u>Gegen (II) und (III):</u> "Referentiell identisches Satzglied wird im 1. Konjunkt nicht getilgt, obwohl weder eine 'generische' noch eine 'kontrastierende' Lesart intendiert ist."

Dieser Regelverstoß führt in koordinierten Sätzen mit Rückwärtsellipse ebenso zu pragmatisch inakzeptablen Äußerungen wie im Falle der Vorwärtsellipse (vgl. S. 39).

6. Thema-Rhema-Struktur bei Rückwärtsellipse

Gehen wir mit Höhle (1979) weiterhin davon aus, daß nur in Sätzen mit normaler Wortstellung und Betonung Rhemaprojektion möglich ist; oder anders ausgedrückt, nur solche Sätze weitgehend kontextunabhängig verwendet werden können, die diese Bedingungen erfüllen, dann bedeutet das, daß Ausdrücke des dargestellten Typs (35-53) nur eingeschränkt in Kontexte einbettbar sind. Normale Betonung ist in Ausdrücken mit Rückwärtsellipse nicht möglich, da die formal entsprechenden Satzglieder beider Konjunkte immer 'kontrastierend' betont werden. Normale Wortstellung (im 2. Konjunkt einer Rückwärtsellipse) ist in Ausdrücken mit nur einem, referentiell identischen Subjekt aus syntaktischen Gründen nicht durchführbar.

Betrachten wir nun, welche Thema-Rhema-Struktur die dargestellten Beispiele im einzelnen aufweisen.

(54/35) a) Wen hat der Laster erfaßt und wen zu Boden geschleudert? — *einen M a n n und ein K i n d*

b) Was hat der Laster getan? — *einen M a n n erfaßt und ein K i n d zu Boden geschleudert*

c) Was ist geschehen? — **einen M a n n erfaßt und ein K i n d zu Boden geschleudert hat der Laster*

(55/38) a) Wen hat der Laster erfaßt und wen zu Boden geschleudert? — **e i n e n Mann und e i n e n Mann*

b) Was tat der Laster? — *erfaßte e i n e n Mann und schleuderte e i n e n (Mann) zu Boden*

Wie der Test (54) zeigt, ist für diesen Wortstellungstyp Rhemaausdehnung auf den Gesamtsatz nicht möglich. In (55) repräsentiert die VP gleichzeitig minimales und maximales Rhema. Das minimale Rhema, das nur die betonten NPs *e i n en* Mann und *e i n e n (Mann)* umfaßt, ist für die Version mit referentiell verschiedener, aber lexikalisch gleich gefüllter NP nicht möglich.

Wenden wir uns nun den Beispielen für die Regeln (II) und (III) zu.

In (44) läßt sich nur die betonte NP *einen alten M a n n* erfragen. Die Endstellung der betonten NP legt eine 'generische' Interpretation, im Sinne von "einen alten Mann, keine alte Frau", nahe. Alle übrigen Satzglieder dieses Ausdrucks können als Teil des Themas angesehen werden.

Die TRS in (43) läßt sich aufgrund der beiden topikalisierten Verben nicht ganz eindeutig beschreiben. Die betonte NP *einen alten M a n n* ist sicherlich Teil des Rhemas; ob die beiden Verben *erfaßt* und *zu Boden geschleudert* auch noch zum Rhema gehören, läßt sich nicht generell festlegen. Denkbar sind beide Kontexte. Im einen Fall läge die gleiche TRS wie in (45) vor, im anderen (Verben sind auch Teil des Rhemas) könnte der Satz als K o r r e k t u r in einen Kontext eingebettet werden. In diesem Fall wäre nur das Subjekt *ein Laster* Thema.

Für den Fall der Regel (IIIa), der 'generischen' Lesart der beiden betonten NPs, liegt die gleiche TRS vor wie für Vorwärtsellipse (vgl. S. 43: 34).

Fassen wir zusammen:

- In elliptischen Ausdrücken mit Rückwärtsellipse ist Rhemaausdehnung von einer betonten NP aus, auf den Gesamtausdruck nicht möglich.
- Rhematische Teilausdrücke dürfen nicht getilgt werden.
- Werden betonte, referentiell identische Teilausdrücke im 1. Konjunkt nicht getilgt, dann ändert sich die TRS des Gesamtausdrucks.
- Elliptische Ausdrücke mit Rückwärtsellipse sind nur bedingt in Kontexte einbettbar.

7. Zusammenfassung und Schlußbemerkung

Bevor wir noch ausstehende Fragen ansprechen, sollen zunächst die Hauptunterschiede der beiden Ellipsentypen zusammengefaßt werden.

- Rückwärtsellipsen sind im Gegensatz zu Vorwärtsellipsen mit normaler Betonung nicht möglich. Normale Wortstellung ist in koordinierten Sätzen mit Rückwärtsellipsen und nur einem identischen Subjekt aus syntaktischen Gründen nicht durchführbar.

- Die syntaktischen Variationsmöglichkeiten sind in koordinierten Sätzen mit Vorwärtsellipse im allgemeinen begrenzter als in Sätzen mit Rückwärtsellipse.

- Koordinierte Sätze mit Rückwärtsellipsen sind kontextabhängiger[23a] als Sätze mit Vorwärtsellipsen.

23a Der syntaktische 'Rahmen' (die Satzgliedstellungstypen und Betonungsvarianten), in dem Rückwärtsellipsen auftreten können, ist vielfältiger als der

- Referentiell identische NPs müssen im 1. Konjunkt einer Rückwärtsellipse in jedem Fall getilgt werden. Im 2. Konjunkt einer Vorwärtsellipse können sie unter bestimmten Bedingungen ungetilgt bleiben und als Teil des Rhemas fungieren.
- Im 1. Konjunkt einer Rückwärtsellipse kann eine referentiell identische NP weder pronominalisiert noch lexikalisch synonym ersetzt werden. Pronominalisierung oder lexikalischer Ersatz ist dagegen im 2. Konjunkt einer Vorwärtsellipse möglich.
- Die Mehrzahl der Belege für koordinierte Sätze mit Vorwärtsellipse enthält nur ein identisches Subjekt. Für Rückwärtsellipsen ist diesbezüglich keine Tendenz feststellbar.

Als weitere Ergebnisse unserer Überlegungen können wir festhalten:

- Die Tilgbarkeit bestimmter Konstituenten/Satzglieder ist kein hinreichendes Kriterium, um die Thema-Rhema-Struktur in koordinierten Sätzen mit Vorwärts- bzw. Rückwärtsellipse zu erfassen.
- Nicht jedes Satzglied und nicht jede Konstituente, das/die getilgt werden kann, ist Thema. Nicht jedes Satzglied und nicht jede Konstituente, das/die nicht getilgt werden kann, ist Rhema.
- Wird eine syntaktisch eigentlich mögliche Ellipse nicht durchgeführt, so ändert sich die TRS des gesamten Ausdrucks.
- Werden rhematische, referentiell identische Satzglieder/Konstituenten im 1. Konjunkt einer Rückwärtsellipse oder im 2. Konjunkt einer Vorwärtsellipse nicht getilgt, so ändert sich die TRS des Ausdrucks.
- Die Bedingungen, unter denen eine minimale oder eine maximale Ellipse auftreten kann, werden gleichermaßen durch den Kontext und durch formale Kriterien bestimmt.

---

von Vorwärtsellipsen. Dafür können Rückwärtsellipsen jedoch nur in wenige mögliche Kontexte eingebettet werden (sie sind kontextabhängiger als Vorwärtsellpisen - vgl. hierzu auch S. 49 und Anm.9).

Wir haben unseren Untersuchungsgegenstand bislang auf Sätze mit nur e i n e m identischen Subjekt beschränkt. Weitere Überlegungen müssen sich nun mit den Bedingungen befassen, die für Ausdrücke mit mehreren Subjekten gelten. Die Frage nach mehreren Subjekten ist wahrscheinlich besonders für koordinierte Sätze mit Rückwärtsellipse interessant, denn ich vermute, daß der syntaktische 'Rahmen', in dem Sätze mit Vorwärtsellipse auftreten können, hauptsächlich auf 'einsubjektige-Verhältnisse' beschränkt ist. Ließe sich diese Vermutung bestätigen, dann wäre auch plausibel, warum die Satzgliedstellungstypen in Sätzen mit Vorwärtsellipse weniger variieren als in Sätzen mit Rückwärtsellipse.[24]
Die Einbeziehung der kontextuellen Bedingungen halte ich auch für die folgenden Überlegungen für unabdingbar.

---

24 Ich bin der Überzeugung, daß Möglichkeiten wie sie W. Klein für die Tilgung in Vorwärtsellipsen in Erwägung zieht (1981:64,77), aus pragmatischen und syntaktischen Gründen nicht erlaubt sind.

Literatur

Admoni, Wladimir. 1972. *Der deutsche Sprachbau*. Leningrad.

Beneš, Eduard. 1971. Thema-Rhema-Gliederung und Textlinguistik. In: *Sprache der Gegenwart* 30. Düsseldorf, Schwann. 42-62.

Brinkmann, Henning. 1974. Reduktion in gesprochener und geschriebener Rede. In: *Sprache der Gegenwart* 26. Düsseldorf, Schwann. 144-162.

Bühler, Karl. 1965. *Sprachtheorie. Die Darstellungsfunktion der Sprache*. Stuttgart, G. Fischer. 2.Auflg.

Buhlmann, Rosemarie. 1983. *Merkmale geschriebener und gesprochener Texte im Bereich naturwissenschaftlich-technischer Fachsprachen*. Ms. München. 42 S.

Daneš, František. 1970. Zur linguistischen Analyse der Textstruktur. In: *Folia Linguistica* 4. 72-78.

Engel, Ulrich, I. Vogel (Hg.). 1973. *Gesprochene Sprache. Bericht der Forschungsstelle Freiburg*. Tübingen.

Erben, Johannes. 1972. *Deutsche Grammatik. Ein Abriß*. München, Hueber.

Grice, H. Paul. 1979. Logik und Konversation. In: *Handlung und Kommunikation und Bedeutung*. Hrsg. v. G. Meggle. Frankfurt. 243-265.

Halliday, Michael A.K. 1967. *Some Aspects of the Thematic Organisation of English Clause*. The Rand Corporation. Memorandum RM-5224- Pr. Santa Monica.

Höhle, Tilman N. 1979. *'Normalbetonung' und 'normale Wortstellung' eine pragmatische Explikation*. Leuvense Bijdragen. 60 S.

Klein, Wolfgang. 1981. Some Rules of Regular Ellipsis in German. In: *Crossing the Boundaries in Linguistics*. Hrsg. v. W. Klein und W. Levelt. Dordrecht, Reidel. 51-78.

Lyons, John. 1975. *Einführung in die moderne Linguistik*. München, Beck. 4.Auflg.

Moser, Hugo (Hg.). 1974. *Gesprochene Sprache. Jahrbuch 1972 des Instituts für deutsche Sprache* (= Sprache der Gegenwart 26). Düsseldorf, Schwann.

Ortner, Hanspeter. 1983. Karl Bühlers Stellung in der Ellipsenforschung. In: *ZGL* 11. 149-165.

Pasch, Renate. 1983a. Mechanismen der inhaltlichen Gliederung von Sätzen. In: *Untersuchungen zur Semantik* (= Studia Grammatica XXII). Hrsg. v. Motsch/Růzuka. 261-304.

- 1983b. Topik vs. Fokus in Behauptungen. Versuch einer Begriffsbestimmung. In: *Linguistische Studien* Reihe A.

Posner, Roland. 1979. Bedeutung und Gebrauch der Satzverknüpfer in den natürlichen Sprachen. In: *Sprechakttheorie und Semantik* Hrsg. v. G. Grewendorf. Frankfurt a. Main, Suhrkamp. 345-385.

Steger, Hugo u.a. (Hg.) 1971. *Texte gesprochener deutscher Standardsprache I. Erarbeitet im Institut für deutsche Sprache. Forschungsstelle Freiburg i.Br.* München.

Steinitz, Renate. 1981. Syntaktische Komponente. In: *Grundzüge einer deutschen Grammatik.* Hrsg. v. K.E. Heidolph, W. Flämig, W. Motsch. Berlin-Ost, Akademievlg. 112-144.

Wagner, Hildegart. 1970. *Verwaltungssprache* (= Sprache der Gegengenwart 9). Düsseldorf, Schwann.

Weinrich, Harald. 1976. *Sprache in Texten.* Stuttgart, Klett.

<u>Belege</u>

Freiburger Korpus zur gesprochenen Sprache (FK). Gespeichert im Institut für deutsche Sprache in Mannheim.

Gutzat, B., E. Niehaus, U. Grauerholz, H.M. Kemme. 1983. *Sprechfertigkeitskurs. Deutsch für Fortgeschrittene.* Erprobungsmanuskript. Goethe-Institut Amsterdam. 151 S.

Mannheimer Korpus zur geschriebenen Sprache 1 und 2 MK(1) und Mk(2). Gespeichert im Institut für deutsche Sprache in Mannheim.

Nizon, Paul. 1971. *Im Hause enden die Geschichten.* Frankfurt, Suhrkamp.

Sigle-Abkürzungen zu den Mannheimer Korpora:

MK (1)

WHN = Heisenberg, Das Naturbild der heutigen Physik
ZB1 = Bildzeitung Januar 1967
ZB2 = Bildzeitung Februar 1967
LSO = Strittmatter, Ole Bienkopp

MK (2)

GOS = Gebrauchsanweisung: Olivetti Schreibmaschine
HAD = Anweisung für Fahrer von Dienstwagen

KANN ASYNDETISCHE KOORDINATION GELEGENTLICH ALS ELLIPTISCHER AUSDRUCK EINER KAUSALITÄTS-VERKNÜPFUNG AUFGEFASST WERDEN?

Elisabeth Rudolph
Hamburg

1. Vorbemerkungen

Die im Titel dieses Beitrages gestellte Frage ist nicht mit einem einfachen Ja oder Nein zu beantworten. Zu oft wird demonstrativ eine asyndetische Koordination als Kausal-Relation vorgeführt und zu wenig Klarheit herrscht bis jetzt darüber, was unter Ellipse zu verstehen ist.

Die Formulierung "asyndetische Koordination" ist eine Kurzbeschreibung des betrachteten Phänomens: zwei semantisch zusammenhängende Hauptsätze sind ohne ein formales Verknüpfungszeichen (asyndetisch) miteinander verbunden (koordiniert).[1] Erkennbar ist die Verbindung im gesprochenen Deutschen an der Intonation: am Ende des ersten Satzes senkt sich die Stimme nicht.

Die Formulierung "elliptischer Ausdruck" ist so allgemein gehalten, weil ich Asyndese grundsätzlich nicht als die Verbindung von zwei Sätzen unter Auslassung oder Ellipse einer Konjunktion betrachte. Insbesondere läßt sich nicht die Ellipse einer bestimmten Konjunktion postulieren, sondern es hängt von Satzsemantik und Kontext ab, ob eine Konjunktion in den zweiten Satz eingeschoben werden kann und welche Konjunktion nach Meinung des Interpreten (Hörer, Interaktant, Linguist) die im aktuellen Fall passende ist.

Die Formulierung "Kausalitäts-Verknüpfung" bedeutet nicht dasselbe wie "Kausal-Relation". Aus praktischen Gründen der Beschreibung unterscheide ich Kausalität als den übergeordneten Begriff

---

1 Ähnliche Bezeichnungen finden sich in neueren Arbeiten und Grammatiken: Asyndese (Lang 1977: 73), asyndetische Verknüpfung (Lang 1977: 73; Grundzüge 1981: 781), asyndetische Konstruktion (Helbig-Buscha 1972: 559), asyndetische Satzverknüpfung (Pasch 1983: 148, 159, 208 etc.), asyndetische Satzverbindung (Duden 1984: 665). Auf die Intonation verweisen die Grundzüge im allgemeinen und Helbig-Buscha explizit (1972: 559): "Der erste Satz der asyndetischen Konstruktion hat progrediente Intonation."

von kausal im engeren Sinn. Hierbei betrachte ich die Kausalitäts-Verknüpfung als auf einer Stufe stehend mit den drei anderen Verknüpfungstypen (Zeit, Kontrast, Addition).[2] Jeder dieser Typen ist als Menge verschiedener Relationen aufzufassen. Zur Kausalitätsverknüpfung gehören die kausale, konsekutive, konditionale und finale Relation. Jede Sprache verfügt über mehrere Konnektive für die einzelnen Relationen. Diese Konnektive (Konjunktionen, Präpositionen, Partikeln) bringen die semantische Fein-Differenzierung innerhalb der Relation.

Die Überlegungen dieses Beitrages beginnen mit einem Rückblick auf einige Ansichten zur kausal interpretierbaren asyndetischen Koordination aus der linguistischen Literatur, gefolgt von der Betrachtung einiger Auffassungen von Ellipse bei Grammatikern und Linguisten.

Trotz mangelnder Einigkeit über den Begriff Ellipse wird dennoch immer von dem zur Vollständigkeit eines einzelnen Satzes Fehlenden gesprochen: Satzverknüpfungen werden nicht betrachtet.[3] Es ist auch sehr die Frage, ob das Fehlen einer Konjunktion behauptet werden darf, wenn parataktisch nebeneinanderstehende Sätze als koordiniert interpretiert werden. Koordination unterstellt bereits Verknüpfung, und wenn es auch nur die spürbare, d.h. an der Intonation erfahrbare Kohärenz[4] von Aussagen zum gleichen Thema ist.

Ob aber die Verknüpfung in einer asyndetischen Koordination auch kausal interpretiert werden kann, ist eine Frage, die bisher

---

2 Ausführlicher habe ich meine Auffassungen zu konnektiven Relationen und Ausdrücken und den verschiedenen Verknüpfungstypen dargestellt in: "Das Mitteilungsziel als Faktor bei der Wahl konnektiver Relationen und Ausdrücke". In: Akten des 18. Linguistischen Kolloquiums. Tübingen, Niemeyer 1984.

3 Vgl. "3. Zum Begriff der Ellipse". - Als eine Ausnahme hinsichtlich der Satzverknüpfungen ist Pasch (1983) anzusehen. Sie versteht unter "Ellipse" die "elliptische Verwendung des weil-Satzes" (1983: 124-134) und meint damit einen weil-Satz, der sich an einen vollständigen und abgeschlossenen Hauptsatz mit nicht-steigender Intonation anschließt. Sie notiert die beiden "Tonhöhenbewegungen" im ersten Teilsatz ("steigend" bzw. "nicht-steigend") auch zur Typenunterscheidung innerhalb der Kausalkonstruktionen mit Konjunktionalsatz (1983: 47).

4 Vgl. Lang (1977: 9), der Koordination versteht "als ein der Textbildung zugrunde liegendes Prinzip, dessen vielfältige Manifestation in koordinierten Strukturen dem Zweck - und somit den Bedingungen - der Herstellung semantischer Kohärenz unterworfen ist."

noch nicht thematisiert wurde. Wenn eine solche Interpretation möglich ist, müßte dann nicht diese asyndetische Koordination als elliptischer Ausdruck betrachtet werden?

Um einer Antwort näher zu kommen, werde ich nach den Vorkommensbedingungen für kausal interpretierbare asyndetische Koordination fragen. Statt mit selbstgebildeten Beispielen, die aus der gesprochenen Sprache zu stammen scheinen, werde ich mich mit einigen Beispielen aus der Schriftsprache beschäftigen. Sie sind nicht ausgewählte Belege aus einem umfangreichen hierfür gesammelten Korpus, sondern nur zufällig angemerkten Stellen bei der Lektüre eines Romans ("Albissers Grund" von Adolf Muschg), in dem ich Beispiele für kausale Konnektive suchte.

Über die Frage, welche Rolle Welt- und Situationskenntnis für die Verständnissicherung spielen, komme ich dann zu den Entscheidungskriterien für die Interpretation. Schließlich wird die Besprechung der Beispiele, die nicht kausal interpretiert werden können, zur Ausgangsfrage zurückführen.

2. Kausale asyndetische Koordination

Als äquivalent innerhalb des kategorialen Wertes "kausal" werden in der Deutschen Grammatik von Boettcher/Sitta (1972: 28) u.a. folgende Beispiele präsentiert:

(1) (a) Er blieb daheim, denn er war völlig erschöpft.

(b) Er blieb daheim, er war völlig erschöpft.

Den Autoren geht es an dieser Stelle nicht um asyndetische Koordination, sondern um die Darstellung verschiedener "Strukturtypen" innerhalb eines "kategorialen Wertes".[5] Ich habe (1 a) und (b) aus einer Reihe von fünf Strukturtypen herausgegriffen, weil dieses Paar eine identische Wortfolge zeigt mit der einen entscheidenden Ausnahme, daß dem *denn* in (1 a) eine Ellipse in (b) ent-

---

5 Vgl. Boettcher-Sitta (1972: 17/18): "Zwischen den Sätzen bzw. Teilsätzen des Textes bestehen bestimmte gedankliche Beziehungen, die die Grammatik mit Begriffen wie Kausalität, Konditionalität, Finalität usw. zu erfassen versucht hat. Solche Beziehungen bezeichnen wir ganz allgemein als kategoriale Werte."

spricht.

Bezeichnend ist für mich, daß die asyndetische Koordination ganz selbstverständlich an die Seite anderer Strukturtypen gestellt wird, daß also keinerlei Zweifel an der Interpretation aufzukommen scheint. Daraus ist zu folgern, daß deutsche Sprecher Beispiele vom Typ (1 b) für den Ausdruck einer kausalen Relation halten, ihn entsprechend selbst verwenden und auch als Hörer interpretieren. Konsultiert man allerdings das Stichwort "Asyndese" in einer beliebigen Grammatik des Deutschen, wartet man vergeblich auf die Vorführung eines solchen Beispiels als Prototyp der Asyndese. Vielmehr kann es vorkommen, daß man einen Hinweis auf verschiedene Interpretationsmöglichkeiten für Asyndese findet.[6]

In der linguistischen Literatur ist der Typ zumeist wie bei Boettcher/Sitta ein Demonstrationsbeispiel im Zusammenhang mit kausalen Verknüpfungen. Eine detaillierte und grundsätzliche Beschäftigung mit kausal interpretierbaren asyndetischen Verbindungen findet sich bei Isenberg (1971). In seiner Liste von zwölf Vertextungstypen führt er vier Unterklassen asyndetisch-kausaler Vertextungstypen vor. Seine Beispiele sind oft zitiert worden, ob sie in der Sprachwirklichkeit als realisierte Vertextungen eine Bedeutung haben, hat sich als Frage offenbar nicht gestellt. Zur Erinnerung nenne ich die Klassifizierungen noch einmal:

- Kausalanknüpfung (2)
- Motivanknüpfung (3)
- Diagnostische Interpretation (4)
- Anknüpfung von Voraussetzungen (5)

Dazu die Illustrationsbeispiele:

(2) Die Lampe brennt nicht. Die Stromleitung ist unterbrochen.

(3) (a) Hans ist in den Keller gegangen. Er will Kohlen holen.

(b) Komm her. Hier liegt ein Brief für dich.

---

6 Vgl. Grundzüge (1981: 781) allerdings ohne ein Beispiel: "Asyndetische Verknüpfungen lassen sich nicht nur konjunktiv, sondern - spezieller - etwa auch temporal, konditional, kausal interpretieren."

(4) Es hat Frost gegeben. Die Heizröhren sind gesprungen.

(5) Der Junge ist ins Kino gegangen. Irgendjemand hat ihm Geld gegeben.

Henschelmann (1977: 216f.) hält dies für eine "unnötige Vervielfältigung von Typen". Außerdem wendet sie gegen die Typenklassifizierung grundsätzlich ein, daß "außersprachliche Kategorien auf sprachliche Strukturen" übertragen werden, wo sie keine Entsprechung finden. Ihr Vorschlag ist eine Vereinfachung der Isenbergschen Klassifikation mit der Reduktion auf zwei Vertextungstypen, den kausalen (2) und den finalen (3 a), wobei die anderen Anknüpfungen wie (3 b), (4) und (5) aus Subspezifizierungen zu gewinnen sind.[7]

Henschelmanns kritische Bemerkungen dürfen ernst genommen werden, weil sie selbst ein umfangreiches französisch-deutsches Korpus analysiert hat. Sie kann daher über die Sprachwirklichkeit Auskunft geben und braucht nicht nur über Sprachmöglichkeiten zu spekulieren. Sie vermeidet allerdings die Bezeichnung "Ellipse" und spricht von "Null-Bezeichnung der URSACHE-WIRKUNG-Beziehung" (1977: Inhaltsverzeichnis), "Nulleinheit" (213), "Null-Verknüpfung" (215), "Nullzeichen" (218) und "Nullkonnektiv" (220).

Für das Französische verweist sie darauf, daß neben dem sprachlichen Kontext und enzyklopädischen Wissen des Interpreten auch die formalen Tempuskategorien die kausale Interpretation steuern können. Eine Bestätigung für das Vorliegen dieses "temporalen Indikators" für eine Kausalbeziehung (imparfait causal) sieht sie im Nebeneinander von "weil" in der deutschen Fassung und Asyndese nach Imperfekt in der französischen Fassung (1977: 214):

(6) Ich stand auf, weil es mir kalt wurde, nahm Weihwasser am Eingang aus dem Becken, bekreuzigte mich und ging in die Böhmerstraße hinein.
Le froid me pénétrait. Je me levai, trempai mes doigts

---

7 Im einzelnen vertritt Henschelmann die Auffassung (1977: 216), die "diagnostische Interpretation" unterscheide sich in der Kommunikationsabfolge von der "Kausalanknüpfung", könne aber als Subspezifizierung der Ursache-Wirkung-Relation im Sinne von "man-erkennt-es-daran-daß" zugeordnet werden, und entsprechend die "Anknüpfung von Voraussetzungen" im Sinn von "das-ist/war-nur-möglich-weil". In der "Motivanknüpfung" (3)(b) sieht sie nur den Sonderfall der Kausalanknüpfung mit Grundangabe für den Sprechakt.

dans le bénitier, me signai et m'engageai dans
la rue Boehmen.

Eine weitere Steuerungsmöglichkeit für kausale Interpretation liegt im Deutschen wie im Französischen in der schriftsprachlichen Interpunktion vor: hierbei verwendet das Französische vor allem den Doppelpunkt, während im Deutschen daneben auch das Semikolon begegnet.

Henschelmanns Hinweis (1977: 215), "daß die N u l l - Verknüpfung (vom Sprecher beabsichtigt oder nicht beabsichtigt) einen Interpretations s p i e l r a u m offenläßt", halte ich für wichtig. Denn anders als die oft besprochene Ambiguität, die vor allem im kontextfreien schriftlichen Beispiel vorkommt und nach einer Lösung zu verlangen scheint, ist der Interpretationsspielraum eine positiv bewertete Möglichkeit, durch die sich Sprecher und Hörer vom Zwang zur eindeutigen Festlegung befreien können. Allerdings entsteht für Übersetzungen ein Problem, mit dem sich Henschelmann hier auseinandersetzt (1977: 217ff.): "Nur wenn auch für den Übersetzer feststeht, daß es sich um eine Kausalanknüpfung und nicht bloß um eine temporale und/oder thematische Anknüpfung handelt, kann er eine adäquate Version in seiner eigenen Sprache finden." Im Französischen scheint die Null-Verknüpfung mit kausaler Interpretationsmöglichkeit häufiger vorzukommen als im Deutschen, das wegen seines Partikelreichtums vermutlich eher explizite Kausalverknüpfungen hat. Dem steht nun aber entgegen, daß eine ganze Reihe von deutschen Partikeln, die eine kausale Interpretation steuern könnten, vorwiegend oder ausschließlich in der gesprochenen Sprache verwendet werden.[8] Und so kommt es vor, daß dem französischen "en effet" in der deutschen Übersetzung eher die "Nulleinheit" als das entsprechende "ja" gegenübersteht" (Henschelmann 1977: 220 mit Beispielen).

In ihrer Untersuchung der Kausalität im gesprochenen Französischen geben Ebneter/Gessner (1974: 326ff.) für die Nullbezeich-

8 Dies gilt z.B. für folgende Partikeln: "also" (Sandig 1979: 84), "auch" (Sandig 1979: 91; Weydt-Hentschel 1983: 7), "doch" (Lütten 1979: 31f.; Sandig 1979: 86f.; Rath 1975); "eben" (Lütten 1979: 31f.; Quasthoff 1979: 54; Weydt-Hentschel 1983: 9); "ja" (Hartmann 1977: 105f.; Lütten 1979: 31f.; Quasthoff 1979: 54; Weydt-Hentschel 1983: 13), "nämlich" (Hartmann 1977: 108f.).

nung 25 % an. Dazu machen sie zwei wichtige Bemerkungen:[9] zum einen unterstreichen sie die vergleichsweise geringe Frequenz der asyndetischen Kausalität, worin sie einen Gegensatz zu der Behauptung sehen, das einfache Nebeneinander von Sätzen ohne Konjunktion sei heute üblich - eine Behauptung, die sich aber aus Mangel an älteren Vergleichsuntersuchungen nicht beweisen lasse. Zum anderen warnen sie vor einem sinnverfälschenden Interpretationszwang, der dazu führen könne, daß man die meisten Sätze zunächst für eine Untersuchung zur Kausalität und hernach für eine solche zur Finalität heranziehe.

Pasch (1983) erwähnt "asyndetische Satzverknüpfungen" nur am Rande, und zwar dort, wo sie feststellt, daß diese möglich sind, nicht aber eine der drei Konjunktionen "weil", "da", "denn" (148, 151, 157). Unter "Ellipse" versteht sie etwas anderes (vgl. Anm.3).

Lang (1977: 73) spricht von der Asyndese als der "hochkonditionierten elliptischen Variante der jeweiligen syndetischen Verknüpfung", und er behauptet die Möglichkeit einer eindeutigen Zuordnung, gestützt auf Beobachtungen über das Zusammenwirken von Konjunktbedeutung und Konjunktionsbedeutung, aus dem sich die Akzeptabilitätskriterien ergeben. Er diskutiert dies nicht an Beispielen, sondern weist zurück auf Hypothesen über die "operative Bedeutung" von Konjunktionen, die "Anweisungen repräsentieren, über den Konjunktbedeutungen bestimmte Operationen auszuführen", wobei dann "eine gemeinsame Einordnungsinstanz" (GEI) als eine die Konjunktbedeutungen "übergreifende Einheit" konstituiert wird (1977: 67). In bestimmten Fällen könne der sachliche bzw. auf Grund der allgemeinen Welterfahrung nächstliegende Zusammenhang so eindeutig sein, daß seine "explizite Postulierung durch eine Konjunktion verzichtbar" sei (1977: 73).

---

9 Ebneter/Gessner (1974: 326): "Il n'en reste pas moins que la causalité non signalée est peu fréquente comparée à la proposition introduite par une conjonction. Cela semble contredire ceux qui prétendent que la juxtaposition des propositions et la suppression des conjonctions sont des phénomènes courants. Il est possible qu'il y ait actuellement une tendance dans la langue parlée, mais on ne peut en dire plus car on manque de points de référence dans les études passées.(...)".(327):"En conséquence, dans l'étude des cas non signalés, il faut bien se garder de forcer le sens, car si on le faisait on pourrait pratiquement faire entrer la majorité des phrases dans l'étude de la causalité, et plus tard les mêmes dans celle de la finalité, etc;".

Meine Position liegt etwa zwischen der Warnung von Ebneter/ Gessner und der Auffassung Langs, daß in bestimmten Fällen die Konjunktion verzichtbar ist. Ich stimme zwar zu, daß man nicht zu viel Kausalität in Texte hineininterpretieren sollte,[10] halte aber die Gefahr, daß dies geschieht, nicht für allzu groß. Andererseits meine ich, daß es semantische Konstellationen geben kann, in denen eine Kausalitäts-Verknüpfung sozusagen selbstverständlich ist,[11] weshalb ihre explizite Formulierung unnötig oder gar überflüssig erscheint.

3. Zum Begriff der Ellipse

Im vorigen Jahrhundert, so will es scheinen, hatten Grammatiker ein klares Bild von dem, was eine Ellipse ist: es entspricht der Übersetzung des griechischen Etymons, d.h. es ist eine Auslassung. In einer Grammatik ist dann eine Aufzählung dessen zu finden, was alles ausgelassen werden kann (Heyse/Lyon 1886: 415), nämlich das Hilfsverb, das Verb, das Substantiv, und auch das Substantiv und zugleich das Verb.

In diesem Jahrhundert kann man schon frühzeitig eine Pro- und eine Contra-Ellipsen-Richtung konstatieren. So schreibt Sütterlin (1907: 9), es läge "nach unserer heutigen Betrachtungsweise eine wirkliche Auslassung viel seltener vor als nach der Auffassung der früheren Zeit", und er läßt als elliptisch nur Sätze gelten, "in

10 Einen deutlichen Fall für "Hineininterpretieren" von Kausalität sehe ich bei Pleines (1976: 159f.), wo er eine Handlung "Johanna macht ein Loch in die Wand" mit einer komplexen Kausalkette beschreibt.

11 Selbstverständliche Kausalitätsverknüpfungen des Alltags werden nicht erfragt. Eine Frage taucht erst angesichts eines Verhaltens auf, das ein Durchbrechen der normalen Verhältnisse bedeutet (vgl. dazu ausführlich Scheibe 1970: 255f.). Hierzu ein Situationsbeispiel: X und Y sitzen zusammen und hören das Türklingeln; X geht zur Tür und öffnet sie. Y würde in diesem Fall nicht fragen: "warum gehst du zur Tür", und X würde seine Handlung nicht mit den Worten begleiten: "ich gehe zur Tür, weil es geklingelt hat". Erst wenn Y das Klingeln nicht gehört haben sollte, wäre Frage und Antwort akzeptabel. Es kann aber sein, daß X dann anders antwortet, nämlich je nach Temperament erstaunt oder ungeduldig: "es hat (doch) geklingelt". Eine solche Antwort würde ich nicht kausal interpretieren, sondern als Mitteilung oder (mit konsensusstiftendem "doch") als den Partner an eben gemeinsam Erlebtes erinnernd.

denen schon die zugrunde liegende Vorstellungsreihe lückenhaft ist." Nach seiner Meinung ist die "bisherige Schulgrammatik" mit der Annahme von Auslassungen zu freigiebig gewesen, indem sie überall, wo kein vollständiger, wohlgebauter Satz vorlag, glaubte ergänzen zu müssen. "Denn", so sagt er abschließend, "sie setzte fälschlich voraus, die Sprache müsse immer vollständige Urteile wiedergeben, wie sie die Denklehre verlangt." Für ihn dagegen sind Wortverbindungen wie "Woher des Wegs?" oder "Oh, daß er käme!" vollständig und einwandfrei.

Paul beginnt den Band Syntax seiner Deutschen Grammatik (1919) mit den Worten: "Die Syntax ist ein Teil der Bedeutungslehre, und zwar derjenige, was schon das Wort besagt, dessen Aufgabe es ist, darzulegen, wie die einzelnen Wörter zum Zwecke der Mitteilung zusammengeordnet werden." Einige Sätze weiter sagt er, daß eine Mitteilung auch durch das Aussprechen eines einzelnen Wortes gemacht werden könne. Aber auch dann müsse die Vorstellung an eine andere unausgesprochene angeknüpft werden, die durch die Situation gegeben sei. Man dürfe nicht übersehen, daß die Situation zum Verstehen des Gesprochenen vieles beiträge und daß der Sprechende vieles unausgesprochen lasse, weil er mit der Ergänzung durch die Situation rechne.

Paul gibt auf dieser ersten Seite zwei Beispiele mit seinem Kommentar: "Wenn jemand den Angst- und Hilferuf "Diebe" ausstößt, so will er, daß der Allgemeinbegriff "Diebe" mit einer von ihm in dem Augenblick gemachten Wahrnehmung in Beziehung gesetzt werde. Wenn der Kommandoruf "Marsch" ertönt, so soll ihn eine bestimmte Gruppe von Menschen auf sich beziehen."

Nach solchen grundsätzlichen Anfangsüberlegungen überrascht es nicht, daß es bei Paul eine Ellipse eigentlich nicht gibt. Die sprachlichen Phänomene allerdings, die anderswo als Ellipsen beschrieben werden, unterschlägt er nicht. Sie werden in ausführlicher Breite geschildert, Kap. 15, §§ 520-536, S. 357-378, und die letzten zehn Zeilen, § 537, gelten dann der "eigentlichen Ellipse, die darin besteht, daß ein Satz unvollendet abgebrochen wird."

Mit einer der Sütterlinschen Schärfe vergleichbaren Deutlichkeit äußert sich Jespersen gegen die Verwendung der Ellipse als Beschreibungselement, wenn er dafür plädiert, daß es auch Ein-Wort-Sätze gibt: "An old-fashioned grammarian will feel a certain repugnance to this theory of one-member sentences, and will be inclined to explain them by his panacea, ellipsis" (1924: 306). Eines seiner Beispiele ist die Äußerung "John!", die je nach Umstand und Tonfall verschieden interpretiert werden kann, z.B.

- "How I love you, John!"
- "How could you do that?"
- "I am glad to see you"
- "Was it John? I thought it was Tom"

Die Frage, wie weit die Ellipse bei der Analyse dieser verschiedenen "John!"s hilfreich sein kann, wird von Jespersen zwar gestellt, aber er scheint keine Antwort dafür zu haben.

Die "alte crux der Sprachwissenschaftler", wie Bühler (1934: 155) die Ellipsen nennt, besteht also offenbar darin, daß die einfachen Grammatiker in der Ellipse ein Beschreibungselement hatten, das dem Sprachwissenschaftler nicht mehr zur Verfügung steht. Der Grammatiker konnte vor dem Hintergrund der deskriptiven/präskriptiven Norm angeben, welche Redeteile in einer Äußerung fehlen; er konnte das Fehlende ergänzen und mit dem Begriff Ellipse eindeutig benennen. Der Sprachwissenschaftler dagegen sieht, daß die Erfüllung der Norm oftmals weder für das Verständnis nötig ist noch für die Lebenspraxis in einem gegebenen Handlungszusammenhang.

Bühlers "empraktischer Gebrauch von Sprachzeichen" umgeht das Problem der Behauptung, an einer bestimmten Stelle läge eine Ellipse vor, weil er das Vorhandene in einer Situation beschreibt, die von den Kommunikationspartnern nicht als unvollständig empfunden wird.

Karlsen (1959) betrachtet unter dem Gesichtspunkt von Situation und Kontext die Verbindung von Sätzen. Er erkennt in Ellipsen und Null-Einheiten dieselbe verbindende Kraft, die auch in den bekannten expliziten Verbindern wie anaphorischen Partikeln vorhanden ist. Gerade durch das Fehlen expliziter Formen kann der Kontext für das Verstehen durch den Hörer/Leser aktiviert werden. Ellipse und Null-Einheiten sind für ihn zur sprachlichen Norm gehörende Phänomene. Das Fehlen von satzverbindenden Konjunktionen beschäftigt ihn nicht.

Im Duden ist "Ellipse" nur in Klammerausdrücken zu finden, so bereits in der Überschrift "Die Einsparung von Redeteilen". Solche Klammerausdrücke als zusätzliche, grammatik-terminologische Bezeichnung für Vorangehendes hat der Duden in beiden herangezogenen Ausgaben (1959, 1984). Während nun 1959 (§1169) die Ellipse wie in den alten Grammatiken vor dem Hintergrund der Norm betrachtet wird ("Die Ersparung von Redeteilen (Ellipsen) ist ebenso eine Abweichung von der grammatischen Norm wie der Pleonasmus, bei dem das Gegenteil geschieht."), weist 1984 (§1142) unter derselben Überschrift darauf hin, daß die syntaktischen Strukturen "nicht immer" ganz ausgefüllt werden" müssen. Die Ersparungen ließen sich "nach pragmatischen (den Redezusammenhang betreffenden) und grammatischen Gesichtspunkten unterscheiden".

In den Grundzügen (1981) kommt "Ellipse" an mehreren Stellen vor. Bei der elliptischen Tilgung (1981: 143) findet sich der Hinweis, daß das erhaltene Satzglied im vollständigen Satz dem Rhema entspricht. Es gibt auch Ellipsen, die das Thema betreffen, das der Hörer aus Situation oder Kontext entnehmen kann, z.B. "Machen wir" (193).

Ob nun Ellipsen von Grammatikern oder Sprachwissenschaftlern oder linguistischen Grammatikern behandelt werden, eines ist ganz deutlich: es fehlt ein Konsens, wann das gegenüber dem normengerechten Aussagesatz Fehlende Ellipse genannt werden sollte, und wann man es Eliminierung, Reduktion, Tilgung, etc. nennt.
Für die Überlegungen, die mich hier beschäftigen, ist allerdings die Frage der Bezeichnung nicht so wichtig wie die Beobachtung, daß diese Auseinandersetzung über die Ellipse innerhalb der Grenzen des Einzelsatzes stattfinden. Meine Fragestellung kommt nicht vor. Im Reduktionsschluß darf ich also annehmen, daß asyndetische Koordination nicht als ein elliptischer Ausdruck aufgefaßt wird.

Dies entspricht der Behandlung asyndetischer Koordination mit kausaler Interpretationsmöglichkeit bei den in Abschnitt 2 genannten Autoren (Boettcher/Sitta 1972, Isenberg 1971, Henschelmann 1977, Ebneter/Gessner 1974, Pasch 1983), ergänzt durch Lang (1976: 154), während Lang (1977: 73/74) generell behauptet, die asyndetische Verknüpfung sei auf eine äquivalente Verknüpfung mit Konjunktion rückführbar, ohne sich weiter damit zu beschäftigen.

Pasch zeigt die asyndetische Koordination in Opposition zu konjunktionalen Kausalkonstruktionen, und zwar immer dann, wenn nach ihren Beobachtungen keine der kausalen Konjunktionen akzeptabel ist, wohl aber die asyndetische Koordination (1983: 148, 151, 154, 157). Es handelt sich dabei um rhetorische Entscheidungsfragen (7) - (8) und rhetorische Aufforderungen (9):

(7) Ist sie (vielleicht) schuld an der Katastrophe?
Sie war (doch) zur Zeit des Brandes gar nicht zu Hause.

(8) Ist sie (vielleicht) nicht schuld an der Katastrophe?
Sie hat (doch) die brennende Zigarette unters Bett geworfen.

(9) Versuch (doch) mal, die Ratte da rauszuholen!
Sie wird dich beißen.

4. Vorkommensbedingungen für kausale Asyndese

Ganz gleich wie man das "Weggelassene" nun nennt - ob Ellipse oder Ersparung, ob Reduktion oder Tilgung - eines dürfte aus den bisherigen Überlegungen und den Beispielen deutlich geworden sein: das "Weggelassene" hinterläßt keine Lücke, die das Verstehen erschwert. Hierfür sind mehrere Gründe denkbar.

Es könnte sein, daß andere Sprachzeichen die Funktion übernehmen, die sonst das "Weggelassene" innehatte; dies könnte in (7) und (8) *doch* sein.

Es könnte aber auch einfach die außersprachliche Situation sein, die ein Mißverstehen ausschließt. So etwas wäre bei (1) - (5) denkbar.

Die bisherigen Beispiele wirken mit Ausnahme von (6) alle alltagssprachlich; eine Situation für ihr Vorkommen ist leicht vorstellbar; nur bei (9) hätte ich etwas Mühe. Es ist aber anzunehmen, daß alle Beispiele außer (6) zum Zwecke der Demonstration von den jeweiligen Verfassern erdacht sind, d.h. (1) - (5) stammen von Isenberg, (7) - (9) von Pasch. Ohne jeden Zweifel sind es aber akzeptable Sätze des Deutschen.

Bemerkenswert ist an den Beispielen etwas anderes: Sie unterscheiden sich durch ein wichtiges Merkmal voneinander. Während (1) - (5) eine Parallele mit einem kausalen Konnektiv neben sich haben könnten, ist bei (7) - (9) keine der drei kausalen Konjunktionen weil/da/denn akzeptabel (vgl. die ausführliche Diskussion dieser Beispiele bei Pasch 1983: 147-151).

Dies wirft die Frage auf, ob nur in Fällen wie (7) - (9) der Einschub eines kausalen Konnektivs ausgeschlossen ist, d.h. also nur nach rhetorischen Fragen und rhetorischen Ausrufen, oder ob es auch sonst vorkommt, daß bei einer kausal interpretierbaren Asyndese eine Parallele mit Konnektiv nicht akzeptabel oder fraglich erscheint.

Um von eigenen vorgefaßten Vorstellungen möglichst unabhängig zu sein, habe ich die neun Beispiele betrachtet, die Ebneter/Gessner (1974: 329f.) für die Gruppe "causalité non signalée" anführen und kommentieren. Ich zitiere daraus (10) - (13):

(10) C'est pas votre premier film, on vous a déjà vue.

(10a) - Das ist nicht Ihr erster Film, man hat Sie schon gesehen.

(11) C'est absolument faux, dans Ionesco chaque mot est à sa place.

(11a) - Das ist völlig falsch, bei Ionesco hat jedes Wort seinen Platz.

(12) Pourquoi ce seront les derniers? Ce ne seront pas les derniers, peut-être qu'après eux il y en aura encore qui naîtront.

(12a) - Warum werden es die letzten sein? Es werden nicht die letzten sein, vielleicht wird es danach welche geben, die noch geboren werden.

(13) Nous aimerions bien trouver une petite industrie ou deux qui viendrait s'implanter chez nous, euh, y aurait de la place.

(13a) - Wir würden gern ein oder zwei kleine Industriebetriebe finden, die sich bei uns ansiedelten, e, es wäre Platz dafür.

Nach meinem Empfinden lassen die Beispiele (10) und (12) keine Parallele mit einem kausalen Konnektiv zu, bei (11) könnte ich ein "nämlich" akzeptieren und bei (13) vielleicht ein eingeschobenes "ja".

Ebneter/Gessner kommentieren die Beispiele, aus denen ich (10) - (13) ausgewählt habe (1974: 330) mit der Beobachtung, daß im ersten Satz durch Behauptung, Frage oder Wunsch das Thema vorgestellt wird, während der zweite Satz die Argumentation enthält oder das Faktum, auf der diese beruht. In diesem Zusammenhang weisen sie (1974: 331) auf den grundsätzlichen Unterschied zwischen Kausalität in der Sprache und in der Philosophie hin, die sich an der bevorzugten Reihenfolge "Thema/These - Erklärung/Argumentation" gegenüber der ontologischen Reihenfolge "Ursache - Wirkung" in der Philosophie zeige.

Argumente brauchen nicht mit einem Konnektiv eingeleitet zu werden, insbesondere nicht in der gesprochenen Sprache (vgl. Quasthoff 1979: 49, 52-54). Lang (1976: 154f.) zeigt auch für Erklärungen die Möglichkeit asyndetischer Koordination. Am Heizungsrohrebeispiel stellt er die Frage, wie sich die Reihenfolge des Nennens der einzelnen Sätze auf das Verstehen auswirkt:

(14) Heute nacht Frost. Heizungsrohre im Keller geplatzt. Keine Glaswatteverkleidung.

(a) Keine Glaswatteverkleidung. Heute nacht Frost. Heizungsrohre im Keller geplatzt.

(b) Heizungsrohre im Keller geplatzt. Heute nach Frost. Keine Glaswatteverkleidung.

(c) Heizungsrohre im Keller geplatzt. Keine Glaswatteverkleidung. Heute nacht Frost.

In seinem Kommentar gelant Lang zur Folgerung, daß die kausale Interpretation "ausschließlich der Kenntnis empirischer Zusammenhänge" entspricht.

Bevor ich mich mit dem Anteil der Welt- und Situationskenntnis an der Interpretation von Äußerungen beschäftige, möchte ich kurz auf die in den Diskussionen immer wiederkehrenden Begriffe Argument, Erklärung und Begründung eingehen.

5. Exkurs zu den Begriffen Argument - Erklärung - Begründung

Diese drei Lexeme gehören einerseits in den allgemeinen Alltagssprachgebrauch und andererseits zu spezieller Wissenschaftsterminologie. In beiden Gebieten gibt es keine grundlegende Klarheit über die Bedeutung. Ich möchte mich hier nicht mit der alltagssprachlichen Verwendung beschäftigen und muß auch auf eine detaillierte Diskussion im Rahmen von Argumentationstheorie, Philosophie und Wissenschafts- oder Handlungstheorie verzichten. Es ist sowohl über Argumentation als auch über Erklärung vs. Begründung viel nachgedacht und geschrieben worden:[12] nicht selten erweisen sich unterschiedliche Standpunkte als terminologisch begründet.

Von den wissenschafts-spezifisch verschiedenen Lesarten von "Argument" verwende ich hier nur die in der Argumentationstheorie akzeptierte. Für die Begriffe "Erklärung" und "Begründung", die besonders in Philosophie und Wissenschaftstheorie in der Zuordnung zur Kausalität und der Hierarchiebeziehung zueinander umstritten sind, hat sich in der Forschungsmehrheit ein terminologischer Usus eingebürgert, dem ich hier folge: "Erklärung" wird in Verbindung mit Vorgängen und Zuständen in Natur und Umwelt gebraucht, "Begründung" dagegen in Verbindung mit dem Verhalten, Tun und Sein des Menschen (vgl. dazu Rudolph 1983: 110-114).

Argument	Ein Argument ist eine Aussage, die den Hörer/Leser von der Richtigkeit der zuvor gemachten Behauptung überzeugen soll. Die Verknüpfung von Behauptung und Argument findet auf der Ebene des Textes statt; daher läßt sich an den Anfang des Arguments die Formulierung "und ich sage das, weil" stellen.
Erklärung	Eine Erklärung ist eine Aussage, die dem Hörer/Leser die Situation erläutert, die in der zuvor gemachten Aussage[13] als gegeben dargestellt ist. Erklärungen beziehen sich auf der Sachverhaltsebene auf zumeist nicht selbstverständliche Vorgänge oder Seinsweisen.
Begründung	Eine Begründung ist eine Aussage, die den Hörer/

12 Vgl. die ausführlichen Literaturangaben in Rudolph (1982) und (1983).

13 Wenn ich in den Beschreibungen zu Erklärung und Begründung von "zuvor gemachter Aussage" oder "zuvor genannter Person" spreche, dann ist das auf die hier zur Debatte stehende asyndetische Koordination bezogen. In einer allgemeineren Beschreibung würde ich die Formulierung von der "Aussage, auf sich die Erklärung/Begründung bezieht",vorziehen. Allerdings darf nicht übersehen werden, daß in den meisten Fällen die Erklärung oder Begründung an zweiter Stelle steht.

Leser darüber informiert, was die in der Aussage zuvor genannte Person[13] zu ihrer Handlung bewogen oder veranlaßt hat.
Begründungen bezeichnen auf der Sachverhaltsebene einen unter mehreren möglichen und denkbaren Gründen für die Handlung als im vorliegenden Fall gegeben.

Mann kann alle drei als Antworten auf Warum-Fragen ansehen, nur sind die Fragen etwas verschieden:

Argument	-	warum sagst du?
Erklärung	-	warum ist oder geschieht?
Begründung	-	warum tut?

Die drei Antworten haben auch einen unterschiedlichen Rang, wenn man in Betracht zieht, welchen Interaktionsraum sie betreffen:

Argument	-	Rekurs auf gemeinsames Weltwissen
Erklärung	-	Aktivierung der Situationskenntnis zum Rekurs auf Regularitäten
Begründung	-	Nennung eines plausiblen Grundes

Man kann schließlich einen Unterschied zwischen Argument auf der einen und Erklärung/Begründung[14] auf der anderen Seite sehen: Das Argument bezieht sich stärker auf die Textproduktion, Erklärung/Begründung bleiben auf der Ebene der besprochenen Sachverhalte. Daraus ist zu verstehen, daß das Argument gelegentlich auch als Begründung auf der Meta-Ebene[15] angesehen wird.

---

14 Wenn ich im folgenden Erklärung/Begründung zusammenfasse, so hat das seinen Grund darin, daß die kausalen Konjunktionen unterschiedslos für beides verwendet werden; nur bei Präpositionalphrasen wird kausales "aus" = 'Begründung' von kausalem "vor" = 'Erklärung' unterschieden (vgl. Rosenfeld 1982 und darin besonders 30-32); es lassen sich aber nicht alle kausalen Konjunktionalsätze in Kausalphrasen umsetzen (vgl. Rudolph 1979: 129/130).

15 Vgl. Schecker (1977: 105/106): "... jedoch macht der Umstand, daß ich mich in Argumentationen auf Begründungen beziehen kann, darauf aufmerksam, daß ich mich mit Argumentationen auf einer anderen 'Ebene' befinde als mit Begründungen, daß Argumentation Metakommunikation bedeutet."

6. Welt- und Situationskenntnis zur Verständnissicherung

Die Bedeutung der Intonation in der dialogischen Interaktion ist weitgehend bekannt; viele Ambiguitätsprobleme stellen sich im Gespräch überhaupt nicht, weil der Diskurs des Sprechens und die Hervorhebung durch Betonung mehr vermögen als die Beachtung syntaktischer Regeln. Dazu kommt nun noch die gemeinsame Welt- und Situationskenntnis der Gesprächspartner. Innerhalb des Gesprächsrahmens, der durch die raum-zeitlichen Gegebenheiten und das Thema bestimmt ist, haben die Gesprächspartner eine Menge gemeinsamer Kenntnisse, auf die sie sich verlassen können. Auf diese Kenntnisse greifen sie in Präsuppositionen zurück, und sie können sie auch in argumentativen Gesprächsphasen aktivieren. Die Argumente haben dann das stillschweigende Vorzeichen "wie wir alle wissen". Aber auch in Momenten, wo es in Erklärung und Begründung mehr um Plausibilität geht, sind die gemeinsamen Kenntnisse als Grundlage von Interaktion und Verstehen wichtig.

Diese Überlegungen machen es wahrscheinlich, daß kausal interpretierbare Asyndese überwiegend in der gesprochenen Kommunikation anzutreffen ist. Da nun aber in der schriftlichen Kommunikation einerseits Verfahren aus der gesprochenen Interaktion übernommen werden und andererseits die asyndetische Koordination ganz selbstverständlich zum Repertoire jeder Kommunikation gehört, sollten auch schriftliche Texte auf mögliche Beispiele hin betrachtet werden. Ich habe bei der Lektüre des Romans "Albissers Grund" von Adolf Muschg darauf zu achten versucht, ob es deutliche Beispiele für kausal interpretierbare Asyndese gibt. Ich habe mir 15 Stellen angemerkt - auf 375 Seiten ist das keine sehr hohe Frequenz -, die ich in dieser Untersuchung zitieren und analysieren möchte.

Zunächst nenne ich die neun Beispiele, bei denen ich annehme, daß der koordinierte zweite Satz ein Argument oder eine Erklärung bringt. Da es sich, wie in Texten zumeist, nicht nur um zwei miteinander verbundene Sätze handelt, setze ich an den Anfang des Satzes, den ich für den koordinierten halte, das Zeichen "(-)"; man kann es auch für das Zeichen halten, das die Stelle der Ellipse verdeutlicht.

(15) Dr. Egli räuspert sich, Zerutt entnimmt dem Räuspern: A. antwortet nicht, Egli muß sich an Z. halten, (-)

Z. ist der einzige, der spricht. Das gäbe Freiheiten, aber er ist kein Dichter, er wird sie für anderes brauchen. (28)

(16) "Ich behandle ihn, natürlich kostenlos", liest Egli aus dem Text. - Vielleicht wollte Ihnen Albisser einen zarten Wink geben?
Hätte nichts geholfen, (-) ich muß essen. (29)

(17) Da bleiben dann Flaschen, Büchsen, eingesunkene Dachpappe, atmende Eidechsen in der Sonne liegen, und oft auch etwas Eßbares, oder was für Vaganten immer noch eßbar ist. Mit den Brennesseln und im Schutz des Spinnwebs ziehen sie ein und wohnen eine Weile hinter dem Siegel, das die Ämter auf die Tür heften; aber gleich neben der Tür sind die Wände morsch. Vaganten brauchen selten Gewalt, (-) sie kennen sie zu gut, es lohnt sich nicht, mit ihr Kirschen zu essen, auch nicht gestohlene. (192)

(18) Die Lehrlinge wohnten in der schlechteren Hälfte eines zusammengebauten Einfamilienhauses. Offenbar konnte sich der Erbauer noch nicht leisten, darin zu wohnen; (-) er mußte erst noch Miete daraus ziehen. (234)

(19) A. macht nochmals einen Fehler, als er den Poster an der Wand für Fidel hielt, dabei war es Ché, ohne Mütze, mit Zigarre; die Zigarre hatte ihn irregeführt, er hatte doch an Chés Asthma gedacht, eine solche Verwechslung wäre ihm anderswo nicht vorgekommen, (-) er konnte Ché wahrhaftig von Fidel unterscheiden, auch theoretisch. (235)

(20) Er gab Schnewlin zu verstehen, daß es an der Miete nicht scheitern solle, schließlich habe A. "vorübergehend" eine gutbezahlte Staatsstelle. Er brauchte wirklich ein solches Wort; entsprechend tief wurde das Lehrlingsschweigen danach. (-) Die waren nicht gewohnt, daß man mit Geld so wegwerfend umging. (236)

(21) Herr Zerutt bittet um seine Zähne, sagt der junge Mann. - Und bevor Sie etwas dazu sagen, ändern Sie vielleicht etwas Ihren Ton, Schwester Agatha.
Schwester Agatha ist nicht gekränkt, kaum überrascht; ihr Ton fällt ihr nicht mehr auf, (-) sie ist zu lange im Haus. - (365/366)

(22) Und das Ohr.
Kriegen wir wieder hin, sagt Dr. Marbach friedlich. - Etwas ausgefranst vielleicht, aber das wird ihm nicht lange wehtun, im Gegenteil. (-) Er liebt Anekdoten. (372)

(23) Er getraut sich zurückzulächeln, ihr Gesicht erschrickt nicht, erstarrt nicht vor Rücksicht, Schonung, verdrücktem Ekel; es wendet sich weiter, das ist alles, (-) zum Flirten ist man nicht hergekommen. (378)

Die Beispiele stammen nicht nur aus narrativen Passagen wie (17), (18) und (20). Bei (16) und (22) handelt es sich um Wiedergaben von Gesprächsausschnitten. Und in (19), (21) und (23) ist das Geschilderte aus der Sicht des jeweiligen Protagonisten dargestellt.

An diese neun Beispielen sind folgende Fragen zu richten:

- 1. Welche Welt- oder Situationskenntnisse werden vorausgesetzt?
- 2. Ist der Äußerungsstil nach "(-)" eher als Argument oder eher als Erklärung/Begründung einzustufen?
- 3. Kann statt "(-)" ein kausales Konnektiv eingeschoben werden?
- 4. Von welchen Voraussetzungen würde eine kausale Interpretation abhängen?

1. Weltwissen und Situationskenntnis

In der Kommunikation spielt das gemeinsame Wissen von der Welt die entscheidende Grundlage, von der nicht abstrahiert werden kann. Es ist also in allen neun Beispielen ebenfalls die Grundlage anzusetzen. Darüber hinaus spielt die Situationskenntnis eine Rolle; diese Kenntnis hat sich jeder Leser aneignen können, weil die Situation im Textverlauf auf- und ausgebaut wurde. Für das Verständnis der Beispiele muß das Wissen um die Welt und die Kenntnis der Situation aktiviert werden:

(15) - Wenn jemand etwas erfahren will und von zwei möglichen Gesprächspartnern schweigt der eine, ist er auf den anderen angewiesen. = Weltwissen.

(17) - Wer die Ausübung von Gewalt an sich selbst erfahren hat, weiß um die Problematik der Erfolge und versucht, sein Ziel ohne Gewalt zu erreichen. = Weltwissen.

(18) - Wer für einen Hausbau seine finanziellen Kräfte überzogen hat, wird sich um zusätzliche Einnahmen bemühen. = Weltwissen.

(22) - Wenn jemand sich durch eine besondere Eigenschaft von anderen unterscheidet, ist auch ein nicht übliches Verhalten zu er-

warten. = Weltwissen. - Der Sinn für Geschichtenerzählen wird den Betroffenen darüber hinwegtrösten, daß die Folgen der Ohrverletzung immer sichtbar bleiben werden. = Situationskenntnis. Dies Beispiel zeigt deutlich, daß es nicht immer leicht ist, das Wissen von der Welt von der Situationskenntnis zu trennen; oft geht eins in das andere über.

(16) - Das Verhältnis zwischen dem gutverdienenden A. und dem arbeitslosen Z. wird schlagartig sichtbar: der Sprecher Z. lehnt das Ansinnen, er könne A. kostenlos behandeln, als Zumutung ab. = Situationskenntnis.

(21) - Die Persönlichkeit der Schwester Agatha ist im vorherigen Textverlauf bereits so weit geschildert, daß dies nur noch eine Erweiterung darstellt. = Situationskenntnis.

(23) - Das Lächeln geschieht zwischen dem fast sterbenden Z. und einer ausländischen Putzfrau, die die Wände abzuseifen hat. = Situationskenntnis.

In zwei Beispielen fällt es mir schwer zu entscheiden, ob entweder das Wissen um die Welt oder die Situationskenntnis für das Verständnis aktiviert werden müssen oder beides wie in (22). Es geht um (19) und (20), mit denen ich mich deshalb gesondert beschäftigen möchte.

(19) spielt auch auf das allgemeine Weltwissen an, wenn jemand auf einer Abbildung zwei Personen verwechselt. Zum Verständnis für die hier geschilderte Verwechslung muß aber noch ein weiteres Wissen aktiviert werden: wer von den lateinamerikanischen Führern Fidel und Ché mehr als die Namen kennt und weiß, daß zu einer bestimmten Zeit ein Teil der europäischen Jugend sich für Ché begeisterte, wird verstehen, daß mit diesem Passus nicht nur eine bedauerliche Verwechslung von zwei einander ähnlichen Personen dargestellt ist. Hier wird zugleich ein negatives Urteil über das soziale Engagement von A. abgegeben: dieser hätte wissen müssen, daß die Lehrlinge, deren Wohngemeinschaft er zum erstenmal besucht, in jedem Fall nur ein Poster von Ché aufhängen würden; er hätte also Fidel und Ché weder im Aussehen noch in der Theorie unterscheiden können müssen, um zu wissen, daß es sich um eine Abbildung von Ché handelt. Dieses zum Verständnis wichtige Wissen ge-

hört also weder zu der im Textverlauf aufgebauten Situationskenntnis noch zum allgemeinen Weltwissen, sondern eher zu dem politischen Wissen in einer bestimmten Zeit, das auch wieder verloren gehen kann. Zum Erscheinungsdatum des Buches (1974) werden die Leser das erforderliche politische Wissen selbstverständlich gehabt haben. Ob es auch noch nach zwanzig Jahren vorhanden ist, muß bezweifelt werden.

(20) spielt auf das allgemeine Weltwissen an, daß ein ungeschicktes Wort Schweigen hervorrufen kann. Die nachgeschobene Erläuterung zu der bestimmten Situation soll aber vermutlich kein Wissen aktivieren, sondern durch Information neu schaffen. Der Autor kann bei seinem Lesepublikum keine sozialpolitischen Kenntnisse über Lehrlingsprobleme und -verhaltensweisen voraussetzen.

2. Argument oder Erklärung/Begründung

In Übereinstimmung mit den Erläuterungen am Anfang des Abschnitts sind die "(-)"-Sätze als Argumente einzustufen in den Beispielen (15), (17), (18) und (22): sie stellen einen Rekurs auf gemeinsames Weltwissen dar. In den Beispielen (16), (19), (20) und (21) sind die "(-)"-Sätze Erklärungen, wobei (16) und (21) auf die Situationskenntnis zurückgreifen, während für (19) und (20) besondere Wissensbestände erforderlich sind. Das Beispiel (23) schließlich ist eine Begründung: hier wird ein plausibler Grund für das Handeln eines Menschen gegeben.

3. Einsetzung kausaler Konnektive

Nach meinem Sprachgefühl kann in (18) kein Konnektiv eingesetzt werden. In den übrigen Beispielen halte ich nicht jedes Konnektiv für möglich. Mein Vorschlag: (15) *denn*. - (16) *weil*. - (17) *nämlich*. - (19) *weil*. - (20) *nämlich*. - (21) *denn / weil / da*. - (22) *nämlich / ja*. - (23) *weil / denn*. -

4. Voraussetzungen für kausale Interpretation

Wenn man akzeptiert, daß der Terminus "kausale Interpretation" ein Oberbegriff für Argumente, Erklärungen und Begründungen ist, dann sind in allen neun Beispielen (15) - (23) die Voraussetzungen für eine kausale Interpretation gegeben.

7. Nicht kausal interpretierbare Asyndese

Von den fünfzehn Stellen mit Asyndese, die ich mir in dem Roman "Albissers Grund" von Muschg angemerkt hatte, waren nur die neun bisher angeführten Beispiele (15) - (23) kausal interpretierbar, indem Weltwissen und Situationskenntnis nahelegten, einen der Sätze als Argument oder Erklärung/Begründung für vorher Geäußertes zu verstehen.

Die sechs anderen Stellen sind untereinander nicht einheitlich. Einige gehören zwar zur Kausalitäts-Verknüpfung, der jeweils zweite Satz gibt aber die Folge an. Die anderen Stellen sind Beispiele für die Adversativ-Relation in der Kontrast-Verknüpfung.

Ein Folgesatz gibt innerhalb der zur Kausalitäts-Verknüpfung gehörenden Konsekutiv-Relation ein Ergebnis oder eine Ergebnismöglichkeit aus dem Faktum des vorausgehenden Satzes an; dies kann als Intensivierung oder Präzisierung erscheinen. Der Unterschied ist an Intonationsunterschieden am Ende des ersten Satzes erkennbar: Stimmhebung = Intensivierung (24, 26) oder Stimmsenkung = Präzisierung (25).

Folge-Relation:

(24) A. wollte mit dieser Prozeßerfahrung nicht allein sein, (-) er teilte sie seinen Schülern mit. Nicht direkt, noch nicht, sondern als englisches Übungsstück. (215)

(25) Es ist ganz schlicht der Geruch der Verwesung. Schwester Claudias gesunde Eingeweide empören sich dagegen, (-) sie muß sich übergeben. (357)

(26) Doktor Kündig! sagt Zerutt und hebt sogar etwas den Kopf. Das war zuviel, (-) der Husten trifft ihn wie ein Schlag. (366)

Adversativ-Relation:

(27) Die Leute sterben doch nicht, Herr Doktor. (-) Sie töten sich. (30)

(28) Dabei wußte jedermann, er spielte nicht den feinen Pinkel, (-) er war einer, er war einfach eine unmögliche Besetzung für das Gefängnis, ohne daß es ihm darin zu einer Sonderlings- oder gar Märtyrer-

rolle gereicht hätte - dazu, das fand er selbst,
war er als Mensch nicht überzeugend genug. (290)

(29) Oft entwickeln die im Delirium noch Kräfte, es ist
kaum zu fassen.
Im Delirium? (-) Er sah nicht so aus.
Das täuscht. (372)

In den Beispielen (24) - (26) kann an der mit "(-)" markierten Stelle ein *und so* eingeschoben werden, um die Folgebeziehung zu verdeutlichen. Vielleicht wären auch andere Konnektive denkbar. Ich zögere aber, weil die Folge im kausalen Sinn und die einfach zeitliche Folge nahe beieinander liegen. Im Sinne ikonischer Textinterpretation (vgl. Posner 1980: 59)[16] wird das an zweiter Stelle Genannte ohnehin als Folge verstanden. Ob der Hörer/Leser das zeitlich später eingetretene und auch später genannte Ereignis nun als Wirkung oder Folge des zeitlich früheren Ereignisses ansieht, hängt mit seiner persönlichen Weltsicht zusammen. Wenn er eine stark kausal determinierte Weltstruktur postuliert, wird er eher geneigt sein, in den Beispielen (24) - (26) eine Wirkung/Folge-Relation zu erkennen. Besonders die in (25) und (26) dargestellten Körperreaktionen legen eine solche Interpretation nahe, die mit unserem Wissen von der Welt in Übereinstimmung steht.

Für (24) muß auch noch die Situationskenntnis mobilisiert werden, um nicht zuerst an eine Adversativ-Relation zu denken, die grundsätzlich auch möglich wäre. Diese würde aber eine bewußt willentliche Handlung der Person A. bedeuten, und nach dem bereits im Textverlauf deutlich gemachten Bild von A. ist gerade damit weniger zu rechnen als mit einem Sich-Treiben-Lassen. Wenn A. mit einer Erfahrung nicht allein bleiben will, fällt ihm nichts anderes ein, als diese Erfahrung in seinem Schulunterricht zu verarbeiten.

Die Adversativ-Relationen in (27) - (29) benötigen nicht unbedingt ein Konnektiv, um das Gegensätzliche klarzumachen. In (27) und (28) folgt auf einen negierten Satz unmittelbar die Rektifizierung. Daß es sich um eine Rektifizierung und nicht um eine un-

---

16 Posner (1980: 58/59) spricht von "ikonischer Textinterpretation", wenn bestimmte "Eigenschaften dem Bezeichnenden und dem Bezeichneten gemeinsam sind." Beispiel: "In einer Erzählung gibt in Abwesenheit einschlägiger sprachlich kodierter Informationen die Reihenfolge der Darstellung der Handlungen die Reihenfolge der dargestellten Handlungen wieder."

abhängige neue Mitteilung handelt, ist für jeden Hörer/Leser an der semantischen Kohärenz erkennbar: sterben und töten (27) gehören in ein semantisches Feld, eine Person spielen oder diese sein (28) hängt über die Referenzidentität der Person zusammen. Die Situationskenntnis kann zusätzlich die Interpretation erleichtern. In (27) spricht Z., dessen Sinn für Antithesen bereits auf den ersten Seiten des Romans deutlich wurde. In (28) wird etwas über den grundbürgerlichen A. gesagt, der aus der Enge seines eigenen Feinseins wohl gern ausbrechen möchte, es aber nicht vermag.

Auch für (29) ist es selbstverständlich, daß der mit "(-)" markierte Satz einen Gegensatz darstellt. Die vorangehende zweifelnde Frage des zweiten Sprechers auf die Erklärung des ersten Sprechers wird deutlicher durch die Bestätigung in einer Adversativ-Behauptung. Ein Konnektiv erscheint deshalb auch hier nicht nötig zur Verdeutlichung. Während in (27) und (28) an der markierten Stelle *sondern* eingesetzt werden könnte, würde ich in (29) ein *aber* erst als drittes Wort akzeptabel finden. Die geschilderte Situation kann diese Auffassung unterstützen. Die beiden Sprecher tauschen ihre Gedanken über das Erlebte aus, der erste Sprecher ist Arzt, der zweite Pfarrer. Sie waren Zeuge, wie ein Sterbender mit großer Kraft einen anderen Arzt ins Ohr gebissen hat. Der Pfarrer hatte kurz davor mit dem Todkranken gesprochen und sich von dessen überscharfem Wachsein überzeugt. Daher muß er dem Erklärungsversuch des Arztes widersprechen.

Wie die Beispiele gezeigt haben, sind mehrere Kriterien bei der Verständnissicherung beteiligt. Neben das Wissen von der Welt tritt die Kenntnis der Situation, unterstützt durch die eingeübte Gewohnheit der ikonischen Textinterpretation (Beispiel (24) - (26)) und die auch im Alltag geläufige Argumentationsfigur von These-Antithese (Beispiel (27) - (29)).

Gerade an den nicht kausal interpretierbaren Beispielen dieses Abschnittes ist deutlich geworden, daß bei den Entscheidungskriterien das allgemeine Weltwissen die erste Stelle einnimmt. Da wir es uns alle im Laufe unserer Sozialisation angeeignet haben, sind wir uns dessen oft nicht bewußt und daher geneigt, es mit recht verschiedenen Terminologien zu umschreiben. Wenn Lang (1976: 155) davon spricht, daß die kausale Interpretation in (14) "ausschließlich der Kenntnis empirischer Zusammenhänge" entspricht, so ist damit eben dies gemeint, was ich hier mit allgemeinem Weltwissen umschrieben habe. Ähnliches scheint auch van Dijk zu meinen, wenn er unter "conditions for connection and relevance" zusammenfassend sagt (1977: 26): "More in general we could say that two propositions A and B are connected if their extensions, viz. the facts they denote, are part of the same ordered pair of possible situations, where the pair is element of a connection-relation with different properties in various cases."

Im Bereich von Kausalitäts-Verknüpfungen spielt die Plausibilität eine wichtige Rolle: eine Begründung/Erklärung wird vom Hörer/Leser nur akzeptiert, wenn sie plausibel und einsehbar ist. Lang spricht in diesem Zusammenhang vom "Appell an die Einsicht" (1976: 170). Es ist allerdings für eine Kausalitäts-Verknüpfung nicht zu fordern, daß sie nur das Erwartbare verbindet, denn es gibt mehr als nur ein Erwartbares. Dies soll an (30) noch einmal verdeutlicht werden:

(30) Er blieb daheim, er war völlig erschöpft.

Die in diesen Sätzen ausgedrückten Propositionen sind:

A = er war völlig erschöpft
B = er blieb daheim

Eine Verknüpfung ist in zweierlei Weise möglich:

A - B = er war völlig erschöpft, er blieb daheim (Folge)
B - A = er blieb daheim, er war völlig erschöpft (Begründung)

Nicht die Reihenfolge des Nennes an der Oberfläche ist entscheidend für die Interpretation, sondern daß nach allgemeiner Weltkenntnis der Zusammenhang von Erschöpfung und Daheimbleiben erwartbar und plausibel ist. Denkbar und plausibel sind aber auch andere Relationen mit je einem der beiden Glieder A und B:

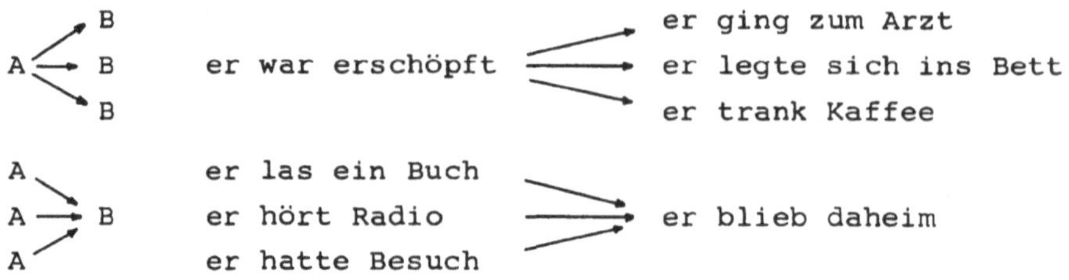

Wenn A eine plausible Erklärung/Begründung für B ist oder wenn B Voraussetzung/Bedingung/Grund für A ist, kann die asyndetische Koordination als Ausdruck einer Kausalitäts-Verknüpfung interpretiert werden, und zwar die Reihenfolge B - A als Kausal-Relation und die Reihenfolge A - B als Folge-Relation.

8. Schlußgedanken

Meine Antwort auf die Frage, ob asyndetische Koordination gelegentlich als elliptischer Ausdruck einer Kausalitätsverknüpfung aufgefaßt werden kann, ist ein "ja" mit Betonung des "gelegentlich". Wie die Beispiele mit Adversativ-Relation (27) - (29) gezeigt haben, gibt es Fälle von Asyndese, die keinesfalls kausal interpretiert werden können. Und auch innerhalb der Kausalitäts-Verknüpfung ist immer wieder zu entscheiden, ob es sich um eine Kausal- oder eine Folge-Relation handelt. Diese Entscheidung wird vom Hörer/Leser ausschließlich auf Grund seines Weltwissens gefällt. Nur deshalb ist in (30) die Reihenfolge des Nennens gleichgültig und ohne Einfluß auf die Interpretation, die in A stets den Grund und in B stets die Folge erkennt.

Nicht gleichgültig ist die Reihenfolge des Nennens im Hinblick auf die Intentionen des Sprechers/Autors. Wenn man von der Intonation absieht, die ich hier nicht mit betrachten konnte, erwartet der Hörer/Leser, daß am Anfang einer Sequenz der thematische Teil steht, gefolgt vom rhematischen Teil. Er wird also die Reihenfolge A - B in (30) als eine Mitteilung interpretieren, die über das aktuelle Befinden der mit *er* bezeichneten Person Auskunft gibt. Dagegen wird er die Reihenfolge B - A in (30) als eine Mitteilung über den gegenwärtigen Aufenthaltsort der mit *er* bezeichneten Person verstehen.

Nicht gleichgültig ist schließlich auch die Frage, warum der Autor eine asyndetische Koordination statt eines expliziten Ausdrucks gewählt hat. Unter den verschiedenen denkbaren Gründen steht einer an erster Stelle:

- Es ist dem Autor nicht vorrangig wichtig gewesen, seine Meinung zu den verknüpften Sachverhalten zu äußern.

Dieser Grund gilt immer, wenn asyndetische Koordination begegnet, die eine kausale Interpretation zuläßt. Als Motive für das Zurückhalten der eigenen Meinung zum Gesagten kommen in Frage:

- der Autor will absichtlich offenlassen, wie die Sequenz zu interpretieren ist;
- der Autor will nur Sachverhalte mitteilen, ihre Verknüpfung ist ihm gleichgültig;
- der Autor ist innerhalb der Kommunikationssituation an anderen Schwerpunkten interessiert.

Eine Frage, die mich während dieser Arbeit immer wieder beschäftigt hat, kann ich nur als Frage stellen, ohne eine Antwort zu wissen:

> Gibt es auch asyndetische Koordination, die final oder konditional interpretiert werden kann?.

Eher ist die andere Frage zu beantworten, ob es auch eine asyndetische Koordination ohne kausale oder adversative Interpretation gibt. In den vier Asyndesen von (31) sehe ich nur eine durch das Thema zusammenhängende Assoziationskette des Autors.

(31) Sie zeigt ihm, was recht ist, indem sie ihn mit seiner Liege wegrollt, flott und deutlich; (-) sie bewegt ihn wie ein Mensch den andern. (-) Das ist ein Anfang, bald wird er sich wieder selbst bewegen. (-) Es wird weitergehen, Zerutt weiß nicht wie, die Ärzte fassen es nicht, wozu auch, die Fremdenpolizei ist ratlos, warum denn nicht: (-) hier wird fortgefahren und kein Ende gemacht. (378/379)

Wenn ich abschließend versuchen sollte, Regularitäten für die Interpretation asyndetischer Koordination zu formulieren, kann das zusammenfassend etwa so lauten:

- Eine Kausal-Relation liegt vor, wenn aus Weltwissen und Situationskenntnis unzweifelhaft hervorgeht, daß die Aussage des zweiten Satzes als Voraussetzung, Bedingung, Grund der Aussage des ersten Satzes gelten kann (15) - (23).

- Eine Folge-Relation liegt vor, wenn aus Weltwissen und Situationskenntnis hervorgeht, daß die Aussage des zweiten Satzes die Wirkung/Folge oder das Ergebnis der Aussage des ersten Satzes sein kann (24) - (26).

- Eine Adversativ-Relation liegt vor, wenn außer durch die Negation ein Gegensatz lexikalisch (27), semantisch (28) oder durch die Intonation (29) zum Ausdruck kommt und eine kausale Interpretation auf Grund von Weltwissen und Situationskenntnis auszuschließen ist.

Literatur

Boettcher, Wolfgang; Sitta. H. 1972. *Deutsche Grammatik III, Zusammengesetzter Satz und äquivalente Strukturen*. Frankfurt/M., Athenäum.

Bühler, Karl. 1934. *Sprachtheorie. Die Darstellungsfunktion der Sprache*. Jena, Fischer.

van Dijk, Teun A. 1977. Connectives in Text Grammar and Text Logic. In: *Grammars and Descriptions*. Hrsg. von T.A. van Dijk und J.S. Petöfi. Berlin, New York, de Gruyter. 11-63.

Duden. 1959 und 1984. *Grammatik der deutschen Gegenwartssprache*. Mannheim, Bibliographisches Institut.

Ebneter, Theodor; Gessner, M. 1974. La causalité en français parlé. In: *Travaux de Linguistique et de Littérature*. Strassbourg, Klincksieck. 325-346.

Grundzüge einer deutschen Grammatik. 1981. Von einem Autorenkollektiv unter der Leitung von K.E. Heidolph, W. Flämig und W. Motsch. Berlin, Akademievlg.

Hartmann, Dietrich. 1977. Aussagesätze, Behauptungshandlungen und die kommunikativen Funktionen der Satzpartikeln *ja, nämlich* und *einfach*. In: *Aspekte der Modalpartikeln*. Hrsg. von H. Weydt. Tübingen, Niemeyer. 101-114.

Henschelmann, K. 1977. *Kausalität im Satz und im Text*. Heidelberg, Winter.

Heyse, J.; Lyon, O. 1886. *Deutsche Grammatik*. Hannover, Leipzig, Hahn.

Isenberg, Heinz. 1971. Überlegungen zur Texttheorie. In: *Literaturwissenschaft und Linguistik*, Bd. 1. Hrsg. von J. Ihwe. Frankfurt/M., Athenäum. 155-172.

Jespersen, Otto. 1924. *The Philosophy of Grammar*. London, George Allen & Unwin.

Karlsen, R. 1959. *Studies in the connection of clauses in current English. Zero, ellipsis and explicit form*. Bergen, Eides Boktrykkeri.

Lang, Ewald. 1976. Erklärungstexte. In: *Probleme der Textgrammatik*. Hrsg. von Daneš/Viehweger. Berlin, Akademievlg. 147-181.

- 1977. *Semantik der koordinativen Verknüpfung*. Berlin, Akademievlg.

Lütten, Jens. 1979. Die Rolle der Partikeln *doch, eben* und *ja* als Konsensus-Konstitutiva in gesprochener Sprache. In: *Die Partikeln der deutschen Sprache*. Hrsg. von H. Weydt. Berlin, New York, de Gruyter. 30-38.

Muschg, Adolf. 1974. *Albissers Grund*. Frankfurt/M., Suhrkamp Taschenbuch.

Pasch, R. 1983. Untersuchungen zu den Gebrauchsbedingungen der deutschen Kausalkonjunktionen *da, denn* und *weil*. In: *Linguistische Studien* 104. Berlin, Akademie der Wissenschaften der DDR. 41-243.

Paul, Hermann. 1919. *Deutsche Grammatik*, Bd. III. Halle, Niemeyer.

Pleines, Jochen. 1976. *Handlung - Kausalität - Intention. Probleme der Beschreibung semantischer Relationen*. Tübingen, Narr.

Posner, Roland. 1980. Ikonismus in der Syntax. In: *Semiotik* 2. 57-82.

Quasthoff, Uta. 1979. Verzögerungsphänomene, Verknüpfungs- und Gliederungssignale in Alltagsargumentationen und Alltagserzählungen. In: *Die Partikeln der deutschen Sprache*. Hrsg. von H. Weydt. 39-57.

Rath, Rainer. 1975. "Doch" - Eine Studie zur Syntax und zur kommunikativen Funktion einer Partikel. In: *Deutsche Sprache*. 222-242.

Rosenfeld, H. 1982. *Erklärungen und Begründungen. Sätze mit kausalem "aus" und "vor". Eine Korpusanalyse.* Frankfurt/M., Bern, Lang.

Rudolph, Elisabeth. 1979. Zur Austauschbarkeit von Kausalsätzen mit Kausalphrasen. In: *Sprachstruktur, Individuum und Gesellschaft*, Bd. 1. Hrsg. von Van de Velde/Vandeweghe. Tübingen, Niemeyer. 123-132.

- 1982. Zur Problematik der Konnektive des kausalen Bereichs. In: *Konnektivausdrücke - Konnektiveinheiten.* Hrsg. von Fritsche. Hamburg, Buske. 146-245.

- 1983. Argumentative Strukturen in der Wissenschaftssprache. In: *Texte und Sachverhalte.* Hrsg. von J.S. Petöfi. Hamburg, Buske. 93-159.

Sandig, Barbara. 1979. Beschreibung des Gebrauchs von Abtönungspartikeln im Dialog. In: *Die Partikeln der deutschen Sprache.* Hrsg. von H. Weydt. 84-94.

Schecker, Martin. 1977. Argumentationen als allokutionäre Sprechakte. In: *Theorie der Argumentation.* Hrsg. von M. Schecker. Tübingen, Narr. 75-138.

Scheibe, E. 1970. Ursache und Erklärung. In: *Erkenntnisprobleme der Naturwissenschaft.* Hrsg. von Krüger. Köln, Kiepenheuer & Witsch. 253-275.

Sütterlin, L. 1907. *Die deutsche Sprache der Gegenwart.* Leipzig, Voigtländer.

Weydt, Harald. (Hrsg.) 1979. *Die Partikeln der deutschen Sprache.* Berlin, New York, de Gruyter.

Weydt, Harald; Hentschel, E. 1983. Kleines Abtönungswörterbuch. In: *Partikeln und Interaktion.* Hrsg. von H. Weydt. Tübingen, Niemeyer. 3-24.

ZUR ELLIPSE IM GESPROCHENEN FINNISCH

Helena Rohen
Freiburg

1. Einleitung

1.1 Eine elliptische Äußerung erkennt man daran, daß Elemente auf der Oberflächenstruktur[1] fehlen, die zur Tiefenstruktur gehören.[2] Es können zwei Hauptgruppen von elliptischen Äußerungen unterschieden werden, je nachdem ob die Ergänzung 1) aus dem vorangegangenen Text oder 2) aus dem Situationskontext[3] kommt. Elliptische Äußerungen vom Typ 1, deren Korrelat immer im vorangehenden Text zu finden ist, nennen Halliday/Hasan[4] anaphorisch und betrachten sie als textkohäsives Mittel,[5] das Sätze miteinander verbindet. Als getrennten Typ führen sie die elliptischen Strukturen an, deren Ergänzung innerhalb des Gesamtsatzes erfolgt. Im vorliegenden Aufsatz werden alle elliptischen Strukturen, die anhand des voran-

---

1 Tiefenstruktur und Oberflächenstruktur werden hier nicht im Sinne von Chomsky angewandt. Oberflächenstruktur ist die Form, in der die Äußerung auftritt. Unter Tiefenstruktur verstehen wir die zugrunde liegende Form, die sich aus bestimmten Operationen ergibt. Siehe dazu Brinker (1972), Lindgren (1967).

2 Vgl. dazu Gunter (1953: 137); Isačenko (1965); Betten (1976a). Wie Beaugrande/Dressler feststellen, herrscht eine tiefgehende Kontroverse über das Wesen der Ellipse, was auf unterschiedliche Anforderungen an eine Grammatik zurückgeht. Beaugrande/Dressler (1981: 72): "Wenn Kriterien der Wohlgeformtheit und logischen Strenge im Vordergrund stehen, wird eine große Anzahl wirklicher Texte elliptisch erscheinen. Im hier vertretenen prozeduralen Ansatz müßte eine Ellipse eine wahrnehmbare Diskontinuität des Oberflächentextes während der Verarbeitung darstellen. Die Frage, ob ein gegebenes Beispiel wirklich elliptisch ist, muß letzten Endes *empirisch* entschieden werden (*Welche Oberflächenstrukturen empfinden Textbenutzer als diskontinuierlich?*)." Vgl. dazu auch Dorn (1980: 192).

3 Siehe Henne (1981).

4 Halliday/Hasan (1976).

5 Halliday/Hasan (1976: 143). Vgl. auch Gunter (1963: 138).

gegangen Textes ergänzt werden können, kotextuelle[6] Ellipsen genannt:

(1) *"Karilla on tulevaisuutta edessään, mikäli ø terveenä pysyy."*[7]

'Kari hat eine Zukunft vor sich, vorausgesetzt, daß er gesund bleibt.'

Hier gilt *mikäli terveenä pysyy* (vorausgesetzt, daß er gesund bleibt) als eine elliptische Äußerung von *mikäli hän terveenä pysyy* (vorausgesetzt, daß er gesund bleibt). Im Finnischen fehlt hier das Subjekt, was im Deutschen aber nicht möglich ist.

Den zweiten Typ innerhalb von elliptischen Äußerungen bilden die Fälle, in denen sich die Ergänzung aus dem Situationskontext ergibt. Diese Fälle werden von Halliday/Hasan[8] exophorische, von Hakulinen[9] pragmatische Ellipsen genannt. Als Beispiel für eine pragmatische Ellipse führt Hakulinen folgende Äußerung an:[10]

(2) Im Hafen stehen Leute. Ein Schiff nähert sich. Jemand ruft:
Jo näkyy.
'Wird schon sichtbar.'

Im Finnischen kann das Subjekt in diesem Fall weggelassen werden, weil es durch den Kontext deutlich wird. "Das Schiff, das sich den Zuschauern nähert". Im Deutschen kann das Subjekt eines finiten Verbs in der Regel durchaus nicht weggelassen werden, während es im Finnischen oft möglich (in der 1. und 2. Person sogar üblich) ist. Im Deutschen ist höchstens der Ausruf "dort" oder "da" ge-

---

6 Siehe dazu Henne (1981).

7 Hakulinen/Karlsson (1979: 323).

8 Halliday/Hasan (1976). Vgl. auch Gunter (1963: 138).

9 Hakulinen (1978: 233f.).

10 Hakulinen (1978: 233).

gestattet - mit der entsprechenden Geste.[11]

Zusammenfassend ist festzustellen, daß elliptische Äußerungen unvollständig sind und daß sie entweder aus dem vorangegangenen Text (kotextuelle bzw. syntaktische Ellipse) oder aus der Situation (kontextuelle bzw. pragmatische Ellipse)[12] ergänzt werden.

Es ergibt sich dabei jedoch das folgende Problem: Wie kann eindeutig festgestellt werden, daß die betreffende Äußerung wirklich unvollständig ist? Aufgrund welcher Kriterien kann behauptet werden, daß z.B. Äußerungen wie *varo* (Achtung), *selvä* (klar), *kiitos* (danke) ergänzt werden müßten?[13] Unseres Erachtens sind diese Äußerungen[14] vollständig, weil sie die normale Ausdrucksweise in der betreffenden Situation darstellen und ein "vollständiger" Satz einem eher gekünstelt vorkäme. Z.B. "Ich wünsche einen guten Morgen." Wir gehen also von der Annahme aus, daß auch "Einwortsätze"[15] vollständig sein können.

Die Voraussetzung für einen vollständigen Satz ist für uns seine Kommunikativität auf der Parole-Ebene und nicht die syntaktische Zweiteiligkeit auf der Langue-Ebene. Somit kann nicht jede Äußerung, die kein finites Prädikat auf der Parole-Ebene aufweist, als elliptisch angesehen werden. Also müssen die jeweiligen Äußerungen empirisch auf der Parole-Ebene daraufhin untersucht werden, ob sie in ihrer kommunikativen Funktion in der menschlichen Interaktion vollständig sind. Dies beruht nicht auf der syntaktischen Zweiteiligkeit.

In diesem Zusammenhang taucht noch ein Problem auf: Geht man

---

11 Zu den Gesten siehe Oksaar (1979: 394): "Die erwähnten nonverbalen Komponenten können in einem Satz die verbalen nicht nur begleiten, sondern auch ersetzen."

12 Halliday/Hasan (1976). Bei Hakulinen sind es exophorische, bei Hakulinen pragmatische Ellipsen.

13 Hakulinen (1978: 235).

14 Die traditionelle deskriptive Grammatik behandelte Äußerungen ohne finites Prädikat als abweichend von der Norm als Nicht-Sätze, weil ein wohlgeformter Satz einen Subjekt- und einen Prädikatsteil aufweisen müsse. Siehe z.B. Duden (1973; 1975); Ikola (1976).

15 Siehe dazu Heringer (1973: 106).

vom Text oder vom Satz als Grundeinheit aus? In dem Beispiel (3) ist die Forderung nach der kommunikativen Vollständigkeit einer Äußerung nur dann erfüllt, wenn die Äußerungen beider Interaktanten als eine Ganzheit und nicht als voneinander isolierte Teile gesehen werden.

(3) *Matti: Lähdetkö sinä huomenna*
'Matti: Fährst du morgen oder

vai ylihuomenna maalle?
übermorgen aufs Land?'

Pekka: Huomenna.
'Pekka: Morgen.'

Wenn in Beispiel (3) z.B. nur von der Äußerung des zweiten Interaktanten ausgegangen wird, wird der Notwendigkeit nach Kommunikativität nicht Rechnung getragen, denn der Rezipient muß im Ungewissen bleiben, worauf sich *huomenna* (morgen) bezieht. Daran schließt sich unseres Erachtens unmittelbar die folgende Frage an. Als Buchtitel ist ein Ausdruck wie *huomenna* keine elliptische Äußerung, sondern erfüllt vollständig seine Funktion in der menschlichen Interaktion in dem Kontext, in dem er auftritt. Damit behaupten wir, wie schon oben angedeutet, daß die Bestimmung einer elliptischen Äußerung auch von ihrer pragmatischen Funktion[16] abhängig ist. Wie aus Beispiel (3) ersichtlich, ist *huomenna* (morgen) die Ellipse der zugrunde liegenden Struktur *minä lähden huomenna maalle* (ich fahre morgen aufs Land), als Antwort auf die Frage. Als Buchtitel wäre *huomenna* eine vollständige Struktur, die keiner Ergänzung in der Tiefenstruktur bedarf:

1) Es kann nicht rekonstruiert werden, was ausgelassen wurde.
2) Die pragmatische Funktion der Äußerung *huomenna* als Buchtitel wird vollständig erfüllt.

Nach den obigen Erörterungen muß 1) geklärt werden, ob Text oder Satz als Grundeinheit angenommen werden. 2) muß die Bestimmung der

---

16 Sandig stellt fest, daß weder in der deskriptiven noch in der normativen Stilanalyse nach den Beziehungen zwischen Form und Funktion gefragt wird. Siehe dazu Sandig (1978). Vgl. dazu auch Aalto (1971).

pragmatischen Funktion geklärt werden, bevor auf die Ellipse geschlossen werden kann.

1.2 In der Textlinguistik[17] liegt eine Mannigfaltigkeit von Definitionen über den Textbegriff vor. Dies ist auf die unterschiedlichen theoretischen Ansätze, herrührend aus Syntax, Semantik oder Pragmatik, zurückzuführen. Die Haupteinteilung dieser Definitionen basiert darauf, daß zwei verschiedene Definitionssysteme vorhanden sind, a) solche, die nur aus sprachlichen Elementen zusammengesetzte Äußerungen behandeln[18] und b) solche, die unter Text verbale sowie nicht-verbale Einheiten definieren.[19] Im vorliegenden Aufsatz gehen wir von der Tatsache aus, daß Bilder in der geschriebenen Sprache und Gesten in der gesprochenen Sprache die Funktion von sprachlichen Zeichen übernehmen können.[20] Es wird nicht von einer idealisierten Satzvorstellung ausgegangen. Unseres Erachtens soll bei der Textdefinition als Hauptkriterium gelten, ob die betreffende Einheit in der menschlichen Interaktion ihre Funktion erfüllt oder nicht. Weil Beaugrande/Dressler[21] ihre Definition nach diesen Gesichtspunkten differenziert herausgearbeitet haben, werden wir uns hier an ihre Definition halten.

Beaugrande/Dressler fassen den Text als eine kommunikative Okkurenz auf, die die folgenden Kriterien erfüllt: Unter KOHÄSION[22] wird die Interaktion der Syntax mit den anderen Faktoren der Textualität verstanden. KOHÄRENZ[23] ist die Sinnkontinuität, die jeder Text besitzt. Außer diesen textzentrierten Kriterien werden auch produzentzentrierte Kriterien benötigt, und zwar die INTENTIONALI-

---

17 Siehe dazu Kallmeyer/Meyer-Hermann (1980: 242).

18 Brinker (1977); Harweg (1968); Halliday/Hasan (1976).

19 Schmidt (1972); Beaugrande/Dressler (1981).

20 Rohen (1981).

21 Beaugrande/Dressler (1981).

22 Beaugrande/Dressler (1981: 50-87).

23 Beaugrande/Dressler (1981: 88-117).

TÄT[24] des Produzenten und die AKZEPTABILITÄT[25] als rezipient-zentriertes Kriterium. Die INFORMATIVITÄT[26] wirkt unterstützend beim Erfüllen von Intentionen des Textproduzenten. Unter der SITUATIONALITÄT[27] wird verstanden, daß der Text in einem bestimmten Kontext von dem Rezipienten als kohäsiv und kohärent akzeptiert werden muß. Die INTERTEXTUALITÄT "betrifft die Faktoren, welche die Verwendung eines Textes von der Kenntnis eines oder mehrerer vorher aufgenommener Texte abhängig macht."[28] Eine nähere Beschreibung dieser Kriterien ist hier nicht möglich. Für uns ist nur folgendes von Wichtigkeit: Beaugrande/Dressler stellen diese sieben Kriterien der Textualität so dar, daß der Text erst dann als eine kommunikative Einheit gilt, wenn diese Kriterien erfüllt werden. Eine Übernahme der Definition von Beaugrande/Dressler ist mit folgender Einschränkung möglich: In vielen Über-, Auf- und Vorschriften sowie in der gesprochenen Sprache fehlt scheinbar oft eines oder mehrere der eben genannten Kriterien. Wir sind jedoch der Meinung, daß es sich auch dann um eine kommunikative Einheit handelt, wenn das Fehlen des einen Kriteriums durch die anderen "ausgeglichen" wird. Damit meinen wir folgendes: Die Werbeüberschriften scheinen oft inkohäsiv zu sein. Der Textproduzent hat aber eine bestimmte Intention. Gleichzeitig weiß er, daß er als Werbetexter unverständlich klingen darf, daß er dem Rezipienten durch spezielle sprachliche Mittel seine Botschaft sogar eher vermitteln kann. Dies kann vielleicht noch durch das folgende Beispiel verdeutlicht werden. Die Sprachprodukte der Sprachgestörten wiederum sind oft wirklich inkohäsiv oder inkohärent usw... Sie erfüllen nämlich nicht ihre Funktion in der menschlichen Interaktion, weil der Produzent (der Sprachgestörte) nicht fähig ist, für einen Ausgleich zu sorgen. Hier sei auch darauf hingewiesen, daß Ellipsen

---

24 Beaugrande/Dressler (1981: 118-144).

25 Beaugrande/Dressler (1981: 118-144).

26 Beaugrande/Dressler (1981: 145-168).

27 Beaugrande/Dressler (1981: 169-187).

28 Beaugrande/Dressler (1981: 188-215, 12f.).

nicht nur im Rahmen der Syntaxregeln auftreten können. Vom kommunikativen Gesichtspunkt aus kann der Text in der geschriebenen Sprache insofern elliptische Äußerungen enthalten, als er noch als eine kommunikative Einheit betrachtet werden kann.

Zusammenfassend kann festgestellt werden, daß hier von größeren zu kleineren Einheiten, also vom Text zum Satz und zum Wort, ausgegangen wird. Als praktische Konsequenz für unser Analyseverfahren ergibt sich daraus, daß z.B. bei Dialogen niemals nur von den Äußerungen des einen Interaktanten ausgegangen werden kann, sondern daß auch die des anderen Interaktanten in der außersprachlichen Situation beachtet und analysiert werden müssen. Außerdem weist die Äußerung eines einzelnen Interaktanten oft semantische oder syntaktische Unvollständigkeiten auf. Hier zeigt sich aber noch ein Problem: Und zwar liegen in der gesprochenen Sprache, was die Ellipse betrifft, noch andere Probleme vor als in der geschriebenen Sprache.[29] Deshalb wird z.B. im vorliegenden Aufsatz zwischen der geschriebenen und gesprochenen Sprache[29] unterschieden bzw. nur die gesprochene Sprache in der empirischen Analyse untersucht.[30]

Im Gegensatz zur geschriebenen Sprache liegen in der mündlichen Kommunikation folgende Probleme vor: Hier müssen, wie Henne[31] andeutet, richtige Redeeinheiten aufeinander bezogen werden, was in der Gesprächsanalyse Sequenzstruktur genannt wird. Nach Henne ist die Grundeinheit der Kommunikation also nicht mehr der Sprechakt,[32] sondern die Anrede und Erwiderung bzw. das Gespräch. Es reicht also keineswegs, daß eine grammatische, semantische oder pragmatische Analyse vorgenommen wird, wenn die spezifische Se-

---

29 Vgl. dazu Hakulinen (1978).

30 Die Kriterien der Textualität von Beaugrande/Dressler sind aber auch in der mündlichen Kommunikation wichtig. Es gibt Grenzen, an denen die Sprache aufhört als Mittel der Kommunikation zu fungieren. (Es gibt auch Dialoge, die nicht mehr ein Dialog, ein Gespräch sind. In der Sprache der Schizophrenen wird der Dialog zum autistischen Monolog.)

31 Henne/Rehbock (1982: 19).

32 "Sprechakt" bleibt als Analysekategorie innerhalb einer gesprächstheoretisch fundierten pragmatischen Sprachwissenschaft. Siehe Henne/Rehbock (1982: 18).

quenzstruktur des Dialogs unberücksichtigt bleibt. Weiterhin stellt Henne den folgenden kurzen Dialog in Schegloff/Sacks zur Eröffnung von Telefongesprächen[33] dar: "B hat angerufen, um C einzuladen, hat aber die Nachricht erhalten, daß C zu einem Abendessen eingeladen ist":

B: Yeah. Well get on your clothes
and get out and collect some of
that free food and we'll make it
some other time Judy then.

C: Okay then Jack

B: Bye bye

C: Bye bye

Hier kann weder an der syntaktischen Form noch anhand der Wortsemantik oder aufgrund der Kenntnisse der Pragmatik eindeutig beurteilt werden, ob B's erste Äußerung als Befehl und C's Antwort als Akzeptierung aufgefaßt werden müssen. Nur durch eine Analyse des ganzen Gesprächs kann hier eine Fehlinterpretation ausgeschlossen werden. Durch die Gesprächsanalyse können z.B. die vorigen Äußerungen nicht als isolierte Redeeinheiten aufgefaßt werden, sondern sie folgen bestimmten Mustern, im obigen Fall dem der Gesprächsbeendigung. Ferner erfolgt in der mündlichen Kommunikation häufig eine vorzeitige Unterbrechung des einen Sprechers durch den anderen. Das Resultat einer solchen Unterbrechung ist oft eine elliptische Struktur. Diese Fälle werden in der empirischen Analyse erörtert.

Hier kann nicht genauer auf die verschiedenen Kategorien innerhalb der Gesprächsanalyse eingegangen werden. Es wird nur auf die Wichtigkeit der verschiedenen Phasen[34] innerhalb eines Gesprächs hingewiesen, und zwar auf die Gesprächseröffnung, Gesprächsmitte und Gesprächsbeendigung, die sich in Haupt- und Subthemen entfalten. Außerdem werden noch Gesprächs-"Ränder" mit Nebenthemen und Episoden miteinbezogen. Bei der Bestimmung der pragmatischen Funktionen, die ihrerseits die syntaktische Struktur be-

---

33 Henne/Rehbock (1982: 19).

34 Henne/Rehbock (1982: 20).

einflussen, werden die Redeeinheiten nicht immer der Reihenfolge nach aufeinander bezogen. Die vierte kann sich z.B. auf die erste beziehen und die semantische Interpretation kann z.B. erst aus der Berücksichtigung mehrerer Gesprächsschritte erfolgen.

1.3 Äußerungen wie *kiitos* (danke schön), *näkemiin* (auf Wiedersehen), *vahinko* (schade) werden hier nicht auf die Ellipse zurückgeführt, weil sie kommunikativ ihre Funktion erfüllen. In den folgenden Beispielen kann erst nach einer Analyse entschieden werden, ob es sich um eine "eingliedrige" Äußerung handelt, d.h. ob zur Tiefenstruktur tatsächlich kein finites Prädikat gehört, das auf der Oberflächenstruktur fehlt.

(4) AAA: *Ostitko sinä "Lahjahevon" vai*
'Hast du den "Geschenkten Gaul"

Lasihelmi pelin?
oder "Das Glasperlenspiel" gekauft?'

B: *Lahjahevon*
'Den "Geschenkten Gaul"'

(5) (Als Buchtitel)
Lahjahepo '"Der geschenkte Gaul"'

In den Beispielen (4) und (5) läßt sich das Fehlen oder das Vorhandensein des finiten Prädikats zur Tiefenstruktur erst nach einer pragmatischen Analyse feststellen. Unter der pragmatischen Analyse verstehen wir die Bestimmung der pragmatischen Funktion der jeweiligen Äußerung. Daraus ergibt sich dann, ob es sich um eine "Informationsvermittlung" handelt, bei der ein finites Prädikat zur Tiefenstruktur gehört. (Um mit den Termini der Sprechakttheorie[35] zu sprechen, handelt es sich um Referenz und Prädikation.)[36] Wenn die Intention des Produzenten aber ist, seinem Rezi-

---

35 Searle (1971); Henne/Rehbock (1982: 16).

36 Searle (1971: 44). Unter Referenz wird das referierte Objekt oder der Gegenstand verstanden, unter Prädikation, was über die Referenz ausgesagt wird.

pienten eine Mitteilung über das Thema im Sinne der Namensgebung zu machen, geschieht das durch den Referenzakt,[36] dann gehört zur Tiefenstruktur kein finites Prädikat.
Anhand der obigen Ausführungen können die Beispiele (4) und (5) folgenderweise analysiert werden: In (4) bilden die Äußerungen der beiden Interaktanten eine Ganzheit von Frage und Antwort. Hier ist die Antworte eine Ellipse von *minä ostin "Lahjahevon"* (ich kaufte den "Geschenkten Gaul"). In (5) tritt *Lahjahepo* ("Der geschenkte Gaul") als Buchtitel auf. Die pragmatische Funktion eines Buchtitels kann folgenderweise kurz umrissen werden: Er soll erstens als Leseanreiz und Blickfang dienen, zweitens wird dadurch dem gesamten Werk ein Name verliehen. Es wird also nur eine allgemeine Andeutung über den Inhalt gemacht. Dies geschieht oft durch Referenzakte, wie es in (5) der Fall ist. In der Arbeit "Kurztexte. Zur Grammatik und Pragmatik von Überschriften, Aufschriften und Vorschriften"[37] werden diese verschiedenen pragmatischen Funktionen und deren Wirkungen auf die Syntax von der Verfasserin näher erörtert.

Für die mündliche Kommunikation ist ein häufiges Auftreten von elliptischen Äußerungen charakteristisch. Wie aber in 1.2 festgestellt, gibt es in der gesprochenen Sprache noch andere Probleme als in der geschriebenen. Das Gespräch weist z.B. verschiedene Strukturelemente auf: die Gesprächseröffnung, Gesprächsmitte und Gesprächsbeendigung.[38] Bei der Bestimmung der pragmatischen Funktion von Äußerungen ist von Bedeutung, zu welchem dieser Strukturelemente sie gehören.

Daraus ergibt sich unseres Erachtens die Notwendigkeit, zwischen elliptischen Äußerungen in der geschriebenen und in der gesprochenen Sprache zu unterscheiden.

---

37 Ist in Bearbeitung. In der Arbeit werden die Überschriften, Aufschriften und Vorschriften als Kurztexte definiert, wobei die Textdefinition von Beaugrande/Dressler angewandt wird. Beaugrande/Dressler (1981).

38 Henne/Rehbock (1982: 20f.).

2. Empirische Analyse zur Bestimmung von elliptischen Strukturen

2.1 Anhand der Überlegungen in 1. wird hier eine empirische Analyse zur Bestimmung von elliptischen Strukturen im gesprochenen Finnisch benutzt: 1) Als Ausgangspunkt der Analyse dient die Oberflächenstruktur. 2) Ferner wird die pragmatische Funktion bestimmt unter Berücksichtigung der Tatsache, ob die betreffende Äußerung zur Gesprächseröffnung, -beendigung oder Gesprächsmitte gezählt werden kann. 3) Anhand dieser Information kann entschieden werden, ob die betreffende Äußerung an sich ohne Ergänzungen verständlich ist. Die Vollständigkeit fehlt, wenn es sich als notwendig erweist, eines oder mehrere Wörter in der Tiefenstruktur zu ergänzen. Es handelt sich dann um eine elliptische Struktur auf der Oberfläche und man muß feststellen, welche Elemente fehlen.

(6) Das folgende Gespräch wird zwischen einer Kundin und einer Verkäuferin geführt.

Eeva: Etsin oikein kaunista paitaa.

'Eeva: Ich suche ein besonders schönes Hemd.'

Myyjätär: Valkoista vai värillistä?

'Verkäuferin: Weiß oder bunt?

Wir gehen bei der Analyse von der Oberflächenstruktur aus: *Valkoista vai värillistä* (weiß oder bunt) ist die Frage der Verkäuferin an die Sprecherin Eeva gerichtet. Es handelt sich um die Gesprächseröffnung.
Die Verkäuferin knüpft an die Äußerung der Sprecherin Eeva an.
In der Tiefenstruktur wird vom Rezipienten ergänzt, welchem Objekt oder Gegenstand *weiß oder bunt* zugeordnet sind. Ebenso muß ergänzt werden, was mit diesem Objekt geschieht und wer davon Gebrauch macht. In dem betreffenden Kotext ergänzt die Verkäuferin diese Information aus der vorangegangenen Äußerung der Sprecherin Eeva. Also bezieht sich das Gesagte auf das Verb, das in der Äußerung von Eeva vorkam. Die Frage der Verkäuferin an Eeva lautet also ungefähr: *Etsittekö* (Suchen Sie). Ferner ist die Voraussetzung einer kohäsiven und kohärenten Frage die Information darüber, was gesucht wird. In der Tiefenstruktur also etwa

⟶ *Etsittekö valkoista vai värillistä paitaa?*

⟶ Suchen Sie ein weißes oder ein buntes Hemd?

Das finite Prädikat, das Subjekt und das Partitivobjekt (im Deutschen Akkusativobjekt) fehlen hier auf der Oberfläche und müssen in der Tiefenstruktur ergänzt werden. (In dem finiten Prädikat *etsittekö* (Suchen Sie) wird durch das *-te-* das Subjekt *Sie* ausgedrückt.) Die Adjektivattribute *valkoista vai värillistä* (weiß oder bunt) beziehen sich auf das Adjektivattribut in der voranstehenden Äußerung der Sprecherin Eeva.

Valkoista vai värillistä (weiß oder bunt) ist eine kotextuelle Ellipse, weil die Elemente aus der vorangegangenen Äußerung zu ergänzen sind. Hier ist das folgende Beispiel von Wichtigkeit: *Minä voin hakea lapset ja∅viedä heidät kaupunkiin* (ich kann die Kinder holen und ∅ sie in die Stadt bringen). Hier gilt *ja viedä heidät kaupunkiin* (und sie in die Stadt bringen) als elliptische Äußerung von *ja minä voin viedä heidät kaupunkiin* (und ich kann sie in die Stadt bringen). Das Subjekt *minä* (ich) und das finite Prädikat *voin* (kann) gehören zur Tiefenstruktur, weil sonst nicht gewußt wird, *wer* der Täter und was die Tätigkeit sind. Hier ist aber folgendes zu beachten: Obwohl das Subjekt und das finite Prädikat hier zur Tiefenstruktur gehören, ist es gebrauchsnormwidrig (!), sie auf der Parole-Ebene auszusprechen. Als Erklärung dafür ist meines Erachtens eine zu nahe Wiederholung *minä voin hakea lapset ja minä voin viedä heidät kaupunkiin* (ich kann die Kinder holen und ich kann sie in die Stadt bringen).[39]

Der Unterschied zwischen Ellipsen in der geschriebenen und der gesprochenen Sprache wird durch das folgende Beispiel veranschaulicht:

(7) *Keskustelu turkulaisessa hotellissa*[40]
'Gespräch im Hotel in Turku'

---

39 Hier kommen sprachspezifische Unterschiede in der Gebrauchsnorm vor: "zwischen A [singular] und zwischen B [singular] " statt "zwischen A und B". Dies entspricht der ausschließlich geltenden englischen Gebrauchsnorm: "between A and B". Ein * "between A [sing.] and between B [sing.] " ist absolut gebrauchsnormwidrig.

40 Steiner/Assmann (1971).

Das Beispiel (7) ist eine Kapitelüberschrift. Ihre Funktion ist es, als Blickfang und Leseanreiz zu dienen. Außerdem wird dadurch die Namensgebung vollzogen, d.h. dem Rezipienten wird das Thema des Kapitels bekanntgegeben. Dies geschieht durch einen Referenzakt. Die Struktur ist vollständig; ein finites Prädikat gehört nicht zur Tiefenstruktur.

Die folgenden Beispiele stammen aus einem Interview.[41] Dabei handelt es sich um ein natürliches Gespräch, wobei das Raum-Zeit-Verhältnis der Nahkommunikation dient.[42] Ferner wird das Gespräch zwischen zwei Personen geführt.

In den folgenden Ausführungen wird die empirische Analyse vorgenommen.

(8) *Haastateltava lääketieteenlisensiatti*
'Als Interviewter Dr. med. Yrjö Alari

Yrjö Alari Turunen. Syntynyt Helsin-
Turunen. Geboren in Helsinki, den 8.

gissä, 8. helmikuuta 1907. Asunut
Februar 1907. Vom 5. bis zu, 7. Le-

viisivuotiaasta seitsemän vuotiaaksi
bensjahr wohnhaft in den Vereinigten

Yhdysvalloissa, muuten Helsingissä.
Staaten, sonst in Helsinki.

Haastattelu haastateltavan kotona
Interview im Heim des Interviewten

Etu-Töölössä 6. helmikuuta 1972.
in Etu-Töölö am 6. Februar 1972.

Haastattelijana Riitta Matilainen.
Als Interviewerin Riitta Matilainen.'

In (8) wird der Interviewte durch die Interviewerin vorgestellt. Hier werden dem Rezipienten Informationen zur Person des Interviewten vermittelt. Das wird Vorspann zum Interview genannt.

---

41 10372/ Pk Helsinki. Suomen kielen nauhoitearkisto. 16.2.1972.

42 Henne/Rehbock (1982: 32ff.).

Im folgenden wird Beispiel (8) Satz für Satz analysiert. Die Oberflächenstruktur[43] des ersten Abschnittes ist *haastateltava: lääketieteenlisensiaatti Yrjö Alari Turunen.* (Der Interviewte Dr. med. Yrjö Alari Turunen.) Durch diese Äußerung der Interviewerin R.M. wird der Interviewte Y.A. vorgestellt. Das finite Prädikat *on* (ist) fehlt nach *haastateltava* (als Interviewter) auf der Oberflächenstruktur. In der gesprochenen Sprache findet eine kleine Pause nach *haastateltava* statt, (was in der geschriebenen Sprache durch einen : markiert wird). Hier wird dem Rezipienten die Information vermittelt, d a ß ein Interview durchgeführt wird. Somit handelt es sich um Referenz und Prädikation.[44] Also gehört das finite Prädikat *on* (ist) zur Tiefenstruktur.

⟶ *Haastateltava on lääketieteen-*
lisensiaatti Yrjö Alari Turunen

⟶ Interviewter ist Dr. med. Y.A.T.

Wenn es sich hier nicht um eine elliptische Struktur handelte, müßte über den Interviewten selbst etwas ausgesagt werden (z.B. der Interviewte Yrjö Alari Turunen ist heute hier - *haastateltava Y.A.T. on täällätänään*). In diesem Fall wäre kein finites Prädikat in der Tiefenstruktur zwischen *haastateltava* und *lääketieten-lisensiaatti Y.A.T.*).

In der folgenden Äußerung ist die Oberflächenstruktur *Syntynyt Helsingissä 8. helmikuuta 1907.* (Geboren in Helsinki am 8. Februar 1907). Wenn dem Rezipienten hier nicht die Information vermittelt würde, *wer* geboren ist, bliebe die Äußerung dem Rezipienten inkohäsiv und inkohärent.[45] Also gehört hier sowohl das Subjekt als auch ein finites Prädikat zur Tiefenstruktur.

⟶ *Hän on syntynyt Helsingissä ...*

⟶ Er ist in Helsinki ... geboren

---

43 Siehe Anm.1.

44 Searle (1971: 44); Henne/Rehbock (1982: 16).

45 Siehe S.89f. dieser Arbeit. Vgl. dazu S.95f. dieser Arbeit. Hier werden Kohäsion und Kohärenz bei der Bestimmung der Ellipse in der Analyse angewandt.

Auch die folgenden Äußerungen sind elliptisch.
Asunut viisivuotiaasta seitsemänvuotiaaksi Yhdysvalloissa muuten Helsingissä. (Vom 5. bis zum 7. Lebensjahr wohnhaft in den Vereinigten Staaten, sonst in Helsinki).
Erst durch das Subjekt und das finite Prädikat in der Tiefenstruktur können diese Äußerungen als kohäsiv und kohärent vom Rezipienten akzeptiert werden.

⟶ *Hän on asunut viisivuotiaasta ...*
⟶ Er war vom 5. ... wohnhaft

⟶ *muuten hän on asunut Helsingissä*
⟶ sonst war er in Helsinki wohnhaft

Auch durch die folgende Äußerung *Haastattelu haastateltavan kotona Etu-Töölössä 6. helmikuuta 1972* (Interview bei dem Interviewten in Etu-Töölö am 6. Februar 1972) wird dem Rezipienten die Information über die Durchführung des Interviews vermittelt. Dies geschieht durch Referenz und Prädikation.

⟶ *Haastattelu käytiin haastateltavan kotona*

⟶ Interview wurde bei dem Interviewten durchgeführt

Also handelt es sich hier um eine elliptische Äußerung, in der ein finites Prädikat zur Tiefenstruktur gehört. Wenn der Rezipient über das Interview selbst informiert werden würde, wäre die Äußerung ohne das finite Prädikat vollständig:

⟶ *Haastateltavan kotona Etu-Töölössä ..*
⟶ Das bei dem Interviewten durchgeführte

käyty haastattelu
Interview

In der letzten Äußerung des Vorspanns zum Interview wird dem Rezipienten (d.h. dem Hörer) die Interviewerin vorgestellt.
Haastattelijana: R.M. ('Als Interviewerin R.M.'). Auch hier gehört somit das finite Prädikat zur Tiefenstruktur.

⟶ *Haastattelijana* $\left\{\begin{matrix} \textit{toimii} \\ \textit{on} \end{matrix}\right\}$ *R.M.*

⟶ Als Interviewerin fungiert R.M.

Zusammenfassend kann zum Vorspann[46] des Interviews festgestellt werden: Es handelt sich hier um eine Gesprächseröffnung, in der die Interviewerin den Zuhörern den Interviewten und sich vorstellt. Außerdem wird mitgeteilt, wo das Interview stattfindet. Dies geschieht durch Referenz und Prädikation.

In solchen Fällen handelt es sich immer um eine Ellipse des finiten Prädikats oder des finiten Prädikats und des Subjekts. Diese elliptischen Äußerungen werden zur kotextuellen Ellipse gezählt, weil das Korrelat nicht in den vorangegangenen Äußerungen vorkommt, sondern sich aus der Situation ergibt.

Das Interview selbst besteht aus Fragen der R.M. und aus Antworten des Y.A.T. In der Gesprächseröffnung stellt R.M. eine Frage, worauf Y.A.T. antwortet.[47]

(9) R.M.: *Tehän ootte Helsingissä syntynyt?*
'R.M.: Sie sind in Helsinki geboren?'
Y.A.T.: *Kyllä.*
'Y.A.T.: Ja.'

Die Frage ist, ob *kyllä* (ja)[48] einer Ergänzung in der Tiefenstruktur bedarf. Wie in der Einführung festgestellt, kann auch ein Einwortsatz vollständig sein, so daß keine Elemente in der Tiefenstruktur ergänzt werden müssen. Voraussetzung dafür ist, daß sie ihrer Funktion gerecht werden. In (9) handelt es sich um eine Frage. Durch *kyllä* (ja) wird die Frage vollständig beantwortet. Unseres Erachtens steht *kyllä* (ja) als Ersatz für *olen syntynyt Helsingissä* (ich bin in Helsinki geboren). Also handelt es sich hier nicht um eine elliptische Struktur. Für *kyllä* kann unseres Erach-

---

46 Siehe dazu Henne/Rehbock (1982: 18).

47 Henne/Rehbock (1978: 20f.).

48 Vgl. dazu Hakulinen (1978: 235); Penttilä (1975).

tens folgendes verallgemeinert werden: *Kyllä* ist eine Bejahung von Fragen, Antworten, Feststellungen, Behauptungen. Allerdings muß man die jeweilige Fragestruktur heranziehen, um zu wissen, worauf sich *kyllä* (ja) inhaltlich bezieht.[49]

Weiterhin stellt die Sprecherin noch Fragen zur Person des Interviewten.

(10)	R.M.:	*Ja minkä ikäsenä tulitte takasin?*
	'R.M.:	Und wie alt waren Sie, als Sie zurückkamen?'
	Y.A.T.:	*Seitsemänvuotiaana.*
	'Y.A.T.:	Im Alter von sieben.'

Die Erwiderung von Y.A.T. besteht auf der Oberflächenstruktur aus *seitsemänvuotiaana* (im Alter von sieben Jahren). *Seitsemänvuotiaana* (im Alter von sieben Jahren) kann nur dann als eine kohäsive und kohärente Einheit bezeichnet werden, wenn es als Teil der vorangegangenen Frage verstanden werden kann:

⟶ *Ja minkä ikäisenä tulitte takaisin?*
⟶ Und wie alt waren Sie, als Sie zurückkamen?

⟶ *Tulin takaisin seitsemänvuotiaana.*
⟶ Ich kam zurück im Alter von sieben Jahren.

(Die syntaktische Form *seitsemänvuotiaana* (im Alter von sieben Jahren) setzt die Rekonstruktion eines finiten Prädikats *tulin* (kam)

---

49 Bis vor kurzem verlangten die finnischen Schulgrammatiken die Wiederholung des Verbs als Affirmativantwort (statt *kyllä* usw.).
Ei (nein) ist Satzadverbial wie *kyllä* (ja). Laut unserer Analyse erfüllt *kyllä* als Einwortsatz seine Funktion, weil dafür der Inhalt des Bejahens immer ausgedrückt wird. Dies gilt auch für *ei*, wodurch der Inhalt negiert wird. Bei *ei* ergeben sich aber im Finnischen folgende Probleme: Es gibt nicht nur das Satzadverbial *ei*, sondern auch die verbbezogene Negation:

Tuletko? (Kommst du?)
En! (Ich komme nicht).

Eigentlich müßte man konsequenterweise hier feststellen, daß *ei* (nein) keine Ellipse darstellt, die *verbbezogene Negation en* (ich nicht), *et* (du nicht), *ei* (er nicht), *emme* (wir nicht), *ette* (ihr nicht), *eivät* (sie nicht) aber *elliptisch ist*. Dieses Problem kann hier nur angedeutet, nicht aber gelöst werden.

voraus.)

In (11) findet an mehreren Stellen ein vorzeitiger Sprecherwechsel[50] statt.

(11) R.M.: *Minkä ikänen te olitte silloin kun ah kun sitten muutitte seuraavan kerran kun olitte tulleet takasin ...*

'R.M.: Wie alt waren Sie dann, als Sie äh als Sie das nächste Mal umgezogen sind, als Sie zurück waren ...'

Y.A.T.: ... *öö* ...

'Y.A.T.: ... öh ...'

R.M.: *Suomeen.*

'R.M.: ... nach Finnland.'

Y.A.T.: *Niin silloin me tulimme suoraan sitte sinne Kruunuhakaan ja siellä asuimme ...*

'Y.A.T.: Ja da kamen wir dann direkt nach Kruunuhaka und da wohnten wir bis zum Krieg bis 1939 da.'

R.M.: ... *ja kuinka pitkään* ...

'R.M.: ... und wie lange ...'

Y.A.T.: *Siellä asuimme sitten, hetkinen, niin, näihin sotiin asti vuoteen 1939 asuimme siellä.*

'Y.A.T.: Da wohnten wir dann, Moment, bis zum Krieg 1939.'

Die erste Frage der Sprecherin R.M. wird vorzeitig durch den Sprecher Y.A.T. unterbrochen. Offensichtlich faßt dieser die Frage als vollständig auf, weil ihm klar ist, daß *takasin* (zurück) sich nur

50 Henne/Rehbock (1982: 8, 196).

auf *Finnland* beziehen kann (in seinem Lebenslauf). Durch einen unartikulierten Laut *öö* (öh) signalisiert er seine Unsicherheit, d.h. er sucht nach einer passenden Antwort.

Die Sprecherin spezifiziert aber sicherheitshalber noch ihre Frage durch *Suomeen* (nach Finnland).

Aus dem Obigen ergibt sich, daß R.M. die folgende vollständige Frage formulieren wollte: ... *kun olitte tulleet takasin Suomeen* (... als Sie zurück nach Finnland gekommen waren). Durch den vorzeitigen Antwort-Versuch von Y.A.T. wird durch *öö* (öh) eigentlich deutlich ausgedrückt, daß er noch nach seiner Antwort sucht. Darauf folgt seine Antwort, die er neu formulieren kann. Diese Antwort wird wieder vorzeitig unterbrochen durch R.M., so daß sie zwar zunächst elliptisch lautet, durch die Antwort von Y.A.T. aber sofort vollständig ergänzt wird:

→ Y.A.T.: *Niin silloin me tulimme suoraan*
sitte sinne Kruunuhakaan ja
siellä asuimme ...

→ R.M.: *Ja kuinka pitkään*

→ Y.A.T.: *Siellä asuimme sitten het-*
kinen niin näihin sotiin
asti vuoteen 39 asuimme siellä.

→ Y.A.T.: Ja dann zogen wir dann direkt
zurück nach Kruunuhaka und
dort wohnten wir, ja Moment,
ja bis zum Krieg 1939 wohnten
wir dort.

Die Unterbrechung der Sprecherin R.M. ... *ja kuinka pitkääm ...?* (... und wie lange? ...) bezieht sich auf *ja asuimme siellä* (und wir wohnten dort), so daß die Frage von R.M. vollständig *ja kuinka pitkään asuitte siellä* (und wie lange wohnten Sie dort) lauten muß Diese Ergänzung ist syntaktisch und semantisch möglich, wenn hier davon ausgegangen wird, daß es sich um ein Interview handelt, in dem Kooperation vorausgesetzt werden kann.

In (12) stellt die Interviewerin R.M. eine Frage. Durch *molemmat* (beide) wird sowohl eine Rückfrage (durch R.M.) als auch eine

Bestätigung (durch Y.A.T.) ausgedrückt.

(12) R.M.: *Mistä päin teidän vanhempanne ovat?*
'R.M.: Woher stammen Ihre Eltern?'
Y.A.T.: *He ovat Karjalasta.*
'Y.A.T.: Sie sind aus Karelien.'
R.M.: *Molemmat?*
'R.M.: Beide?'
Y.A.T.: *Molemmat.*
'Y.A.T.: Beide.'

Die Interviewerin stellt eine Frage *mistäpäin teidän vanhempanne ovat?* (Woher stammen Ihre Eltern?). Die Antwort des Interviewten lautet: *He ovat Karjalasta.* (sie stammen aus Karelien). Die Sprecherin R.M. stellt eine Rückfrage *molemmat?* (beide?), deren Korrelat *he* (sie) bzw. *vanhemmat* (Eltern) ist. *Molemmat* ist eindeutig eine Rückfrage, sonst wäre es keine kommunikative Einheit. Der Interviewte würde im Ungewissen bleiben, wie er auf diese Äußerung reagieren soll. Er faßt es als eine Rückfrage auf, worauf er mit einer Bestätigung *molemmat* (beide) reagiert. Die Bestätigung des Interviewten auf die Rückfrage der Interviewerin ist eine Ellipse von *he ovat molemmat Karjalasta* (sie stammen beide aus Karelien). *Molemmat* (beide) fungiert also erstens als Rückfrage, zweitens als deren Bestätigung.

In (13) handelt es sich wieder um eine Ellipse in der Erwiderung des Interviewten Y.A.T.

(13) R.M.: *Ja hänen kotikielensä on myös Suomi?*
'R.M.: Und Ihre Muttersprache ist auch Finnisch?'
Y.A.T.: *Suomi on.*
'Y.A.T.: Sie ist Finnisch.'

Die Sprecherin R.M. stellt eine Frage an den Interviewten über die Muttersprache seiner Eltern. Der Interviewte antwortet mit *Suomi on* (Sie ist Finnisch). *Suomi* (Finnisch) muß sich auf ein Element in der Frageäußerung beziehen, sonst ist die Erwiderung inkohärent und inkohäsiv. Dieses Korrelat ist *kotikieli* (Muttersprache). Hier fehlt also das Prädikat.

Die bisher untersuchten Beispiele scheinen darauf hinzudeuten, daß elliptische Äußerungen in der gesprochenen Sprache häufig auftreten. Besonders häufig treten sie hier in der Einführung zum Interview und in der eigentlichen Gesprächseröffnung auf, sowie in den kürzeren Frage-Antwort-Paaren zur Person des Interviewten. In der Entfaltung der Hauptthemen sowie in den Nebenthemen kommen elliptische Strukturen selten vor.

Der Vorspann des Interviews ist eine kontextuelle Ellipse, die anderen Textstellen sind kotextuell.

3. Zusammenfassung

Elliptische Äußerungen werden in der gesprochenen Sprache und in Kurztexten bevorzugt. Als Problem ergab sich: Wann liegt eine Ellipse vor? Wir gingen von der Annahme aus, daß nicht aufgrund der Syntax, z.B. wenn auf der Oberflächenstruktur ein Einwortsatz auftritt, auf eine Ellipse geschlossen werden kann. Eine elliptische Struktur liegt nur dann vor, wenn zur Erfüllung der pragmatischen Funktion eine Ergänzung in der Tiefenstruktur notwendig ist. Als Beispiel wurde u.a. *Keskustelu turkulaisessa hotellissa*[51] (ein in Turku im Hotel durchgeführtes Gespräch) eingeführt.

Wenn in diesem Fall eine elliptische Struktur vorliegt, besteht die pragmatische Funktion darin, den Rezipienten über die Tatsache zu informieren, d a ß ein Gespräch stattfand. Wenn die Intention[52] des Produzenten aber ist, seinen Rezipienten über das zu behandelnde Thema zu informieren, ist *keskustelu turkulaisessa hotellissa* als vollständig zu betrachten.

Bei der Analyse waren folgende Schritte nötig: Als Ausgangspunkt diente die Oberflächenstruktur, deren pragmatische Funktion definiert wurde. Dabei gingen wir nicht vom einzelnen Satz, sondern

---

51 Siehe diese Arbeit S.96.

52 Beaugrande/Dressler (1982: 118-168).

zusammengehörenden Redeeinheiten aus.[53] In unserem kleinen Korpus fanden wir folgende elliptische Strukturen:[54]

1) Das finite Prädikat kann weggelassen werden.[55]

(8) *Hastateltava: lääketieteenlisen-siaatti Y.A.T.*
(Interviewter: Dr. med. Y.A.T.)

2) Das Subjekt fehlt.[49]

(2) *Jo lähestyy*
(Schon nähert sich)

3) Das Subjekt und das finite Prädikat fehlen.[50]

(8) *Syntynyt Helsingissä, 8. helmikuu-ta 1907.*
(Geboren in Helsinki am 8. Februar 1907.)

4) Subjekt, finites Prädikat und Akkusativobjekt fehlen.[51]

(6) *Myyjätär: Valkoista vai värillistä?*
(Verkäuferin: weiß oder bunt?)

Als einziges Element kann hier das attributive Element auftreten.

5) Die Adverbialangabe tritt besonders im vorzeitigen Sprecher-Wechsel auf.[52]

(11) *Suomeen*

---

53 Henne/Rehbock (1982: 19).

54 Vgl. dazu Hakulinen (1979: 325).

55 Vgl. dazu Hakulinen (1978: 236). Im Deutschen kann das Subjekt im *daß*-Nebensatz nicht weggelassen werden.

(... nach Finnland)

6) Das Prädikativ fehlt.[53]

(13) *Suomi on*
(Sie ist Finnisch)

7) *Molemmat* (beide) bildete die Ellipse einer Frage und einer Bestätigung auf diese Frage.[54]

8) *Kyllä* (ja) sowie die anderen "Einwortsätze" werden hier als vollständige Strukturen betrachtet.[55]

Wenn eine pragmatische Ellipse vorliegt, fehlt meistens das finite Prädikat und das Subjekt. Das Subjekt kann auch das einzige fehlende Element sein.

Wenn es sich um eine kotextuelle Ellipse handelt, ergänzen sich die fehlenden Elemente meistens aus der vorigen Äußerung, (besonders in Frage-Antwort-Paaren).

Einwortsätze wie *kiitos* (danke schön), *varo* (Achtung), *kyllä* (ja), *ei* (nein) werden *in der jeweiligen Kommunikationssituation* vom Rezipienten verstanden, ohne daß der Rezipient auf der Tiefenstruktur Elemente ergänzen muß.

Literatur

Aalto, Seija. 1971. Huomioita nykyromaanien ja-novellien vaillinaisista lauseista. Vir.75. 336-340.

de Beaugrande, Robert-Alain; Dressler, Wolfgang Ulrich. 1981. *Einführung in die Textlinguistik*. (Konzepte der Sprach- und Literaturwissenschaft 25) Tübingen, Niemeyer.

Betten, Anne M. 1976. Ellipsen, Anakoluthe und Parenthesen: Fälle für Grammatik, Stilistik, Sprechakttheorie oder Konversationsanalyse? In: *Deutsche Sprache* 3. 207-230.

Brinker, Klaus. 1972. *Konstituentenstrukturgrammatik und operationale Satzgliedanalyse. Methodenkritische Untersuchungen zur Syntax des einfachen Satzes im Deutschen.* Frankfurt/M., Athenäum.

Dorn, Elfriede. 1980. *Versprachlichung von Aufforderungsintentionen. Eine kontrastive Analyse von deutschen und spanischen Beratungs- und Dienstleistungsgesprächen.* Inaugural-Diss. zur Erlangung der Doktorwürde der philosophischen Fakultäten der Albert-Ludwigs-Universität Freiburg i.Br.

Duden. 1966. *Grammatik der deutschen Gegenwartssprache.* Bd. 4. Bibliographisches Institut, Duden Verlag, Mannheim.

Gunter, Richard. 1963. Elliptical sentences in American English. In: *Lingua* 12. 137-150.

Hakulinen, Auli. 1978. Rakenteita. In: *Juhlakirja Osmo Ikolan 60-vuotis-päiväksi 6.2.1978.* 233-235. Turku. Turun yliopiston suomalaisen ja yleisen kielitieteen laitoksen julkaisuja.

Hakulinen, Auli; Karlsson, Fred. 1979. Nykysuomen lauseoppia. In: *Suomalaisen kirjallisuudenseuran toimituksia* 350. Jyväskylä.

Halliday, Michael; Hasan, Ruqaiya. 1976. *Cohesion in English.* London, Longman.

Harweg, Roland. 1968. *Pronomina und Textkonstitution.* München, Fink.

Henne, Helmut. 1980. Sprachzeichenkonstitution. In: *Lexikon der germanistischen Linguistik.* Bd. I. Tübingen, Niemeyer.

Henne, Helmut; Rehbock, Helmut. 1982. *Einführung in die Gesprächsanalyse.* Berlin, New York, de Gruyter.

Heringer, Hans-Jürgen. 1970. *Theorie der deutschen Syntax.* (Linguistische Reihe). 2.Auflg. München, Hueber.

Ikola, Osmo. 1977. *Nykysuomen käsikirja.* Espoo, Weilin & Göös.

Isačenko, Alexander. 1965. Kontextbedingte Ellipse und Pronominalisierung im Deutschen. In: *Beiträge zur Sprachwissenschaft, Volkskunde und Literaturforschung: Festschrift Steinitz.* Berlin, Akademievlg. 163-173.

Kallmeyer, Werner; Meyer-Hermann, Reinhard. 1980. Textlinguistik. In: *Lexikon der germanistischen Linguistik.* Bd. I. Tübingen, Niemeyer.

Lindgren, Kaj B. 1967. Morphem - Wort - Wortart - Satzglied. In: *Wirkendes Wort* 17. 217-228.

Oksaar, Els. 1979. Zur Analyse der kommunikativen Akte. In: *Wirkendes Wort* 29. 392-404.

Penttilä, Aarni. 1957. *Suomen kielioppi.* Porvoo, WSOY.

Rohen, Helena. 1981. Bilder statt Wörter. In: *Zeitschrift für germanistische Linguistik* 3. 308-325.

Sandig, Barbara. 1978. *Stilistik. Sprachpragmatische Grundlegung der Stilbeschreibung*. Berlin, New York, de Gruyter.

Searle, John R. 1969. *Speech Acts. An Essay in the Philosophy of Language*. Cambridge. (Dt.: *Sprechakte. Ein sprachphilosophischer Essay*. Frankfurt/M., Suhrkamp 1971)

Schmidt, Siegfried J. 1973. *Textheorie. Probleme einer Linguistik der sprachlichen Kommunikation*. München, Fink.

Steiner, Marja-Liisa; Assmann, Dietrich. 1971. *Finnisch für Sie*. München, Hueber.

ZUR VERBAL(PHRASEN)ELLIPSE IM MODERNEN RUSSISCHEN

Elena Hermann
Karl-Marx-Universität Leipzig

O. Gegenstand der vorliegenden Arbeit ist ein spezieller Bereich des vielschichtigen Problems der Ellipse. In den 70-er Jahren rückte Ross (1970) die Auslassungen in der Verbalphrase, die dann als Lücke (gap) bezeichnet werden, ins Blickfeld der Linguistik. Zu nennen wären die ausführlichen Analysen dieser Erscheinung im Englischen von Jackendoff (1971); Hankamer (1973) und Kuno (1976). Trotz der Einfachkeit, mit der sich GAPPING oder Lückenbildung in symmetrisch aufgebauten Konjunkten einer Satzkoordination von den anderen sprachlichen Erscheinungen abhebt, stößt man bei der Formulierung einer einheitlichen Regel auf beträchtliche Schwierigkeiten. Kuno (1976) sieht die Alternative darin, mehrere, den Verlauf des GAPPING regulierende Gesetzmäßigkeiten durch eine Reihe von Prinzipien nichtsyntaktischer Natur zu erfassen.
Eine mit dem Anspruch universeller Geltung formulierte Regel (Ross 1970) verlangt eine genauere Beschreibung in mehreren Sprachen verschiedener Typen, bevor man die sprachspezifische und nicht sprachspezifische Komponente voneinander trennen kann. Das Russische bietet hier ein vielversprechendes Experimentierfeld, auf dem die schon existierenden Ansätze zum GAPPING überprüft werden können.

Der Rahmen dieser Arbeit erlaubt es nicht, eine vollständige Analyse des GAPPING im Russischen durchzuführen. Daher werden hier einige Resultate der Studien zum GAPPING im Russischen dargelegt. Die Arbeit wird in drei Abschnitte gegliedert. Zunächst werden die allgemeinen Gesetzmäßigkeiten des GAPPING im Russischen vermittelt. Im zweiten Abschnitt wird die Möglichkeit des GAPPING in Nominalisierungen geprüft und diskutiert, und am Ende wird das Wirkungsfeld der GAPPING-Erscheinung erweitert, indem bewiesen wird, daß Satzkoordinationen mit der Konjunktion *kak* (*wie*) miteinbezogen werden müssen.

1. Allgemeine Gesetzmäßigkeiten des GAPPING im Russischen

1.1 Die russische Sprache gehört zu den Sprachen mit einer relativ beweglichen Wortfolge. Das Verb in Satzkoordinationen kann am Anfang, in der Mitte und am Ende des Satzes stehen. Die Voranstellung des Verbs erfolgt in Fragen und beim Imperativ, affirmative Sätze können das Verb in der Mitte oder am Ende aufweisen. In allen diesen Fällen bereitet die Eliminierung des Verbs keine Schwierigkeiten.

(1) *Peredaj knigu Volode, a žurnal Kole.*

(Gib das Buch Volodja und die Zeitschrift Kolja.)

(2) *Znaet on Volodju, a ona Kolju?*

(Kennt er Volodja und kennt sie Kolja?)

(3) *Ja čitaju naučnuju statju, a on detektiv.*

(Ich lese einen wissenschaftlichen Artikel und er einen Krimi.)

(4) *Ja naučnuju statju čitaju, a on detektiv.*

(=(3))

(5) *Ja naučnuju statju, a on detektiv čitaet.*

(=(3))

Das Beispiel (5) zeigt, daß das Auslassen des Verbs im ersten Konjunkt (RÜCKWÄRTS-GAPPING) genauso zugelassen ist, wie das Auslassen des Verbs im zweiten Konjunkt (VORWÄRTS-GAPPING).

1.2 Die zweite Besonderheit des GAPPING im Russischen betrifft die Kongruenzkategorien der Verben. Die Beispiele (4) und (5) beweisen die Unabhängigkeit der Verbeliminierung von den Kongruenzkategorien Die Unterschiede im Numerus, Genus und Personenbezug spielen keine Rolle bei der Bildung von Sätzen mit einem fehlenden Verb.

1.2 Das Russische und das Englische unterscheiden sich beträchtlich voneinander in der Anzahl der in dem unvollständigen Konjunkt verbleibenden Konstituenten. Im Englischen sind nur zwei[1] Konstituenten zugelassen. Die Anzahl der verbleibenden Konstituenten im Russischen wird durch die Anzahl der im vollen Konjunkt realisierten Verbvalenzen bestimmt. Auch vier Konstituenten bleiben im Satz (6) erhalten, ohne daß Ungrammatikalität der Koordination entsteht.

(6) *On kupil ej slovar' za 10 rublej, a ona emu atlas za 7.*

(Er kaufte ihr ein Wörterbuch für 10 Rubel und sie ihm einen Atlas für 7 Rubel.)

Die Markierung der syntaktischen Funktionen durch eine Kasusendung im Russischen erleichtert das Verstehen des Satzes. Das Englische bedient sich bei der Zuordnung der syntaktischen Funktionen nur der Wortfolge. Dadurch trifft für das Russische die für das Englische geltende Bestimmung, daß nach dem GAPPING *nur* zwei Konstituenten zugelassen sind, nicht zu, sondern vielmehr die Feststellung, daß es *wenigstens* zwei sein müssen.

1.4 Einen sehr auffälligen Verlauf der Verbeliminierung findet man bei gesamtnegierten Sätzen. Die Negationspartikel *ne* wird gemeinsam mit dem Verb weggelassen, wobei das unvollständige Konjunkt eine negative Modalität beibehält, auch wenn sie nicht an der Oberfläche ausgedrückt wird.

Beide nach dem Verb zugelassenen Kasusvarianten - Genitiv und Akkusativ - unterliegen mit gleicher Regularität dem GAPPING.

(7) *On ne čital* $\left\{\begin{matrix} \textit{naučnuju statju} \\ \textit{naučnoj statji} \end{matrix}\right\}$, *a ona* $\left\{\begin{matrix} \textit{detektiv} \\ \textit{detektiva} \end{matrix}\right\}$.

(Er hat den wissenschaftlichen Artikel nicht gelesen und sie *nicht* den Krimi.)

Kommt ein Quantor im Satz vor, entscheidet über das Erscheinen der Negationspartikel *ne* die Natur des Quantors. Bei dem durch das Negativpronomen realisierten Quantor steht das Verb auch mit der Negation, bei dem Pronomen *vse*, in dem der Allquantor zum Ausdruck

---

1 Siehe dazu Jackendoff (1971); Hudson (1976; 1982).

kommt, ist die Verbnegation ausgeschlossen: **Nikto čital knigu*, *Nikto ne čital knigu* (Niemand hat das Buch gelesen), **Vse ne čitali knigu*. *Vse čitali knigu* (Alle haben das Buch gelesen).

In den Quantoren enthaltenden Konjunkten verläuft die Verbauslassung ohne Berücksichtigung der Identität der Verbform in Bezug auf die Negation. Die Restituierung der richtigen Verbformen erfolgt absolut eindeutig, da die Negation in den Quantor inkorporiert ist und über die Lexikalisierung der Partikel *ne* entscheidet.

(8) *Vse čitali Agatu Kristi, no nikto* ^{V}[*ne čital*] *Lafontena.*

(Alle haben Agatha Christie gelesen, aber niemand Lafontaine.)

(9) *Nikto ne čital Lafontena, no vse* ^{V}[*čitali*] *Agatu Kristi.*

(Niemand hat Lafontaine gelesen, aber alle Agatha Christie.)

(10) *Evropejcy verjat v Christa, musul'mane* ^{V}[*verjat*] *v Allacha, a oni* ^{V}[*ne verjat*] *ni vo čto.*

(Die Europäer glauben an Christus, die Mohammedaner an Allah, und sie glauben an gar nichts.)

Eine doppelte Negation kann ebenso wie eine einfache ausgelassen werden, da hier die ausgelassenen und verbleibenden Elemente gleichbedeutend sind.

(11) *On ničego ne podaril ej, a ona* ^{V}[*ničego ne podarila*] *emu.*

(Er schenkte ihr nichts und sie ihm nichts.)

Wenn die Negation durch das Wort *nel'zja*, das als Kondensat der Negation und des Verbs anzusehen ist, ausgedrückt wird, wird sie ebenso wie die anderen Negationen ausgelassen.

(12) *Volode nel'zja citat', a Kole smotret' televisor.*

(Volodja darf nicht lesen und Kolja nicht fernsehen.)

1.5 Bei einem ausgelassenen finiten Verb akkumulieren sich die Lücken im Satz, wenn innerhalb der Verbalphrase andere identische NPs vorhanden sind. Das eliminierte Verb bringt die Notwendigkeit der Eliminierung der identischen NPs mit sich. Die sonst zugelassene Variante der NP-Veränderung durch Pronominalisierung bleibt ausgeschlossen.

(13) *Mama podarila dočeri velosiped, a otec* $\left\{\begin{array}{c} \text{*ej} \\ \text{*dočeri} \end{array}\right\}$ *samokat.*

(Die Mutter schenkte der Tochter ein Fahrrad und der Vater einen Roller.)

Das Gleiche betrifft die Infinitivkonstruktionen, wo kein eingebetteter Infinitiv an der Oberfläche erscheinen darf.

(14) *Volodja sobiralsja poechat' kupat'sja na ozero, a Kolja* $_{V}$[*sobiralsja poechat' kupat'sja*] *v bassejn.*

(Volodja beabsichtigte zum See baden zu fahren und Kolja ins Schwimmbad.)

1.6 Die Infinitivkonstruktionen zerfallen bezüglich der Verbauslassung im Russischen in zwei Gruppen: in nicht modale Verben, bei denen die finite Form unbedingt eliminiert werden muß (sonst wird sie in einer anderen Bedeutung aufgefaßt wie im Beispiel 16b) und in modale Verben, welche ebenfalls das Verbleiben der finiten Form zulassen. Diese Möglichkeit entsteht durch die Subkategorisierung modaler Verben für einen obligatorischen Infinitiv, während dies bei den anderen Verben nicht der Fall ist. Eine den modalen Verben analoge Situation findet man beim analytischen Futur.

(15) *Ja dolžen byl echat' na praktiku, a on* $\left\{\begin{array}{c} \text{dolžen byl} \\ \emptyset \end{array}\right\}$ $_{V}$[*echat'*] *na daču.*

(Ich mußte ins Praktikum fahren und er auf die Datscha.)

(16) a. *Volodja sobiralsja poechat' na daču, a Kolja* $_{V}$[*sobiralsja poechat'*] *domoj.*

(Volodja beabsichtigte auf die Datscha zu fahren und Kolja nach Hause.)

b. *Volodja sobiralsja poechat' na daču, a Kolja sobiralsja domoj.*

(Volodja beabsichtigte auf die Datscha zu fahren und

Kolja wollte nach Hause.)

(17) *Ja budu gotovit' zavtrak, a Katja* $\left\{ \begin{matrix} \textit{budet} \\ \emptyset \end{matrix} \right\}$ ^{V}[*gotovot'*] *užin.*

(Ich werde das Frühstück machen und Katja das Abendbrot.)

Diese Eigenschaft der Modalverben im Russischen steht dem Konzept von Fiengo,[2] daß GAPPING nur den mit der grammatischen Zeit markierten Teil des Prädikats betreffen kann, entgegen.

1.7 Besondere Aufmerksamkeit verdienen Auslassungen in Sätzen, die zusammengesetzte nominale Prädikate aufweisen. Das syntaktische Verhalten solcher NPs unterscheidet sich von den syntaktischen Eigenschaften sonstiger Nominalphrasen. Hankamer (1973) zeigte für das Englische, daß vor solchen NPs kein Artikel stehen kann, sie können nicht durch einen Relativsatz modifiziert werden, sie unterliegen nicht der Passiv-Transformation. Der besondere syntaktische Status dieser NPs im Russischen zeigt sich dadurch, daß beim Gapping in eine im Prädikat enthaltene Nominalphrase eingegriffen werden darf, so daß die identischen Elemente der N-Umgebung reduziert werden. Die "normalen" Nominalphrasen teilen diese Eigenschaft nicht.

(18) *Volodja byl chorošim muzykantom, a Kolja* ^{V}[*byl chorošim*] *pevcom.*

(Volodja war ein guter Musiker, und Kolja ein guter Sänger.)

Mama kupila emu sinij šarik, a papa $\begin{matrix} ^{V}[\textit{kupil}] \\ *[\textit{kupil sinij}] \end{matrix}$ *flažok.*

(Die Mutter kaufte ihm einen blauen Luftballon und der Vater ein Fähnchen.)

Die NP in (18) wird durch eine Kopula eingeleitet; bei halbkopulativen Verben wie *okazat'sja* (*sich erweisen als*) bleibt der Eingriff in die NP genauso berechtigt. Dieses gemeinsame Verhalten von Kopu-

---

2 Siehe dazu Williams (1981).

la und halbkopulativen Verben steht im Einklang mit der Behandlung der letzteren bei Růžička (1980).

2. GAPPING in Nominalisierungen

2.1 Nachdem die wichtigsten Eigenschaften des verbalen GAPPING im Russischen geklärt worden sind, soll ein anderes Feld des Gapping betrachtet werden. Jackendoff (1971) postulierte das $\bar{\bar{N}}$-GAPPING, eine Umwandlung, die die Nominalphrasen betrifft. Er ging in seinen Überlegungen davon aus, daß traditionell angenommen wurde, daß das GAPPING nur in der mittleren Position wirkt und vorkommt. Dies ist das grundlegende Merkmal für diese Umwandlung im Englischen. Die Position des zur Eliminierung bestimmten Elementes im Satz entscheidet bezüglich der Transformation, die dieses Element aussondert. Für die Reduktion des linken Teils des Satzes ist im Englischen die CONJUNCTION REDUCTION Transformation verantwortlich.[3] Die in der Satzmitte stehenden identischen Elemente werden durch GAPPING eliminiert. Diese klare Trennung der Bereiche der Transformation läßt sich nicht gleichermaßen auf das Russische übertragen.

Padučeva (1974), die sich von der Reihenfolge der Elemente im Satz leiten läßt, schlug die Transformationen Koordinationsreduktion und Elliptische Reduktion vor. Die Verbellipse, GAPPING, wird nicht als eine gesonderte Erscheinung betrachtet, sondern im Rahmen einer allgemeinen Theorie der Ellipse behandelt. Dadurch wird die grammatische Natur der Elemente außer Acht gelassen; die Reduktionen in Nominal- und Verbalphrasen werden gemeinsam behandelt. Die spezifischen Charakteristika der Verbauslassung werden dabei nicht berücksichtigt.

Jackendoff (1971) zieht nur die mittleren Elemente in den Nominalphrasen in Betracht. Ein anderes Herangehen an die Auslassungen in den Nominalphrasen erweist sich als möglich, wenn man nicht alle NPs in Betracht zieht, sondern sich nur auf die Nominalisierungen beschränkt.

Alle Konjunkte, die an der GAPPING-Umwandlung teilnehmen, kön-

---

3 Nach Hermann (1984) kann man auf die Transformation CONJUNCTION REDUCTION im Russischen verzichten.

nen nominalisiert werden. Dabei behalten die Verbalsubstantive die kasusveränderte Rektion. Würden sie in einer Satzkoordination auftreten, wären die gleichen Eigenschaften zu erwarten, die das verbale GAPPING besitzt. Tatsächlich können die identischen abhängigen Objekt-NPs wie im Fall des verbalen GAPPING ausgelassen werden; sind sie nicht identisch, wird nur das Verbalsubstantiv ausgelassen, und die Anzahl der verbleibenden NPs stimmt mit der Anzahl der realisierten Valenzbeziehungen überein.

(20) a. *Proigryš Ispanii Francii javilsja neožidannostju, a komandy FRG Italii zakonomernostju.*

(Die Niederlage Spaniens gegen Frankreich war überraschend, die Niederlage der Mannschaft der BRD gegen Italien war vorauszusehen.)

b. *Proigryš Ispanii francuzam byl neožidannostju, a komande Italii zakonomernostju.*

(Die Niederlage Spaniens gegen Frankreich war überraschend, die gegen die italienische Mannschaft war vorauszusehen.)

c. *Proigryš komandy Ispanii francuzam byl neožidannostju, a komandy FRG zakonomernostju.*

(Die Niederlage der spanischen Mannschaft gegen Frankreich war eine Überraschung, die Niederlage der Mannschaft der BRD (gegen Frankreich) war vorauszusehen.)

Das Beispiel (20) bestätigt, daß man ohne Vorbehalte über das GAPPING in Nominalisierungen sprechen kann.

2.2 Die im vorhergehenden Abschnitt getroffene Feststellung zur Existenz der GAPPING-Erscheinung in Nominalisierungen wirft die Frage auf, in welchem Maße der semantische Typ der Nominalisierung für die Reduktion des Verbalsubstantivs relevant ist. Seit Vendler (1967) ist die Aufteilung in *Propositionsnominalisierungen*, *Ereignisnominalisierungen* sowie *Faktnominalisierungen* bekannt. Über die Zugehörigkeit dieser oder jener Nominalisierung zu einem der oben genannten semantischen Nominalisierungstypen entscheidet das Prädikat, dessen Subjektposition das Verbalsubstantiv belegt.

Eine Kombination von Nominalisierungen verschiedener Typen innerhalb einer Satzkoordination ist nicht erlaubt. Gehören beide Nominalisierungen zum gleichen Typ, bleibt die Reduktionsmöglichkeit offen.

(21) *Propaža topora somnitel'na, a ruž'ja maloverojatna.*

(Das Verschwinden einer Axt ist anzuzweifeln, das eines Gewehrs wenig wahrscheinlich.)

Die Satzkoordination (21) vereinigt in sich zwei Propositionalnominalisierungen.

Den interessanteren Fall aber bietet der Vergleich von Satzkoordinationen mit Faktnominalisierungen gegenüber Satzkoordinationen mit Ereignisnominalisierungen, wobei beide durch das verbale GAPPING begleitet werden. Der Satz (22) bietet solch einen Fall mit Ereignisnominalisierungen, Satz (23) mit Faktnominalisierung.

(22) *Prodaža doma sostojalas' v janvare, a sada v marte.*

(Der Verkauf des Hauses fand im Januar statt, der des Gartens im März.)

(23) *Propaža topora obespokoila Nastjonu, a ružja Matveiča.*

(Das Verschwinden der Axt beunruhigte Nastjona, das des Gewehrs Matveič.)

Eine genaue Betrachtung dieser Beispiele erfordert Vorkenntnisse zum Intonationsbild in GAPPING-Sätzen.

Die Relevanz der Berücksichtigung der Intonation für unvollständige Sätze wurde schon mehrmals nachgewiesen (Ross 1970; Padučeva 1974). Auf der Grundlage der Analyse und des Vergleichs der Arbeiten von Padučeva (1974) und Bryzgunova (1977) wird angenommen, daß GAPPING-Sätze mit einer kontrastierenden (emphatischen) Intonation sowie auch ohne sie ausgesprochen werden können. Die Symmetrie des syntaktischen Aufbaus der Konjunkte, zusätzlich verstärkt durch die lexikalische Semantik der Satzkomponenten, führt dazu, daß die kontrastierende Gegenüberstellung des Intonationsbildes nicht unbedingt verbindlich ist. Kommt kontrastierende Intonation in den Beispielen vor, wird sie nach dem Schema von Padučeva wiedergegeben.

Die Rolle der Intonation besteht dann darin, daß die zu vergleichenden Elemente mit der gleichen Charakteristik im Intonationsbild der ganzen Phrase ausgestaltet sind.

(24) = (13)[4]

Mama ↗ podarila dočeri velosiped ↘, a otec ↗ -samokat ↘.

Üblicherweise hängt die Grammatikalität der Sätze wie (13) nicht davon ab, ob sie mit einer kontrastierenden Intonation ausgesprochen werden oder nicht. Für Sätze, die Nominalisierungen enthalten, scheint es aber von großer Bedeutung zu sein. Der Satz (22) bleibt sprachgerecht unabhängig davon, ob er mit oder ohne kontrastive Betonung ausgesprochen wird, (23) ist nur im Falle kontrastiver Betonung sprachgerecht.

(25) = (22)[5] a. *Prodaža doma sostojalas' v janvare, a sada v marte.*

b. *Prodaža doma ↗ sostojalas' v janvare ↘, a sada ↗ v marte ↘.*

(26) = (23) a. **Propaža topora obespokoila Nastjonu, a ružja Matveiča.*

b. *Propaža topora ↗ obespokoila Nastjonu ↘, a ružja ↗ Matveiča ↘.*

Die Ursache der Nicht-Parallelität zwischen (26) und (27) liegt in dem Typ der Nominalisierung.

Eine konfrontierende Analyse der Eigenschaften der Ereignis- und Faktnominalisierung wird in dem Aufsatz von Arutjunova (1980) gegeben, wo sieben Besonderheiten der Faktnominalisierungen im Vergleich zu Ereignisnominalisierungen aufgezählt werden.

Eine dieser Besonderheiten liegt darin, daß die Veränderung der Plazierung der emphatischen (kontrastiven, logischen) Betonung die Veränderung des Wahrheitswertes der durch die Nominalisierung aus-

---

4 Für Fälle, wo die gegenübergestellten Nominalphrasen nicht die gleiche Intonationsmarkierung erhalten, siehe Hermann (1984).

5 Es wird angenommen, daß Sätze ohne Intonationsangabe ohne kontrastive Betonung ausgesprochen werden.

gedrückten Proposition verursacht, während die Veränderung der kontrastiven Betonung bei den Ereignisnominalisierungen den Wahrheitswert des Satzes nicht beeinflußt. Als Beispiel führt sie (27) an:

(27)a. *To, čto v okne pojavilas' devočka, bylo neožidannostju.*

(Daß am Fenster das Mädchen erschien, war überraschend.)

b. *To, čto devočka pojavilas' v okne, bylo neožidannostju.*

(Daß das Mädchen am Fenster erschien, war überraschend.)

Im ersten Satz fällt die emphatische Betonung auf *devočka* (*das Mädchen*), im zweiten auf *v okne* (*am Fenster*).

Der Sachverhalt, den die Ereignisnominalisierung ausdrückt, bleibt unverändert. Deshalb beeinflußt die Einführung der emphatischen Betonung den Wahrheitswert des die Ereignisnominalisierung enthaltenden Satzes nicht, während die Faktnominalisierung nicht auf den Sachverhalt referiert, sondern auf die Proposition. Eine Veränderung der emphatischen Betonung verursacht in diesem Fall eine Veränderung der logischen Struktur der Proposition und führt zur Veränderung der propositionalen Bedeutung. Ob eine Ereignisnominalisierung mit emphatischer Betonung ausgesprochen wird oder nicht, ändert nichts am Sachverhalt, denn die Referenz bleibt die gleiche. Bei der Faktnominalisierung ändert sich die Referenz, was auf der syntaktischen Ebene reflektiert wird: die Auslassung des Verbalsubstantivs ist in einem Fall möglich und in dem anderen Fall ausgeschlossen.

Ein anderer wesentlicher Unterschied zwischen der Ereignisnominalisierung und der Faktnominalisierung besteht darin, daß die vollständige[6] Ereignisnominalisierung mit einem Teil der Proposition korrespondiert, die vollständige Faktnominalisierung dagegen mit der ganzen Proposition.

(28)a. *Dom prodali v janvare* ⇒ *Prodaza doma sostojalas' v janvare.*

(Das Haus wurde im Januar verkauft ⇒ Der Verkauf

---

6 Zu den vollständigen Nominalisierungen gehören diejenigen, die durch Verbalsubstantive ausgedrückt werden, zu den nichtvollständigen Nominalisierungen gehören solche, die durch "das, daß..." eingeführt werden.

des Hauses fand im Januar statt.)

b. *Slova dočeri* ↗ *ogorčili mat'* ↘, *a syna* ↗ *otca* ↘.

(Die Worte der Tochter machten die Mutter traurig, die des Sohnes den Vater.)

Slova dočeri ist in diesem Fall eine Nominalisierung, die die ganze Proposition in sich einschließt:

doč skazala ⇏ *slova dočeri*

doč skasala čto-to ⇒ *slova dočeri*

(die Tochter sagte etwas ⇒ die Worte der Tochter)

Wenn der Fakt des Sprechens (und nicht des Schweigens) hervorgehoben werden soll, fällt die Betonung auf das Verbalsubstantiv. Solche Sätze können aber nicht in Koordinationen des untersuchten Typs eingehen.

3. Gapping in Sätzen mit der Konjunktion *kak*

Die Verbindung von Sätzen mit dem verbalen GAPPING erfolgt mittels beiordnenden Konjunktionen *a*, *i* und *no*. In der Arbeit von Hermann (1984) wurde die Hypothese aufgestellt, daß die Konjunktion *a* dabei die grundlegende Verbindungsmöglichkeit darstellt, während die Konjunktionen *i* und *no* sekundär sind. Ihr Auftreten wird durch zusätzliche Faktoren bestimmt.

Die Konjunktion *a* ist somit die wichtigste, beim GAPPING vorkommende Konjunktion. Die Semantik der Satzverbindung kann hier als Semantik der Gegenüberstellung bezeichnet werden. Man kann sie aber auch als schwachen Vergleich ansehen. Dadurch kommt man zu der Schlußfolgerung, daß Sätze mit vergleichenden Konjunktionen eventuell als Wirkungsbereich des GAPPING in Frage kommen.

Ein deutlicher Vergleich liegt bei der Satzverbindung mittels der Konjunktion *kak* vor. Die Akademiegrammatik (Russkaja grammatika 1980) zählt diese Konjunktion allerdings zu den unterordnenden Konjunktionen, räumt aber die Möglichkeit des Gebrauchs einiger unterordnender Konjunktionen in Satzkoordinationen ein, ohne diese Feststellung zu spezifizieren. Es müssen Spezifikationen getroffen werden und es muß gezeigt werden, daß die Konjunktion *kak* sowohl als beiordnende als auch als unterordnende Konjunktion fungieren kann.

Eine Rechtfertigung dieser Annahmen wird anhand der Beispiele (29) und (30) gegeben.

(29) *Ego čjornyj frak prorezal tolpu, kak lodke vodu.*
(Tynjanov)

(Sein schwarzer Frack glitt durch die Menge, wie ein Schiff durchs Wasser.)

(30) *Titul mirzy dajotsja v Persii licam, vladejuščim perom, kak titul chana licam vlasti.*
(Tynjanov)

(Der Titel eines "Mirza" wird in Persien Männern der Feder verliehen, der eines "Khan" solchen der Macht.)

Der erste Satz ist ein Satzgefüge, der zweite stellt eine Satzverbindung dar. In beiden Fällen besteht die Möglichkeit der Verbauslassung.

Ein Merkmal der Koordinationen nach Lang (1977) ist die habituelle oder aktuelle Erfassung beider Konjunkte. Anders gesagt, die Subjektnominalphrasen müssen die gleichen Präsuppositionen teilen. Eine angemessene Interpretation für (29) ist diejenige, wo die Existenzpräsupposition von den Subjektnominalphrasen nicht geteilt wird. Dadurch wird (29) aus der Reihe der Koordinationen ausgesondert, während (30) als eine Koordination anzusehen ist.

Einen weiteren Beweis dafür liefert die Ersetzung der Konjunktion *kak* durch die beiordnende Konjunktion *a*. Satz (31a) läßt keinen Konjunktionswechsel zu, sonst würde die Bedeutung des Satzes verlorengehen. Das Beispiel (31b) bleibt eine Koordination, ohne daß sich die Bedeutung des Satzes verändert.

(31) a. *Ego čjornyj frak prorezal tolpu,* $\left\{ \begin{matrix} \textit{kak} \\ *\textit{a} \end{matrix} \right\}$ *lodka vodu.*

b. *Titul mirzy dajotsja v Persii licam, vladejuščim perom,* $\left\{ \begin{matrix} \textit{kak} \\ \textit{a} \end{matrix} \right\}$ *titul chana licam vlasti.*

Mit der Synonymie des (31b) und Nicht-Synonymie des (31a) hängt offensichtlich auch die Restituierung unterschiedlicher Verbformen zusammen. In Satzgefügen lassen sich zwei Verbformen restituieren, bei Satzverbindung nur eine.

(32)a. *Ego čjornyj frak prorezal tolpu, kak lodka*
{ ^{V}[*prorezaet*] / ^{V}[*prorezala by*] } *vodu.*

b. *Titul mirzy dajotsja v Persii licam, vladejuščim perom, kak titul chana* ^{V}[*dajotsja*] *licam vlasti.*

Die Restituierung der Verbformen in beiden Beispielen liefert einen weiteren Hinweis dafür, daß es sich hier um zwei unterschiedliche Erscheinungen handelt. Jetzt bleibt zu beweisen, daß die Reduktion in (30) tatsächlich zum GAPPING gehört.

Am Anfang wurden schon die Besonderheiten des verbalen GAPPING im Russischen aufgezählt. Das wesentliche Merkmal war das Auslassen der Negation gemeinsam mit dem Verb. Nun kann man es als Test für GAPPING einsetzen.

(33)a. *Ego čjornyj frak ne prorezal tolpu,*
kak lodka { *[*ne prorezaet*] / ^{V}[*prorezaet*] / *[*ne prorezala by*] / ^{V}[*prorezala by*] } *vodu.*

(Sein schwarzer Frack glitt nicht durch die Menge, wie ein Schiff durchs Wasser (gleitet).)

b. *Titul mirzy ne dajotsja v Persii licam vlasti, kak titul chana* ^{V}[*ne dajotsja*] *licam, vladejuščim perom.*

(Der Titel eines "Mirza" wird nicht in Persien Männern der Macht verliehen, wie der eines "Khan" nicht solchen der Feder.)

Die für die Konjunktion *kak* gemachten Überlegungen lassen sich auf die Konjunktionen *togda kak, v to vremja kak* und auf die doppelte Konjunktion *esli...to* übertragen.

Damit ist bewiesen, daß *zwei* verschiedene syntaktische Konstruktionen bezüglich der Konjunktion *kak* auseinander zu halten sind. Trotz ihrer Ähnlichkeit besitzen sie nicht die gleichen Eigenschaften. In einem Fall sind die Reduktionen auf das GAPPING zurückzuführen, im anderen wäre eine alternative Lösung notwendig.

Literatur

Arutjunova, Nina D. 1976. *Predloženije i ego smysl (Logikosemantičeskie problemy)*. Moskau.

- 1980. Sokrovennaja svjazka. In: *Izvestija Akademii Nauk SSSR, Serija literatury i jazyka* 4. 347-358.

Bryzgunova, Elena A. 1977. *Zvuki i intonacija russkoj reči*. Moskau.

Hankamer, Jorge. 1973. Unacceptable Ambiguity. In: *Linguistic Inquiry* 4. 17-68.

Hankamer, Jorge; Sag, Ivan. 1976. Deep and Surface Anaphora. In: *Linguistic Inquiry* 7. 391-428.

Hermann, Elena. 1984. *Untersuchungen zu einem Typ der Verbellipse in symmetrischen Konstruktionen - Gapping - im modernen Russischen*. Diss. Leipzig.

Hudson, Richard. 1976. Conjunction Reduction, Gapping and Right-Node-Raising. In: *Language* 52. 535-561.

- 1982. Incomplete Conjuncts. In: *Linguistic Inquiry* 13. 547-550.

Jackendoff, Ray. 1971. Gapping and Related Rules. In: *Linguistic Inquiry* 2. 21-35.

Koutsoudas, Andreas. 1971. Gapping, Conjunction Reduction and Coordinate Deletion. In: *Foundations of Language* 7. 337-386.

Kuno, Susumi. 1976. Gapping: A Functional Analysis. In: *Linguistic Inquiry* 7. 300-318.

Lang, Ewald. 1977. Semantik der koordinativen Verknüpfung. In: *Studia grammatica* XIV. Berlin.

Maling, Joan M. 1972. On "Gapping and the Order of Constituents". In: *Linguistic Inquiry* 3. 101-108.

Padučeva, Elena V. 1974. *O semantike sintaksisa (Materialy k trans-*

formacionnoj grammatike russkogo jazyka). Moskau.

Ross, John R. 1970. Gapping and the Order of Constituents. In: *Progress in Linguistics*. Hrsg. von M. Bierwisch und K.E. Heidolph. The Hague. 249-259.

Růžička, Rudolf. 1980. *Studien zum Verhältnis von Syntax und Semantik im modernen Russischen*. Berlin.

Švedova, N.Ju. (Hrsg.) 1980. *Russkaja grammatika*. Moskau.

Vendler, Zeno. 1967. *Linguistics and Philosophy*. Ithaca, New York.

Williams, Edwin. 1977. Discourse and Logical Form. In: *Linguistic Inquiry* 8. 101-139.

- 1981. On the Notions "Lexically Related" and "Head of a Word". In: *Linguistic Inquiry* 12. 245-274.

NP-ELLIPSE UND PRAGMATISCHE STRUKTUREN IN TEXTEN DES YUKATEKISCHEN MAYA

Ortwin Smailus
Universität Hamburg

1. Theoretische Vorgaben

1.1 Definition 'Ellipse'

In seinem Aufsatz von (1979)[1] weist Andrew L. Thomas auf die Notwendigkeit eines vorsichtigen und zurückhaltenden Umgangs mit dem Terminus 'Ellipse' hin:

> *"There is always the danger of positing the ellipsis on anything that could conceivably have appeared in a sentence but did not actually appear in that sentence; sometimes even elements that could not have appeared in any sentence."*

---

1 Thomas (1979: 43).

Um die Gefahr der Verwendung einer grammatischen 'dummy'-Regel zu vermeiden, wollen wir, wie Thomas, den Terminus 'Ellipse' nur auf solche 'gaps'[2] in der Oberflächenstruktur eines Satzes beschränken, deren Existenz in der syntaktischen Struktur des Satzes selbst angelegt sind ("*on the basis of its own internal relations*"), und die vom Hörer des Satzes durch Rückgriff auf diskrete Einheiten des Semantischen Pools ("*presuppositional pool*"), definiert nach Vennemann[3] aufgefüllt werden. Wir werden uns mit "*ellipsis*" im eigentlichen Sinn beschäftigen, und nicht mit "*non-realizations*".[4]

Ebenso wie Thomas gehen wir von einem dreiebnigen Grammatikmodell aus,[5] das aus einem Semantischen Pool besteht, einer syntaktischen Struktur und einer Oberflächenstruktur.

Den Semantischen Pool, von Thomas meist vage "*context*" genannt, finden wir am klarsten definiert bei Theo Vennemann, als ein System von Annahmen, das während eines Diskurses vom Sprecher und Hörer aufgebaut und fortschreitend erweitert bzw. abgeändert wird.[6] Das syntaktische System eines Satzes ist wie ein 'Brennglas' zu verstehen, das zum jeweiligen Zeitpunkt des Diskurses innerhalb des Pools eine Auswahl trifft und auf solche Elemente des Pools verweist, auf die Bezug genommen wird. In der Oberflächenstruktur schließlich werden solche Elemente des Pools 'benannt', die durch einen 'Verweis' nicht eindeutig identifiziert werden können.

---

2 Thomas (1979: 45).

3 Vennemann (1975: 314).

4 Im Laufe der Beschäftigung mit dem Thema gab es Änderungen in der terminologischen Festlegung zwischen Null-Anapher, definiert nach Li/Thompson (1979), und Ellipse, definiert nach Thomas (1979). Der Terminus 'NP-Ellipse' (in der Eingrenzung auf NP von mir geprägt) ist insofern passend, als er sich als Komplement zum Terminus NP-Manifestation verstehen läßt. Es kommt zum Ausdruck, daß der Sprecher potentiell die Wahl zwischen zwei Möglichkeiten hat.

5 Vielleicht können wir Thomas' Ausführungen abändern und sagen, es gibt mindestens drei Ebenen. Wir erhalten so die Möglichkeit, die verschiedenen Formen der syntaktischen Struktur, die, wie ich glaube, hierarchisch gegliedert sind, zu differenzieren.

6 Vennemanns (1975: 314 f.) "*presuppositional pool*" wurde von mir mit 'Semantischer Pool' übersetzt. Wichtig ist, bei "pool" an etwas noch nicht Strukturiertes zu denken, das erst bei der Übernahme in sprachliche Formen strukturiert wird. Siehe hierzu auch Chafe (1976): "... how to organize a chunk of knowledge...".

Schließlich müssen auch solche Elemente benannt werden, die zum ersten Mal auftauchen, d.h. in den Pool hineingenommen werden.

1.2 NP-Ellipse und grammatische Grundstruktur

Wir waren bisher davon ausgegangen, daß Ellipsen alle möglichen Elemente des Semantischen Pools betreffen können. Wir wollen uns in dieser Untersuchung auf NP-Ellipsen beschränken, wobei der Terminus 'NP-Ellipse' noch genauer definiert und eingeschränkt werden soll.

Wir gehen bei dieser Definition von einer Grammatik-Theorie aus, wie sie von Dixon[7] und Comrie[8] formuliert ist, und nach der die syntaktische Struktur von sogenannten 'primären Relationen' zwischen den Aktanten 'Subjekt', 'Agens' und 'Patiens' bestimmt wird.[9]

In wohl allen Sprachen der Welt werden diese drei Aktanten zu zwei Kasustypen zusammengefaßt, in der Weise, daß entweder Subjekt und Agens oder Subjekt und Patiens als Vertreter eines Kasus angesehen werden.[10] Von diesen beiden Kasus tritt im allgemeinen einer als potentieller Bezugspunkt satzübergreifender Strukturen (von Dixon '*pivot*' genannt) auf.[11]

Wir finden also nach Comrie und Dixon im syntaktischen Bereich zwei Ebenen vor, die Ebene der Kasuszuweisung und die Ebene der primären Relationen. Erstere wollen wir in dieser Untersuchung

---

7 Dixon (1979).

8 Comrie (1981: insbesondere 51-78 und 98-116).

9 In Einzelheiten des Systems sowie in der Terminologie gibt es Unterschiede zwischen Dixon und Comrie. Wichtig im Rahmen dieser Untersuchung sind die Begriffe im Zusammenhang mit den 'Primären Relationen'. 'Subjekt' verstehe ich hier im Unterschied zu vielen anderen Definitionen als satzsyntaktische Kategorie des einzigen Aktanten, auf den sich eine intransitive Handlung bezieht. Für Funktionen der satzübergreifenden Grammatik, wie sie z.B. Dixon auf den Terminus "*subject*" bezieht, gibt es am Ende dieser Arbeit Hinweise unter dem Stichwort 'Topik'.

10 In der Literatur werden wenige Gegenbeispiele genannt, wie das Motu in Neuguinea, das für alle drei Aktanten unterschiedliche Kasusmarkierungen besitzt. Siehe Comrie (1978).

11 Dixon (1979: 120).

'morphosyntaktische Ebene', letztere 'semantosyntaktische Ebene' nennen.[12]

Die Beziehungen zwischen zugrunde liegendem semantischen Gehalt, syntaktischem 'gap' und Ellipse bzw. Manifestation läßt sich in folgendem Schema darstellen:

(1)	Semantischer Pool	: Inhaltselemente:	immer vorhanden
	semantosyntakt. Ebene:	Aktanten :	immer vorhanden
	morphosyntakt. Ebene :	Kasus :	immer vorhanden ?
	morpholog. Ebene :	Nominalphrasen :	Ellipse ↔ Manifestation

Im Falle einer elliptischen Konstruktion wird also das Inhaltselement des Semantischen Pools, das auf der semantosyntaktischen Ebene durch einen bestimmten Aktanten vertreten ist, auf der morphologischen Ebene nicht wie sonst durch eine NP, sondern durch NIL repräsentiert. Eine NP-Ellipse ist also eine Ellipse, die einen zugrunde liegenden Aktanten betrifft.

Man kann davon ausgehen, daß in einem inhaltlich kohärenten Diskurs eine mehr oder minder begrenzte Zahl von Aktanten in einer größeren Zahl von Sätzen ein- oder mehrmals auftritt. In den meisten Einzelsätzen eines Diskurses treten Aktanten auf, die schon aus voraufgehenden Sätzen bekannt sind. Wir möchten als Grundannahme auffassen, daß ein Aktant bei seinem ersten Auftreten durch eine Nominalphrase belegt ist, und daß bei wiederholtem Auftreten die Wahl zwischen NP-Manifestation auf der einen Seite und Pronominalisation oder Ellipse (je nach Sprache) auf der anderen Seite besteht.

1.3 Vorarbeiten, Arbeitsansatz

Zahlreiche Autoren haben versucht, in einzelnen Sprachen Gesetzmäßigkeiten dieser Wahl festzustellen. Bolinger zählt eine Reihe solcher Versuche auf und kommentiert sie.[13] Er kommt zu dem Ergebnis, daß, soweit es Gesetzmäßigkeiten für die Wahl zwischen Ma-

12 Es wird bei Comrie und Dixon nicht eindeutig zwischen der semantosyntaktischen und der Inhaltsebene unterschieden.

13 Bolinger (1977: insbesondere 5 f.).

nifestation und Pronominalisierung bzw. Ellipse gibt, diese nicht im Syntaktischen, sondern im Semantischen oder Pragmatischen liegen, auf jeden Fall in einem Bereich, der über die Mikroanalyse von Satz und Satzverbindung hinausgeht.

Während sich Bolinger mit der in den europäischen Sprachen häufigeren Pronominalisierung beschäftigt, untersuchen Li/Thompson am Beispiel des Chinesischen eine Sprache, in der ein unter Bezug genommener Aktant, wenn er aus dem Kontext bekannt ist, morphologisch überhaupt nicht realisiert werden muß, d.h. durch NP-Ellipse, oder, wie die beiden Autoren es nennen, "*zero-anaphora*" dargestellt werden kann.[14] Auch Li/Thompson kommen in ihrer Untersuchung über die Gesetzmäßigkeit der Wahl zwischen Pronominalisierung und Ellipse nicht über einen allgemeinen Verweis auf die Verständlichkeit, und damit auf die spezifische Inhaltsstruktur hinaus.[15]

In der hier vorliegenden Arbeit soll anhand des modernen Yukatekischen der Versuch gemacht werden, Gesetzmäßigkeiten der NP-Ellipse aufzuzeigen, wobei versucht wird, über den Hinweis auf pragmatische und semantische Strukturen hinaus auch grammatische Dispositionen zu finden, die eine Zuordnung von Referenten auch über Ellipsen ermöglichen. Im besonderen ist hierbei an die möglichen Zusammenhänge zwischen Aktantenrollen und NP-Ellipse gedacht, wie es etwa Dixon in seiner Grammatik des Dyirbal festgestellt hat.[16]

2. Grammatische Grundlagen im Yukatekischen

2.1 Satzstruktur im Yukatekischen

Um die Ergebnisse und den Aufbau der eigentlichen Untersuchung zu verstehen, ist es notwendig, sich einige für unsere Fragestel-

---

14 Li/Thompson (1979). Die beiden Autoren untersuchen vorwiegend die Wahl zwischen Pronominalisierung und Ellipse.

15 Li/Thompson (1979: 334): "*the interpretation of referents for zero-pronouns being inferred on the basis of semantic and pragmatic knowledge and of information present in the discourse itself.*"

16 Dixon (1972: 130 f.). Dixon stellt fest, daß im Dyirbal bestimmte tiefensyntaktische Kategorien für die Satzkoordination bestimmend sind.

lung wichtige Grundzüge der Satzkonstruktion im modernen Yukatekischen klarzumachen.[17]

Das Yukatekische ist eine aspektorientiert teilergative Sprache des koreferentiellen Typs.[18] Es besitzt für Nomina keine Kasuselemente, sondern stattdessen zwei Reihen von Pronominalaffixen, die mit dem Prädikat verbunden werden, und die in einer zu erläuternden Weise die Rollenzuweisung für die das Prädikat begleitenden Nominalphrasen durchführen. Die beiden Pronominalaffix-Reihen werden traditionell[19] 'Ergativpronomen (E-)' und 'Absolutpronomen (-A)' genannt. Ersteres ist ein in zwei kombinatorischen Varianten (+ Vokal oder + Konsonant) auftretendes Präfix, letzteres ein Suffix.

(2)

E + Vokal		E + Konsonant	A	
E1sg	iŋw-	in-	A1sg	-en
E2sg	aw-	a-	A2sg	-eč
E3sg	(u)y-	u-	A3sg	-ø
E1pl	k-	ik-	A1pl	-oʔn
E2pl	aw- ...-eʔš	a-...-eʔš	A2pl	-eʔš
E3pl	(u)y- ...-oʔ(b)	u-...-oʔ(b)	A3pl	-oʔ(b)

Die Pluralformen von E für die zweite und dritte Person werden durch eine Kombination der entsprechenden Singularformen mit entsprechenden Pluralformen von A gebildet.

In einem isoliert geäußerten Satz stehen die Pronominalelemente des Prädikats nach Numerus und Person in Koreferenz mit den dem Satz unterliegenden Aktanten und den das Prädikat begleitenden Nominalphrasen:[20]

---

17 Für eine ausführliche Darstellung der grammatischen Strukturen des modernen Yukatekischen siehe Blair (1964).

18 Für die Erscheinungen der morphologischen Ergativität im Yukatekischen siehe Bricker (1981).

19 Neben den Pronominalaffixen existieren auch noch selbständige Personalpronomina. In den Textpassagen, die im dritten Teil dieser Arbeit vorgestellt werden, taucht letiʔ 'dieser/diese' meist zusätzlich zu Nominalphrasen auf.

20 Hier ein Inventar aller abgekürzten (mit Großbuchstaben geschriebenen) Glossen. Es bedeutet:
ART : allgemeiner Artikel
meist zusammen mit DX

(3) t - u - haȼ' -ah - ø pèk' le mák - oʔ[20]

KOM E3sg schlagen KOM A3sg Hund ART Mann DX

NP1 NP2

Agens Patiens

'der Mann schlug den Hund'

(4) wèn - i - ø le mák - oʔ

schlafen KOM A3sg ART Mann DX

NP1

Subjekt

'der Mann schlief'

(5) t - in - haȼ' -ah - ø le pèk'- oʔ

KOM E1sg schlagen KOM A3sg ART Hund DX

NP1

Agens Patiens

'ich schlug den Hund'

(6) wèn - ø - en

schlafen KOM A1sg

Subjekt

'ich schlief'

Die jeweils letzte NP eines Satzes bekommt eine deiktische Kennzeichnung <u>le ... -aʔ</u> 'dies ... hier', <u>le ... -oʔ</u> 'das ... da',

---

DUR : durativer Aspekt
DX : Deixis
HAB : habitualer Aspekt (gewohnheitsmäßig etwas tun)
INK : inkompletiver Aspekt
INZ : inzeptiver Aspekt (Beginn einer Tätigkeit)
KOM : kompletiver Aspekt
PART : Partizip
PAS : Passiv
PER : perfektiver Aspekt
PROG : progressiver Aspekt
QUO : Quotativ ("so sagt man")
REF : Reflexiv
SUB : subjunktiver Aspekt

le ... -eʔ 'besagtes ...'.[21]

Das Subjekt intransitiver Sätze und der Patiens transitiver Sätze werden in diesen Beispielen mit kompletivem Aspekt durch das Absolutpronomen koreferentiell repräsentiert, während der Agens transitiver Sätze durch Ergativpronomen wiedergegeben wird. Das Yukatekische verhält sich daher in Sätzen mit kompletivem Aspekt nach dem Typ der Ergativsprachen.

Die gleichen Sätze zeigen jedoch mit inkompletivem Aspekt eine andere Formbildung:

(7)

k	- in	- ha¢'	- ik	- ø	le	pèk'	-oʔ
HAB	*E1sg*	*schlagen*	*INK*	*A3sg*	*ART*	*Hund*	*DX*
	↓			↕ ↑		NP1	
	Agens			Patiens			

'ich schlage den Hund'

(8)

k	- in	- wen	- el
HAB	*E1sg*	*schlafen*	*INC*
	↓		
	Subjekt		

'ich schlafe'

Im Falle von Sätzen mit inkompletivem Aspekt verhält sich das Yukatekische wie eine Akkusativsprache, da Subjekt intransitiver Sätze und Agens transitiver Sätze durch die gleiche grammatische Form dargestellt werden, der Patiens transitiver Sätze aber durch eine andere. Yukatekisch ist daher aspektorientiert teilergativ.

Das theoretisch so klare System besitzt, von den Implikationen des Aspektsplits und der analytischen Bildung einiger Pluralformen von E abgesehen, in der Praxis einige Schwierigkeiten für den Hörer, die durch die Anwendung von NP-Ellipsen entstehen:
Wie die Sätze (5) bis (8) zeigen, wird ein Aktant erster oder zweiter Person ausschließlich (von Fällen des kontrastiven Stress abgesehen, in denen selbständige Personalpronomina auftreten können) durch die Personalelemente des Prädikats angezeigt. Eine das Prä-

---

21 Im allgemeinen steht am Ende eines Satzes eine deiktische Partikel.

dikat begleitende NP steht daher im allgemeinen in dritter Person. Sie kann immer nur mit demjenigen Pronominalelement des Prädikats koreferieren, das ebenfalls in dritter Persón steht:

(7) k - in - ha¢' - ik - ø le pèk'-oˀ
HAB E1sg schlagen INK A3sg ART Hund DX
NP1
Agens Patiens

'ich schlage den Hund'

(9) k - u - čiˀ - ik - en le pèk'- oˀ
HAB E1sg beißen INK A1sg ART Hund DX
NP1
Agens Patiens

'der Hund beißt mich'

Stehen bei einem transitiven Prädikat beide Aktanten in dritter Person, werden von zwei dem Prädikat folgenden NP die erste dem Patiens, die zweite dem Agens zugeordnet:

(10) k - u - ha¢' -ik - ø pèk' le mák - oˀ
HAB E3sg schlagen INK A3sg Hund ART Mann DX
NP1 NP2
Agens Patiens

'der Mann schlägt den Hund'

(11) k - u - čiˀ - ik - ø mák le pèk'- oˀ
HAB E3sg beißen INK A3sg Mann ART Hund DX
NP1 NP2
Agens Patiens

'der Hund beißt den Mann'

Für eine eindeutige Kasuszuweisung der Nominalphrasen ist also zusätzlich zur Koreferenz die Satzstellung nötig.

Im Falle einer NP-Ellipse ist bei einem isoliert, d.h. ohne

Kontextwissen analysierten Satz eine eindeutige Kasuszuweisung nicht möglich. Der Satz <u>k-u-ha¢'-ik le pèk'-oʔ</u> ist entweder:

(12) k - u - ha¢' -ik - ø ø le pèk'- oʔ
HAB E3sg schlagen INK A3sg NP-Ellipse ART Hund DX
(NP1) NP2
Agens Patiens

'der Hund schlägt ihn'

oder:

(13) k - u - ha¢ - ik - ø le pèk' oʔ ø
HAB E3sg schlagen INK A3sg ART Hund DX NP-Ellipse
NP1 (NP2)
Agens Patiens

'er schlägt den Hund'

2.2 NP-Ellipse und Transitivität im Yukatekischen

Wir müssen die Ausführungen über die Struktur der Sätze (3) bis (13) im Zusammenhang mit Thomas' Forderung sehen, nur solche "*gaps*" in der Oberflächenstruktur als Ellipse anzusehen, die von der syntaktischen Struktur als auszufüllende Positionen vorgegeben sind.[22] Er sieht im Falle der Verwendung eines "*obligatory transitive verbs*" ohne Objekt-NP eine NP-Ellipse als gegeben an.[23]

In Sätzen des yukatekischen Maya kann die NP-Ellipse Objekt oder Subjekt (in unserer Terminologie Patiens oder Agens oder Subjekt) betreffen, da die Pronominalstruktur des Prädikats in jedem Fall 'Plätze' für Aktanten verteilt. Dies bedeutet, daß jedem in einem Prädikat auftauchenden Pronominalaffix dritter Person im Satz ein Platz für eine Nominalphrase zugeordnet ist. Ist ein solcher Platz nicht besetzt, muß er vom Hörer während des Verstehensprozesses aus dem Kontext aufgefüllt werden. Tatsächlich bestehen viele im Kontext geäußerte Sätze aus 'nackten' Prädikaten ohne NP-Beglei-

22 Thomas (1979:44-45).

23 Thomas (1979:53-56).

tung:

(14) k - u - wen - el ø
HAB E3sg schlafen INK NP-Ellipse
Subjekt

'er/sie schläft'

(15) k - u - ha¢' - ik - ø ø ø
HAB E3sg schlagen INK A3sg NP-Ellipse NP-Ellipse
Agens Patiens

'er/sie schlägt ihn/sie'

Wir waren bisher von den beiden Rektionstypen 'transitiv' und 'intransitiv' ausgegangen, wie sie durch die beiden Verben <u>wen-</u> 'schlafen' und <u>ha¢'-</u> 'schlagen' repräsentiert werden. Tatsächlich ist ein Prädikat für sich allein genommen im Yukatekischen formal transitiv oder intransitiv. Wenn wir aber die Möglichkeiten der Abbildung der Aktantenstruktur in der Struktur des ganzen Satzes vergleichen, kommen wir zu sechs verschiedenen Rektionstypen. Diese sollen im folgenden anhand der Formen des Verbs <u>ha¢'-</u> 'schlagen' vorgestellt werden:

1. rezessiv:

(16) k - u - hà¢' - ø - le mák - oˀ
HAB E3sg schlagen(intr) INK ART Mann DX
NP1
Subjekt

'der Mann pflegt zu schlagen'

2. reflexiv:

(17) k - u - ha¢' - ik - ø u - ba le mák - oˀ
HAB E3sg schlagen INK A3sg E3sg REF ART Mann DX
NP1 NP2
Agens Patiens

'der Mann schlägt sich selbst'

3. Passiv (ohne Agens):

(18) k - u - haˀ¢' - al le mák - oˀ
HAB E3sg geschlagen werden INK ART Mann DX
NP1
Patiens

'der Mann wird geschlagen'

4. Passiv (mit Agens):

(19) k - u - haˀ¢' - al mák t - u - men le pék -oˀ
HAB E3sg geschlagen w. INK Mann durchE3sg durch ART Hund DX
NP NP
Adverbiale
Patiens Agens

'der Mann wird vom Hund geschlagen'

5. Antipassiv:

(20) k - u - ha¢' -pèk' -ø le mák - oˀ
HAB E3sg schlagen Hund INK ART Mann DX
NP1
Agens Patiens

'der Mann schlägt Hunde'

6. aktiv:

(21) k - u - ha¢' - ik - ø pèk le mák -oˀ
HAB E3sg schlagen INK A3sg Hund Art Mann DX
NP1 NP2
Agens Patiens

'der Mann schlägt den Hund'

Zu 1.:

In den bisherigen Ausführungen wurde der Rektionstyp 'rezessiv' durch <u>wen-</u> 'schlafe', ein eindeutig intransitives Verb, belegt. Im Yukatekischen kann fast jedes transitive Verb auch intransitiv verwendet werden, aber in einer bestimmten Form, "middle voice" genannt.[24] Sätze dieses Konstruktionstyps besitzen nur eine NP-Position.

Zu 2.:

Das Reflexivpronomen <u>E-ba</u> 'sich' besetzt die erste, für den Patiens reservierte NP-Position. Sätze dieses Konstruktionstyps besitzen nur eine freie, d.h. durch NP-Ellipse ersetzbare NP-Position.

Zu 3.:

Das transitive Verb tritt im Passiv-Stamm <u>haʔć̷'-</u> 'geschlagen werden' auf und wird wie ein intransitives Verb konjugiert. Sätze dieses Konstruktionstyps besitzen nur eine NP-Position.

Zu 4.:

Einziger Unterschied zu Nr. 3 ist, daß der Agens in einer durch Präposition + NP gebildeten Adverbiale genannt werden kann. Da auch die Adverbiale eine Ellipse enthalten kann, besitzt dieser Konstruktionstyp zwei durch NP-Ellipsen ersetzbare NP-Positionen.

Zu 5.:

Das auf den Patiens referierende Substantiv wird in das Prädikat inkorporiert. Das aus Verbwurzel und Substantiv gebildete Kompositum wird wie ein intransitives Verb konjugiert (Typ 1.). Sätze dieses Konstruktionstyps besitzen nur eine freie, d.h. durch NP-Ellipse ersetzbare NP-Position.

Zu 6.:

Die auf einer freien Agens-Patiens-Beziehung aufbauende aktive Konstruktion wurde schon in vielen Beispielen (Sätze (10) - (13)) vorgestellt. Sätze dieses Konstruktionstyps besitzen zwei durch NP-Ellipse ersetzbare Positionen.

---

24 Wenige Verben sind von dieser Regelung ausgenommen, teils aus semantischen, teils aus lexikalischen Gründen.

3. Untersuchungen

3.1 Vorbemerkungen

Im folgenden sollen zwei Untersuchungen vorgestellt werden, die sich mit der Wahl zwischen NP-Ellipse und NP-Manifestation in Sätzen des yukatekischen Maya beschäftigen.

In den bisherigen Ausführungen wurde erläutert, in welcher Weise Thomas' erstes Kriterium einer Ellipse, die Vorgabe einer auszufüllenden Position in der syntaktischen Struktur eines Satzes, im Yukatekischen erfüllt wird.

Thomas' zweites Kriterium, die Referenz auf ein diskretes Element des unmittelbaren Kontextes,[25] kann nur bei Sätzen überprüft werden, die in einem konkreten sprachlichen Zusammenhang geäußert wurden. Zahllose Untersuchungen zu Ellipse und Pronominalisierung stützten sich bisher auf Zusammenhänge zwischen Teilsätzen eines Satzgefüges[26] oder zwischen Frage und Antwort[27] oder zwischen verschiedene Turns einer Konversation.[28] Nur wenige Untersuchungen[29] stützen sich auf die Analyse 'echter', d.h. nicht zu Demonstrationszwecken konstruierter Diskurse.

Die folgenden Untersuchungen stützen sich auf einen Text des yukatekischen Maya, der von mir aufgezeichnet und transkribiert worden ist.[30] Es handelt sich hierbei um eine traditionelle mythische Erzählung, die, obwohl bis zu meiner Aufzeichnung nicht schriftlich fixiert, doch als ein mnemisch kodifiziertes literarisches Kunstwerk anzusehen ist. Der Text wurde mir in einer dreistündigen Sitzung von einem Erzähler vorgetragen. Er enthält ca. 3000 Sätze, von denen etwa 2000 wörtliche Rede sind. Es handelt sich also um einen Monolog, in dem Dialoge zitiert sind.

---

25 Thomas (1979: 58).

26 Bolinger (1977); Dixon (1972); Edward L. Keenan (1976).

27 Thomas (1979).

28 Keenan/Schieffelin (1976).

29 Li/Thompson (1979).

30 Die Edition des vollständigen Textes, zusammen mit einer diskursgrammatischen Analyse,ist in Vorbereitung.

3.2 Satzgrammatische Untersuchung

Bei der ersten Untersuchung handelt es sich um eine statistische Analyse der Verteilung von NP-Ellipsen und NP-Manifestationen in allen Sätzen, die nicht wörtliche Rede sind. Wörtliche Reden wurden ausgenommen, da die in diesen Sätzen auftretenden Aktanten meist in erster und zweiter Person stehen, die Möglichkeiten der NP-Ellipse aber auf die dritte Person beschränkt sind.[31]

Die untersuchten 1155 Sätze nicht-wörtlicher Rede konstituieren sich aus einem Prädikat und eventuellen NP-Manifestationen. Die Untersuchung wurde beschränkt auf die Beziehungen der einzelnen Prädikate zu den Aktanten 'Agens', 'Patiens' und 'Subjekt'. Dativ-Relationen blieben unberücksichtigt. Es gibt Anzeichen dafür, daß die Dativ-Relation im Yukatekischen wie eine direktionale Adverbiale behandelt wird.[32] Adverbiale sind aber für die zitierte Fragestellung ohne Bedeutung. Nebensätze wurden mitgezählt. Zwar fungieren sie oft als erweiterte NP des übergeordneten Hauptsatzes, ihre <u>interne</u> Satzstruktur war aber ebenso Gegenstand der Untersuchung wie die Struktur der Hauptsätze.

Alle 1155 Sätze, die analysiert wurden, wurden den sechs möglichen Satztypen des Yukatekischen zugeordnet. In der folgenden Aufstellung der Häufigkeitsverteilungen zeigen die einzelnen Spalten:

1.: die Anzahl der Belege für jeden Satztyp

2.: den Konstruktionstyp des jeweiligen Prädikats

3.: die Zahl der jedem Satz zugrunde liegenden Aktanten

4.: die Zahl der Sätze, in denen sämtliche Aktanten durch NP manifestiert sind

---

31 Auch Li/Thompson führen bei ihrer Untersuchung diese Einschränkung ein.

32 Vgl. z.B. die beiden Verwendungen des Verbs <u>¢'aʔ</u> 'geben', 'legen':

k - in -¢'aʔ -ik - ∅ tiʔ le mák -oʔ
HAB E1sg geben INK A3sg zu ART Mann DX
'ich gebe es dem Mann'

k - in -¢'aʔ -ik - ∅ tiʔle hanal oʔ
HAB E1sg legen INK A3sg zu ART Essen DX
'ich tue es an das Essen'

5.: die Zahl der Sätze, in denen 1 Aktant durch NP-Ellipse repräsentiert ist

6.: falls ein Satztyp zwei Aktanten besitzt, die Zahl derjenigen Fälle, in denen der Patiens durch NP-Ellipse repräsentiert ist

7.: falls ein Satztyp zwei Aktanten besitzt, die Zahl derjenigen Fälle, in denen der Agens durch NP-Ellipse repräsentiert ist

8.: falls ein Satztyp zwei Aktanten besitzt, die Zahl derjenigen Fälle, in denen beide Aktanten durch NP-Ellipse repräsentiert sind

(22)

	1.	2.	3.	4.	5.	6.	7.	8.
rezessiv	552	intr	1	153[1)]	399[2)]			
reflexiv	18	trans	1	6[3)]	12[4)]			
Passiv ohne Agens	105	intr	1	39[5)]	66[6)]			
Passiv mit Agens	46	intr	2	16[7)]	30	30[8)]		
Antipassiv	25	intr	2	6[9)]	19		19[10)]	
Aktiv	409	trans	2	15[11)]	150	31[12)]	119[13)]	244[14)]
Summe	1155			233	672	61	138	244

Beispiele:

1) eya ka tum wèn - ø - ø o¢i wániko -ʔ
nun da dann schlafen KOM A3sg arm Hänschen DX

'da schlief das arme Hänschen'

2) ¢'òk u - tàl -ø - oʔ bey -oʔ
PER E3sg kommen KOM A3pl so DX

'sie waren gekommen'

3) sut - ø u -bah e bàrko bey - oˀ
drehen INC E3sg REF ART Boot so DX

'das Boot kehrte wieder um'

4) ka p' u -líˀs -ik - ø u -ba bey -oˀ
da INZ E3sg heben INK A3sg E3sg REF so DX

'dann erhob er sich'

5) ¢'òk u - č'aˀb -al tuŋ le lósalía tun -oˀ
PER E3sg genommen w. INK dann ART Rosalía dann DX

'Rosalía wurde geholt'

6) bweno ka h bisaˀb - i - ø
nun da gebracht w. KOM A3sg

'nun wurde er weggebracht'

7) k - u - not' - a - ø bin e túnič t - u -men
HAB E3sg genagt w. INK A3sg QUO ART Stein durch E3sg durch

e baˀbal - eˀ
ART Tier(e) DX

'da wird der Stein von den Tieren benagt'

8) ilaˀ - ø - ø bey t - u - men e řèy bey- oˀ
gesehen w. KOM A3sg so durch E3sg durch ART König so DX

'so wurde er vom König gesehen'

9) u -kaˀh hoyaˀ nikteˀ le čan ¢'ùl- oˀ
E3sg PROG gießen Blume ART klein Herr DX

'der junge Herr ging Blumen gießen'

10) ya ¢'òk u -čuh kay bey-oˀ
nun PER E3sg fangen Fisch so DX

'so hatte er Fische gefangen'

11) (t - u) - kol ø ø u - šolte? bin e snùk e?
KOM E3sg ziehen KOM A3sg E3sg Stock QUO ART Alte DX

'die Alte ergriff ihren Stock'

12) ka t - u - ho?s - a - ø tum bin lósalía
da KOM E3sg herausholen KOM A3sg dann QUO Rosalía

'da holte ihn Rosalía heraus'

13) ka t - u - han -č'uy -ah -ø e čòč bey-o?
da KOM E3sg schnell werfen KOM A3sg ART Gedärm so DX

'schnell warf er die Gedärme weg'

14) he ka tuŋ k - u - t'ab -ik - ø tun -e?
hier da dann HAB E3sg anzünden INK A3sg dann DX

'da zündet er sie an'

Folgende Ergebnisse gewinnen wir durch den Vergleich der Häufigkeiten:

1. Die am häufigsten verwendeten Satztypen sind Aktive (35 %) und Rezessive (47 %); eine deutlich kleinere aber noch nennenswerte Zahl von Sätzen bilden die Passive (mit und ohne Agens) (13 %). Reflexiv und Antipassiv spielen kaum eine Rolle. Dies ist erstaunlich angesichts der Tatsache, daß den Antipassiv-Konstruktionen in den Ergativsprachen wichtige diskursgrammatische Funktionen zugeschrieben werden.[33]

2. In 80 % aller Sätze tritt eine NP-Ellipse auf. Damit ist deutlich, daß, wie Li/Thompson sagen,[34] die Ellipse die Regel und die NP-Manifestation die Ausnahme ist.

3. 66 % aller Sätze bestehen aus einem 'nackten' Prädikat ohne begleitende Nominalphrase. Die Prädikate sind somit als Kern der grammatischen Strukturen zu erkennen.

---

33 Dixon (1972).

34 Li/Thompson (1979: 322).

Primäres Ziel dieser statistischen Untersuchung war festzustellen, wie ein Verständigungsproblem gelöst wird, das bei zweiwertigen Sätzen mit NP-Ellipse auftritt. Wie anhand der Sätze (*12*) und (*13*) dargestellt, funktioniert bei Sätzen dieser Art die koreferentielle Kasuszuweisung nicht, wenn ein oder beide Aktanten durch NP-Ellipse ersetzt sind.

Die 15 Belege für transitive Sätze mit zwei Nominalphrasen belegen zunächst ohne Ausnahme, daß in Sätzen dieses Typs von zwei dem Prädikat folgenden Nominalphrasen die erste dem Patiens, die zweite dem Agens zugeordnet wird:

(23) teˀ t - u - n - sikt -ik - ø u - hoˀl
dort DUR E3sg DUR herausstrecken INK A3sg E3sg Kopf

u - máčič -eˀ
E3sg Großmutter DX

'dort streckte seine Großmutter ihren Kopf heraus'

Von den 31 transitiven Sätzen, in denen die einzige NP (laut authentizierter Übersetzung) den Agens repräsentiert, handelt es sich in 29 Fällen um Sätze, die mit den Verben aˀl- 'sagen', il- 'sehen', k'át- 'fragen', nuk- 'antworten', uˀb- 'hören' konstruiert sind. In allen diesen Fällen folgt dem jeweiligen Satz ein Objektsatz oder eine wörtliche Rede:

(24) t - y - aˀl -ah - ø čan č'úy -eˀ
KOM E3sg sagen KOM A3sg klein Habicht DX

"eya hoˀs en iˀ lósalía"
nun herausholen E1sg IMP Rosalía

'es sagte der kleine Habicht: "Hallo Rosalía, hol' mich raus!"'

(25) ka t - ø -il -eˀ le čan škikčil -eˀ
da KOM E3sg sehen KOM ART klein Schwester DX

tiˀ waˀ -n - ø - iˀ
dort stehen PART A3sg dort

'da sah die kleine Schwester: dort stand er!'

Die von der syntaktischen Struktur für Patiens-Manifestationen vorgesehene Position ist also nicht unbesetzt, sondern durch einen Satz besetzt, freilich nicht in der normalen Reihenfolge: 'Präd + NP=Pat + NP=Ag', sondern in einer geänderten Reihenfolge: 'Präd + NP=Ag + Objektsatz/wörtliche Rede'.

In den beiden folgenden Sätzen kann aber die Existenz von nur einer NP-Ergänzung nicht durch das Vorhandensein eines Objektsatzes erklärt werden:

(26) ka t - u - hoˀs -a - ø tum bin lósalía
da KOM E3sg herausholen KOM A3sg dann QUO Rosalía

'da holte ihn Rosalía heraus'

(27) tiˀ (t - u) -hànt - ø -ø e čan ¢'ùl -oˀ
dort KOM E3sg essen KOM A3sg ART klein Herr DX

'dort aß der junge Herr'

Diese beiden Sätze sind, für sich alleine genommen, tatsächlich mißverständlich. So könnte lósalía 'Rosalía' bzw. čan ¢'ùl 'junger Herr' auch Patiens sein, wenn die beiden Sätze nach Art des Satzes (*13*) interpretiert würden. Der Erzähler hält diese, von ihm nicht intendierte Interpretation offenbar auch für denkbar, denn er schließt sie nachträglich aus, indem er in der Folge des jeweiligen mehrdeutigen Satzes den gleichen Inhalt noch einmal neu formuliert, diesmal in einer intransitiven und damit eindeutigen Konstruktion.

Auf den Satz (26) folgt im Text:

(28) hoˀsa - ˀ - ø tum bin wánikó t -u -men
herausgeholt w. KOM A3sg dann QUO Hänschen durch E3sg durch

lósalía bey -oˀ
Rosalía so DX

'Hänschen wurde also von Rosalía herausgeholt'

Die Ambiguität wird also durch eine Passivkonstruktion mit Agens- und Patiens-Nennung aufgehoben.

Auf den Satz (27) folgt im Text:

(29) eya pwes tiˀ aˀn - ∅ u hàn -il - iˀ
nun denn dort vorhanden sein A3sg E3sg essen SUB dort
'dort war also sein Essen'

Im zweiten Fall wird die Eindeutigkeit durch eine rezessive Konstruktion geschaffen.

Es kann aus diesen wenigen Beispielen nicht erschlossen werden, ob es sich hier um ein bewußt eingesetztes Stilmittel oder um ein nachträgliches repair handelt.

Analysieren wir die 119 übrigen Sätze des Konstruktionstyps 'Präd(trans) + NP', so erkennen wir, daß in allen diesen Fällen NP die Realisierung des zugrunde liegenden Patiens ist.

Wir kommen zu folgendem Schluß:

1. Manifeste Nominalphrasen repräsentieren in erster Linie das Subjekt (von intransitiven Prädikaten) oder den Patiens (von transitiven Prädikaten).

2. Agens-Positionen können nur durch eine NP manifestiert werden, wenn auch die Patiens-Position besetzt ist (durch eine Nominalphrase oder einen Objektsatz/wörtliche Rede).

3. Die Verben des 'sagens', 'hörens', 'denkens' usw. bilden eine Besonderheit, indem die Patiens-Position durch einen Satz besetzt werden kann.

4. Es kann generell gesagt werden, daß einer NP-Ellipse am statistisch wahrscheinlichsten eine Agensposition zugrunde liegt.

3.3 Diskursgrammatische Untersuchung

Eine zweite Untersuchung des vorliegenden Textes beschäftigt sich mit der Frage des Zusammenhanges zwischen NP-Ellipse/-Manifestation und dem Aktantenwechsel im Diskurs.

Aktanten können nur durch Ellipse dargestellt werden, wenn sie zuvor im Kontext zumindest einmal manifest gewesen sind. Wir gehen davon aus, daß es für jeden Aktanten in der Abfolge eines Textes einen bestimmten Satz gibt, in dem er namentlich eingeführt wird, d.h. in dem er als NP repräsentiert ist. Alle folgenden Sätze, in denen nur durch Ellipse auf den betreffenden Aktanten referiert wird, sind nur durch Bezug auf den Einführungssatz interpretierbar. Wir wollen im folgenden mehrere Passagen unseres Textes analysieren, in denen die Beziehungen zwischen Aktanten-Einführungssatz und den folgenden elliptischen Sätzen deutlich werden:

(3)-1 ka wèn - ø - ø oċi wánikóh
da schlafen KOM A3sg arm Hänschen

'da schlief das arme Hänschen'

-2 k'al -aˀn -ø -iˀ teˀ pak' -eˀ
einschließen PART A3sg dort in Wand DX

'er war eingeschlossen im Gefängnis'

-3 ka nombrart-aˀ -ø -ø letiˀ le syento pḙderasyòn
da benennen Passiv KOM A3sg er ART 100 Soldat

bin-oˀ
QUO DX

'da wurden die hundert Soldaten benannt'

-4 weh -aˀn -ø nègros -oˀ bey-oˀ
aufreihen PART A3sg Neger Plural so DX

'es waren Neger aufgereiht'

-5 ka tum bin tàl -ø -ø bey senyor r̃èy -oˀ
da dann QUO kommen KOM A3sg so Herr König DX

'da kam der Herr König an'

-6 eya ka hoˀs -aˀ -ø -ø bim bẹy e wánikóh
nun da herausholen PAS KOM A3sg QUO so ART Hänschen

bey -oˀ
so DX

'da wurde nun Hänschen herausgeholt'

-7 eya kúkins aˀ -ø -ø teˀ k'ančeˀ bey-oˀ
nun setzen PAS KOM A3sg auf Schemel so DX

'er wurde auf den Schemel gesetzt'

-8 le péderasyòn - oˀb -oˀ
ART Soldat A3pl DX

'was nun die Soldaten betrifft'

-9 ȼòk u - tàl -ø -oˀ bey-oˀ
PER E3sg kommen INK Plural so DX

'sie waren gekommen'

-10 tiˀ -aˀn -ø nègros-oˀ bey-oˀ
dort es gibt A3sg Neger Plural so DX

'dort waren die Neger'

-11 k - u - kásar̃t - ik- ø u -ȼ'òn - oˀ humpuliˀ
HAB E3sg entsichern INK A3sg E3sg Gewehr pl(E) sofort

'sofort entsicherten sie ihre Gewehre'

-12 bweno k - y - aˀ -ik - ø bey aˀ
nun HAB E3sg sagen INK A3sg so DX

'es sagte nun'

-13 k - y - aˀl -ik -ø bey le nègros -oˀ bey-oˀ
HAB E3sg sagen INK A3sg so ART Neger Plural so DX

'es sagten also die Neger'

In dieser Passage treten drei agierende Personen auf:

wánikóh 'Hänschen'

syento péderasyòn 'hundert Soldaten'

senyor r̃ey 'der Herr König'

Ein unbelebter Gegenstand als Patiens:

ȼ'òn 'Gewehr'

Hänschen ist eingesperrt. Er wird von Soldaten, die Neger sind, bewacht. Auf Befehl des Königs wird er herausgelassen. Er wird auf einen Schemel gesetzt. Die Soldaten nehmen Aufstellung, entsichern ihre Gewehre und sprechen mit ihm.

Die Passage ist in bezug auf NP-Ellipse/-Manifestation folgendermaßen aufgebaut: (E = Ellipse; M = Manifestation)

- -1 intransitiver Satz: 'Hänschen' = Subjekt (M)
- -2 intransitiver Satz: 'Hänschen' = Subjekt (E)
- -3 Passiv-Satz o. Agens: 'Soldaten' = Patiens (M)
- -4 intransitiver Satz: 'Soldaten' = Subjekt (E)
- -5 intransitiver Satz: 'König' = Subjekt (M)
- -6 Passiv-Satz o. Agens: 'Hänschen' = Patiens (M)
- -7 Passiv-Satz o. Agens: 'Hänschen' = Patiens (E)
- -8 intransitiver Satz: 'Soldaten' = Subjekt (M)
- -9 intransitiver Satz: 'Soldaten' = Subjekt (E)
- -10 intransitiver Satz: 'Soldaten' = Subjekt (E)
- -11 transitiver Satz: 'Gewehre' = Patiens (M)
  'Soldaten' = Agens (E)
- -12 transitiver Satz: übernächster Satz = 'Patiens' -
  'Soldaten' = Agens (E)
- -13 transitiver Satz: nächster Satz = 'Patiens' --
  'Soldaten' = Agens (M)

(31)-1 luk' - ø - ø e senyor r̃èy -oʔ
aufbrechen KOM A3sg ART Herr König DX

'der Herr König brach auf'

-2 ka bin - i - ø
da gehen KOM A3sg

'da ging er'

-3 hàlibeʔ ya ka tum bin - ø - ø biŋ
also nun da dann gehen KOM A3sg QUO

'da ging er dann'

-4 bin - ø - ø letiʔ le čan ¢'ùl -oʔ
gehen KOM A3sg dieser ART klein Herr DX

'es ging der junge Herr'

```
-5 u    - č'aˀ -ø  -ø    e   haˀ   -oˀ
   E3sg nehmen SUB A3sg ART Wasser DX
```

'um das Wasser zu nehmen'

```
-6 ka  t   - u   tàs   - ø - ø
   da  KOM E3sg holen KOM A3sg
```

'er holte es'

```
-7 u    - wek     - ø - ø   bey oˀ
   E3sg schütten SUB A3sg so  DX
```

'um es zu schütten'

```
-8 u    - hoyaˀt-ø  - ø   bey oˀ
   E3sg gießen  SUB A3sg  so  DX
```

'um es zu gießen'

```
-9 ya  pwes hàlibeˀ le tun  e   škikɇil    - aˀ
   nun denn also     darauf ART Schwester   DX
```

'was nun die Schwester betrifft'

```
-10 ka ɇ'òk  uy -il    - ik- ø
    da PER  E3sg sehen INK A3sg
```

'da hatte sie gesehen'

```
-11 bey  n   u   -kaˀh hoyaˀ  nikteˀ le čan   ɇ'ùl -oˀ
    so  QUO E3sg PROG gießen Blume ART klein Herr  DX
```

'wie der junge Herr Blumen gießen ging'

```
-12 ya  pwes ka tun  hók'          - ø - ø
    nun denn da dann herauskommen KOM A3sg
```

'da kam sie heraus'

```
-13 u    - čan  ɇankúns        - ø - ø    u  -hoˀ bey teˀ
    E3sg etwas herausstrecken SUB A3sg E3sg Kopf so dort
```

t - u - hòl e béntaná -oʔ šam bey-aʔ
bei E3sg Loch ART Fenster DX auch so DX

'um ihren Kopf aus dem Fenster herauszustrecken'

-14 ya pwes t - u - n čénet - ik- ø y - il - ik-
nun denn DUR E3sg DUR horchen INK A3sg E3sg sehen INK

ø bey
A3sg so

'da hörte und sah sie'

-15 u - hoyaʔnikteʔ čan ȼ'ùl -oʔ
E3sg gießen Blume klein Herr DX

'wie der junge Herr die Blumen goß'

-16 ya bweno hač t - y - aʔ -h - ø tiʔ tun bey
nun denn sehr KOM E3sg sagen KOM A3sg zu ihm dann so

'da sagte sie zu ihm'

In dieser Passage treten wieder drei handelnde Personen auf:

senyor r̃èy 'der Herr König'

čan ȼ'ùl 'der junge Herr'

škikȼil 'die Schwester'

Als unbelebte Aktanten treten auf:

haʔ 'Wasser'

nikteʔ 'Blume(n)'

hoʔ 'Kopf'

Nachdem der König ihn verlassen hat, geht der junge Herr, um die Blumen zu gießen. Die Schwester sieht das, schaut aus dem Fenster und spricht zu ihm. Die Passage ist in bezug auf NP-Ellipse/-Mani festation folgendermaßen aufgebaut:

-1 intransitiver Satz: 'König' = Subjekt (M)

-2 intransitiver Satz: 'König' = Subjekt (E)
-3 intransitiver Satz: 'König' = Subjekt (E)
-4 intransitiver Satz: 'junger Herr' = Subjekt (M)
-5 transitiver Satz: 'Wasser' = Patiens (M)
'junger Herr' = Agens (E) Finalsatz
-6 transitiver Satz: 'Wasser' = Patiens (E)
'junger Herr' = Agens (E)
-7 transitiver Satz: 'Wasser' = Patiens (E)
'junger Herr' = Agens (E) Finalsatz
-8 transitiver Satz: 'Wasser' = Patiens (E)
'junger Herr' = Agens (E) Finalsatz
-9 intransitiver Satz: 'Schwester' = Subjekt (M)
-10 transitiver Satz: folgender Satz = 'Patiens' --
'Schwester' = Agens (E)
-11 antipassiver Satz: 'junger Herr' = Subjekt (M) Objektsatz
-12 intransitiver Satz: 'Schwester' = Subjekt (E)
-13 transitiver Satz: 'Kopf' = Patiens (M)
'Schwester' = Agens (E) Finalsatz
-14 transitiver Satz: folgender Satz = 'Patiens' --
'Schwester' = Agens (E)
-15 antipassiver Satz: 'junger Herr' = Subjekt (M) Objektsatz
-16 transitiver Satz: folgender Satz = 'Patiens' --
'Schwester' = Agens (E)

(32)-1 tà -ø - ø tak letiˀ le čan ȼ'ùl -oˀ
kommen KOM A3sg sogar dieser ART klein Herr DX

'da kam sogar der junge Herr'

-2 eya ȼ'aˀ -ø - ø ø bin e haˀ ičin
nun geben PAS KOM A3sg QUO ART Wasser waschen

t - u - men e čan št'úp -eˀ
durch E3sg durch ART klein Jüngste DX

'ihm wurde von der Jüngsten das Wasser zum Waschen gegeben'

-3 tàl - ø - ø bey-oˀ
kommen KOM A3sg so DX

'er kam'

-4 lîsto - ø tun e mèsah ten čan št'úp -eˀ
fertig A3sg nun ART Tisch durch(E3sg) klein Jüngste DX

'durch die Jüngste wurde der Tisch bereitet'

-5 ka hop' u -han -a bin letiˀ le čan ¢'ùl -eˀ
da INZ E3sg essen INK QUO dieser ART klein Herr DX

'da fing der junge Herr an zu essen'

-6 ka p' u - han al
da INZ E3sg essen INK

'da fing er an zu essen'

-7 ¢'òk u- han -a bey-oˀ
PER E3sg essen INK so DX

'er aß zuende'

-8 tiˀ waˀ -n - ø šan e čan št'úp
dort stehen PART A3sg auch ART klein Jüngste

'dort stand die Jüngste'

-9 uy - il - ø - ø - oˀ
E3sg sehen SUB A3sg DX

'um ihn zu sehen'

-10 ka t - u -liˀs ø - ø u -nuˀku bey-oˀ
da KOM E3sg heben KOM A3sg E3sg Geschirr so DX

'dann brachte sie das Geschirr weg'

-11 eya hálibeˀ ák'aˀ -čah-ø
nun also nachtwerden KOM A3sg

'nun also wurde es Nacht'

-12 ka wèn - ø - oˀ bey-oˀ
da schlafen KOM A3pl so DX

'da schliefen sie'

-13 eya pwes k - u - sást -a bim bey-oˀ
nun denn HAB E3sg hellwerden INK QUO so DX

'danach wurde es hell'

-14 ȼ'aˀ -ø - ø - ø tum bin uy - oˀč bey e čan
geben PAS KOM A3sg nun QUO E3sg Speise so ART klein

ȼ'ùl- oˀ
Herr DX

'dem jungen Herrn wurde das Essen gereicht'

-15 e čan št'úp -oˀ
ART klein Jüngste DX

'was die Jüngste betrifft'

-16 letiˀ ȼ'i - k ø
diese geben INK A3sg

'sie war es, die es ihm gab'

-17 ya waˀ -n - ø tun bey
nun stehen PART A3sg dann so

'da stand sie'

-18 uy - il - ø - ø
E3sg sehen SUB A3sg

'um ihn zu sehen'

-19 u - han - l -oˀ letiˀ le čan ȼ'ùl -oˀ
E3sg essen INK DX dieser ART klein Herr DX

'er aß, der junge Herr'

In dieser Passage treten zwei handelnde Personen auf:

čan ¢'ùl 'der junge Herr'

čan št'úp 'die Jüngste [von mehreren Schwestern]'

Als unbelebte Aktanten treten auf:

ha? 'Wasser'

mèsah 'Tisch'
nu?kul 'Geschirr'

o?č 'Speise'

Außerdem treten noch zwei unpersönliche (aktantenlose ?) Verben auf:

ák'a?-tal 'nachtwerden'

sást-al 'hellwerden'

Der junge Herr kommt zurück. Die jüngste der Schwestern gibt ihm Wasser zum Waschen und danach zu essen. Sie schaut ihn an, während er ißt. Die Passage ist in bezug auf NP-Ellipse/-Manifestation folgendermaßen aufgebaut:

-1 intransitiver Satz: 'junger Herr' = Subjekt (M)
-2 Passivsatz m. Agens: 'Wasser' = Patiens (M)
'Jüngste' = Agens (M)
-3 intransitiver Satz: 'junger Herr' = Subjekt (E)
-4 Passivsatz m. Agens: 'Tisch' = Patiens (M)
'Jüngste' = Agens (E)
-5 intransitiver Satz: 'junger Herr' = Subjekt (M)
-6 intransitiver Satz: 'junger Herr' = Subjekt (E)
-7 intransitiver Satz: 'junger Herr' = Subjekt (E)
-8 intransitiver Satz: 'Jüngste' = Subjekt (M)
-9 transitiver Satz: 'junger Herr' = Patiens (E)
'Jüngste' = Agens (E) Finalsatz
-10 transitiver Satz: 'Geschirr' = Patiens (M)
'Jüngste' = Agens (E)
-11 unpersönlicher Satz
-12 intransitiver Satz: 'Jüngste'+'junger Herr' = Subjekt (E)
-13 unpersönlicher Satz

-14 Passivsatz o. Agens: 'Speise' = Patiens (M)
'junger Herr' = Dativ-Objekt (M)
-15 intransitiver Satz: 'Jüngste' = Subjekt (M)
-16 transitiver Satz: 'Speise' = Patiens (E)
'Jüngste' = Agens (Pronomen)
-17 intransitiver Satz: 'Jüngste' = Subjekt (E)
-18 transitiver Satz: folgender Satz = 'Patiens'
'Jüngste' = Agens (E)
-19 intransitiver Satz: 'junger Herr' = Subjekt (M) Objektsatz

Diese drei Passagen demonstrieren stellvertretend eine Reihe von strukturellen Regelmäßigkeiten, die im ganzen Text der Geschichte zu erkennen sind:
Eine Passage besteht aus verschiedenen aufeinander folgenden Turns, die von jeweils einer handelnden Person bestimmt sind, und die wir im folgenden 'Topik-Aktant' nennen wollen, ohne uns damit allzusehr auf die "topic"-Definition von Chafe und Li/Thompson festzulegen.[35]
Der jeweilige Topik-Aktant wird zu Beginn (d.h. im ersten Satz) eines Turns namentlich aufgeführt:

(30) -1, -3, -5, -6, -8

(31) -1, -4, -9

(32) -1, -2(?), -4, -5, -8, -14, -15

Für den ganzen Rest des Turns steht der Topik-Aktant in der NP-Ellipse, d.h. es wird syntaktisch (im Prädikat) auf ihn verwiesen, ohne ihn lexikalisch zu manifestieren.
Die namentliche Nennung des Topik-Aktanten geschieht in folgender Weise:

a) als Nominalphrase in der Position des Subjekts eines intransitiven Satzes:

(30) -1, -5

(31) -1, -4

---

35 Chafe (1976) und Li/Thompson (1976) definieren "*topic*" als eine bestimmte syntaktische Position bzw. grammatische Form. Die Sätze (30)-8, (31)-9 und (32)-15 des vorliegenden Textes sind Topics im Sinne der beiden zitierten Arbeiten.

(32) -1, -5, -8

b) als Nominalphrase in der Position des Patiens eines Passivsatzes:

(30) -3, -6

c) als Nominalphrase in der Position des Dativ-Objektes eines Passivsatzes:

(32) -14

d) als Nominalphrase in der Position des Agens eines Passivsatzes:

(32) -2, -4

e) als selbständiger Topik-Satz, der aus einer NP und einem deiktischen Suffix besteht, der das Satzende markiert:

(30) -8

(31) -9

(32) -15

Bei den unter e) aufgeführten Konstruktionen handelt es sich um Topik-Konstruktionen im engeren Sinn, wie sie von Li/Thompson für die sogenannten "*topic-prominent languages*" definiert wurden.

Satz (32)-2 verhält sich als einziger abweichend von der Regel, da durch ihn der Turn von (32)-1 nicht abgebrochen wird: im folgenden (32)-3 wird, durch die Parallelität der Konstruktion verdeutlicht, elliptisch wieder auf den Topik-Aktanten von (32)-1 referiert.

Die bisherigen Ausführungen betrafen die Folge von Hauptsätzen innerhalb eines Turns. Eine Reihe von Verben erlaubt den Einschub von abhängigen Nebensätzen, u.z.:

Objektsätze (nach <u>il</u>- 'sehen, daß...', <u>uˀb</u>- 'hören, daß...'

(31) -11, -14

(32) -19

Finalsätze (nach <u>bin</u>- 'gehen, um zu..', <u>tàs</u>- 'bringen, um zu...

(31) -4, -6, -12

(32) -8, -17

Diese Nebensätze besitzen ihre eigene Aktantenstruktur. In ihnen kann ein neuer Aktant namentlich eingeführt werden (in den zitierten Beispielen trifft dies nur für Objektsätze zu), ohne daß damit die Referenz der folgenden Hauptsätze auf den Topik-Aktanten des z.Z. gültigen Turns geändert wird:

(31) -11 zu -12; -15 zu -16

Eine weitere strukturelle Regelmäßigkeit betrifft die unterschiedliche syntaktische Einbettung des Topik-Aktanten bei den den Turn eröffnenden und bei den den Turn weiterführenden Sätzen. Während der Topik-Aktant in den turn-eröffnenden Sätzen entweder als Subjekt eines rezessiven oder als Patiens eines Passivsatzes namentlich auftritt (von wenigen Ausnahmen, (32)-2, -4, -14, abgesehen), tritt er in den turn-weiterführenden Sätzen immer als elliptisches Subjekt eines intransitiven Satzes, oder als elliptischer Agens eines transitiven Satzes auf, niemals aber als Patiens (elliptisch oder manifest) eines transitiven Satzes. Aus diesem Grund können die Patiens-Positionen der weiterführenden Sätze mit Nominalphrasen besetzt werden, die nicht in diskursgrammatischer Konkurrenz zum Topik-Aktanten stehen:

(30) -11 <u>ǥ'òn</u> 'Gewehr'

(31) -1 <u>haʔ</u> 'Wasser'

-13 <u>hoʔ</u> 'Kopf'

(32) -10 <u>nuʔkul</u> 'Geschirr'

Es soll nicht verschwiegen werden, daß es sich bei den hier aufgezählten Elementen um unbelebte "Objekte" handelt, während die Topik-Aktanten immer belebt sind. Wir können daher nicht entscheiden, ob die diskursgrammatische Sonderstellung der aufgezählten Elemente semantischer oder syntaktischer Art ist.

Wie die Sätze (31) -5 bis -8 zeigen, können bei diesen 'Objekten' (Unbelebtes in Patiens-Stellung) auch Unter-Turns aufgebaut werden, die mit dem jeweiligen, auf einem belebten Aktanten aufgebauten Haupt-Turn nicht interferieren.

Ich möchte aus der hier vorliegenden Analyse folgende allgemeine Regel ableiten, die in yukatekischen Texten, trotz der häufigen Verwendung von Ellipsen, die Beziehungen zwischen syntaktisch angezeigten Aktanten und Elementen des Semantischen Pools eindeutig regelt:

1. Turneröffnende Sätze sind im allgemeinen einwertig (rezessiv oder passiv) konstruiert. Es tritt in diesen Sätzen ein Aktant namentlich auf (d.h. durch NP-Manifestation), der für die Dauer des Turns als Topik-Aktant gilt.

2. In den turn-fortführenden Sätzen tritt der Topik-Aktant nicht mehr namentlich auf. Turn-weiterführende Sätze können alle möglichen Rektionstypen vertreten. Sind sie rezessiv oder antipassiv, referiert ihr Subjekt elliptisch auf den Topik-Aktanten. Sind sie aktiv konstruiert, referiert ihr Agens elliptisch auf den Topik-Aktanten. Ihre Patiens-Position ist entweder durch eine NP besetzt (meist mit dem Merkmal [unbelebt]) oder sie referiert elliptisch auf die letzte NP-Manifestation in Patiens-Position.

Es wurde hiermit eine strukturelle Regelmäßigkeit beschrieben, die an dem hier in Teilen vorgestellten Text einer traditionellen mythischen Erzählung deutlich zu erkennen ist. Weitere Arbeiten an anderen Formen yukatekischer Sprachäußerungen müssen zeigen, ob sich die hier vorgestellten Ergebnisse verallgemeinern lassen.

Literatur

Blair, Robert Wallace. 1964. *Yucatec Maya Noun and Verb Morpho-Syntax*. Indiana University (Dissertation).

Bolinger, Dwight. 1977. *Pronouns and Repeated Nouns*. Bloomington, Indiana.

Bricker, Victoria Reiffler. 1981. The Source of the Ergative Split in Yucatec Maya. In: *Journal of Mayan Linguistics* 2,2. 83-127.

Chafe, Wallace L. 1976. Givenness, Contrastiveness, Definiteness, Subjects, Topics, and Point of View. In: *Subject and Topic*. Hrsg. von C.N. Li. 25-56.

Comrie, Bernard. 1978. Ergativity. In: *Syntactic Typology*. Hrsg. von W. Lehmann (Studies in the Phenomenology of Language). University of Texas Press. 329-394.

- 1981. *Language Universals and Linguistic Typology. Syntax and Morphology*. Oxford, Basil Blackwell.

Dixon, R.M.W. 1972. *The Dyirbal Language of North-Queensland*. (Cambridge Studies of Linguistics 9). Cambridge University Press.

- 1979. Ergativity. In: *Language* 55,1. 59-138.

Keenan, Edward L. 1976. *Anaphora and cross referencing systems*. Paper presented at the Typology and Field Work Workshop. Oswego, N.Y.

Keenan, Elinor Ochs; Schieffelin, Bambi. 1976. Topic as a Discourse Notion: A Study of Topic in the Conversation of Children and Adults. In: *Subject and Topic*. Hrsg. von C.N. Li. 335-384.

Li, Charles N.; Thompson, Sandra A. 1976. Subject and Topic: A New Typology of Language. In: *Subject and Topic*. Hrsg. von C.N. Li 457-490.

- 1979. Third-Person Pronouns and Zero-Anaphora in Chinese Discourse. In: *Syntax and Semantics* Vol. 12. Discourse and Syntax. Hrsg. von T. Givón. 311-335.

Thomas, Andrew L. 1979. Ellipsis: The Interplay of Sentence Structure and Context. In: *Lingua* 47. 43-68.

Vennemann, Theo. 1975. Topics, sentence accent, ellipsis: a proposal for their formal treatment. In: *Formal Semantics of Natural Languages*. Papers from a colloquium sponsored by the King's College Research Centre, Cambridge. Hrsg. von Edward Keenan. 313-328.

GRAMMATISCHE PRINZIPIEN SOGENANNTER ELLIPSEN UND EIN NEUES SYNTAXMODELL[1]

Walther Kindt
Universität Bielefeld

Dem Andenken an Thomas gewidmet. Nicht die Logik hat Löcher, sondern der Wissenschaftsbetrieb.

Der vorliegende Aufsatz macht den Versuch einer systematischen Auseinandersetzung mit dem Phänomen der sogenannten Ellipsen und geht in verschiedenen Aspekten über die bisherige grammatiktheoretische Darstellung hinaus. Erstens werde ich dafür argumentieren, daß dieses Phänomen einen autonomen und genuinen Untersuchungsgegenstand der Syntax bildet, der nicht mit dem pauschalen Hinweis auf eine Kontextgebundenheit beiseitegeschoben werden darf. Vielmehr ist eine genaue Klärung der Frage erforderlich, welche syntaktischen Beziehungen zwischen elliptischen Äußerungen und ihrer sprachlichen bzw. genereller: ihrer interaktiven Umgebung bestehen. Diese Position macht es zweitens notwendig, eine Explikation des intuitiven Ellipsenbegriffs zu geben, die nicht auf normativen Vollständigkeitskonzepten beruht, die weiterhin genügend allgemein ist, um die verschiedenen Ellipsenarten zu erfassen, und mit der schließlich elliptische gegen fragmentarische Äußerungen abgegrenzt werden können. Den dritten und schwierigsten Schritt bildet die systematische Modellentwicklung. Dafür muß zunächst ein Theorierahmen formuliert werden, in dem über Angemessenheit und Zweckmäßigkeit der beiden konkurrierenden Erklärungsansätze, des Aussparungs- und des Verknüpfungsansatzes, entschieden werden kann. Da diese Entscheidung für den zentralen Bereich von Ellipsen mit umgebungsabhängiger Bedeutung zugunsten des Verknüpfungsansatzes aus-

---

1 Für die kritische Diskussion einiger Auffassungen in Abschnitt 1 danke ich H.-J. Eikmeyer, R. Fiehler, M. Giesecke, G. Rickheit, H. Strohner, R. Weingarten. Besonders möchte ich mich aber bei H. Rieser, einem ständigen Gesprächspartner, für seine zahlreichen konstruktiven Hinweise bedanken.

fällt, führt der weitere Weg in Syntax-Neuland, und es beginnt ein langwieriges logisches Puzzlespiel mit sukzessiven Schritten der Modellkonstruktion, bei denen jeweils von bestimmten empirischen Erscheinungsformen der Ellipsenbildung Rückschlüsse auf die zugrunde liegende Verknüpfungsstruktur gezogen werden. Speziell die Phänomene der Bedeutungsübertragung und der grammatischen Inkongruenz legen die Einführung eines neuartigen Verknüpfungskonzepts nahe, dessen Erklärungspotential bei der nachfolgenden Behandlung verschiedener Ellipsenbildungsformen zunehmend konkretisiert werden kann. Am Ende entsteht zwar noch kein ganz vollständiges Bild zur Aufklärung des Ellipsenphänomens, aber der Entwurf eines Syntaxmodells, das den Weg hierfür vorzeichnet und in dem vielleicht auch die Behandlung anderer ungeklärter Phänomene der Syntax möglich ist.

1. Thesen zum Untersuchungsgegenstand

1.1 Was ist unter Ellipsen zu verstehen und wie kann man ihre semantische Wirkungsweise erklären? Diese Frage wird oft mit Informationen etwa der folgenden Art beantwortet (so z.B. in Lyons 1973 oder in Bartsch/Vennemann 1980). Eine Äußerung heißt elliptisch, wenn sie keinen vollständigen Satz bildet; als prototypischer Fall von Ellipsen gilt das Beispiel von Antwortäußerungen, die nicht als (vollständige) Aussagesätze formuliert sind. Elliptische Äußerungen sparen jeweils bestimmte zu vollständigen Sätzen gehörige Elemente aus, die bereits im Kontext gegeben sind; solche Äußerungen können also deshalb verstanden werden, weil man die fehlenden Informationselemente automatisch aus dem Kontext ergänzt. Diese Charakterisierung des Phänomenbereichs scheint auf den ersten Blick zwar einleuchtend und ausreichend zu sein; wenn man sich mit ihr begnügt, muß man aber mit zwei möglichen Nachteilen rechnen. Erstens wird in dieser Charakterisierung keine systematische Gegenstandsbestimmung vorgenommen, und so könnte die Fokussierung auf elliptische Äußerungen bzw. auf prototypische Beispiele davon für die Untersuchung des Ellipsenphänomens zu wenig allgemein und daher theoretisch unzweckmäßig sein. Zweitens enthält der skizzierte heuristische Erklärungsansatz möglicherweise bestimmte implizite theoretische Vorannahmen, die eine Modellierung behindern. Genau diese beiden Effekte sehe ich als eine wesentliche Ursache dafür an, daß es in der Linguistik bisher nicht gelungen bzw. dazu gekommen ist, die grammatischen Prinzipien, auf denen elliptische Äußerungen basieren, zu erkennen. Wenn diese Einschätzung richtig ist, dann muß es eine Aufgabe der künftigen Grammatikforschung sein, eine systematisch angelegte Charakterisierung und Modellierung des Phänomenbereichs "Ellipsen" vorzunehmen. Zur Bewältigung dieser Aufgabe möchte ich zunächst mit einigen Thesen beitragen, die teilweise auch Mängel bisheriger Behandlungsweisen und Auffassungen von Ellipsen aufzeigen sollen.

1.2 Wenn Wissenschaftler mit Hilfe einer Theorie ein zum Gegenstandsbereich gehöriges Phänomen nicht zufriedenstellend behandeln können, dann neigen sie - verständlicherweise - dazu, die Bedeutung des Phänomens herunterzuspielen und es von einer weiteren wissenschaftlichen Betrachtung auszuklammern. Zugleich wird diese Ausgrenzung häufig durch bestimmte stereotype Argumentationsstrategien legitimiert. Ähnliches ist - so meine ich - in der Linguistik mit dem Phänomen der Ellipse geschehen: einerseits konnte es aufgrund bestimmter Annahmen der zur Verfügung stehenden Grammatiktheorien nicht genau aufgeklärt werden, andererseits war es so auffällig und schon seit der Antike so gut bekannt, daß die Sprachwissenschaftler sich seines Aufklärungsanspruchs erwehren mußten.
Im vorliegenden Aufsatz geht es mir nicht um eine wissenschaftshistorische Nachzeichnung, d.h. ich will nicht rekonstruieren, welche Linguisten zum Thema "Ellipsen" welche Positionen vertreten und/oder welche Ausgrenzungsstrategien benutzt haben. Vielmehr soll in diesem Teilabschnitt nur gezeigt werden, daß es angesichts der empirischen Gegebenheiten unangemessen ist/wäre, das Ellipsenphänomen von der grammatiktheoretischen Modellierung auszunehmen.

Eine erste, besonders einfache Ausgrenzungsstrategie basiert darauf, daß man das betreffende problematische Phänomen als vernachlässigbaren Ausnahmefall darstellt, m.a.W. seine Behandlung wird als nicht notwendig/unwichtig deklariert. Für die Anwendung dieser Strategie bietet das Ellipsenphänomen durchaus eine Handhabe, denn auf den ersten Blick scheinen Ellipsen in vielen Kontexten überhaupt nicht oder nur selten vorzukommen. Bei einer Bewertung dieses ersten Anscheins ist jedoch Vorsicht geboten. Erstens ist die obige Vorkommensaussage zu relativieren auf den Bereich der üblicherweise als prototypisch betrachteten Fälle von Ellipsen.

Zweitens gilt die Aussage augenscheinlich eher für die geschriebene als für die gesprochene Sprache; wenn allerdings das häufigere Vorkommen von Ellipsen sogar oft als eines der Charakteristika mündlicher Kommunikation angesehen wird (vgl. etwa Schank/Schwitalla 1980), so muß auch bei einer Überprüfung dieser Einschätzung problematisiert werden, ob sie für den (erst noch zu bestimmenden) Gesamtbereich von Ellipsen korrekt ist oder nur für bestimmte, selektiv wahrgenommene Fälle. Drittens schließlich gibt es auch für die geschriebene Sprache bestimmte Kontexte, in denen Ellipsen evidentermaßen häufig vorkommen oder sogar den Regelfall bilden; als Textbeispiele können hierfür etwa genannt werden: Telegramme, Überschriften und bestimmte Arten literarischer Texte. Aufgrund der angeführten Argumente möchte ich folgende These aufstellen.

These 1:

> Ellipsen kommen insgesamt beurteilt nicht so selten vor, daß sie als Ausnahmefall oder Randphänomen gelten können.

Eine zweite Ausgrenzungsstrategie kann darin bestehen, daß mit normativen Überlegungen begründet wird, warum ein bestimmtes Phänomen nicht untersucht werden sollte (z.B. wegen der Gefahr eines möglichen Mißbrauchs der Untersuchungsergebnisse oder wegen einer unerwünschten sozialen Aufwertung des Phänomens durch Untersuchungen). Auf der Basis einer solchen Strategie würde die Untersuchung von Ellipsen eventuell mit der Begründung abgelehnt werden, daß dadurch unnötigerweise die Aufmerksamkeit auf das Vorkommen von Äußerungen gerichtet werde, die gegen die Explizitheits- und Vollständigkeitsnorm der Kommunikation verstoßen. Eine Ausklammerung des Ellipsenphänomens könnte aber auch aus einer konträren Motivation heraus normativ legitimiert werden, nämlich aufgrund der Befürchtung, daß die Vollständigkeitsnorm sozial stabilisiert wird, wenn sie als unproblematisierte Bedingung in die Definition von Ellipsen eingeht. Ich will an dieser Stelle nur gegen die erste Art der normativen Strategie argumentieren und die zweite später behandeln.

Wenn von einer gesellschaftlichen Instanz eine Kommunikationsnorm gesetzt und diese Norm in der Praxis nicht durchgängig befolgt wird, dann darf dies - unabhängig davon, ob es für die Norm gute Gründe gibt oder nicht - nicht dazu führen, daß die 'schlechte' Praxis von der linguistischen Betrachtung ausgeschlossen wird.

Im Gegenteil: die Nichtbefolgung der Norm könnte ihre Ursache darin haben, daß sie bestimmten Praxiserfordernissen nicht gerecht wird, und würde damit ein besonders interessantes Untersuchungsobjekt darstellen. Eine normativ legitimierte Ausklammerung von Untersuchungsgegenständen birgt generell die Gefahr in sich, daß Normen verabsolutiert und somit für Situationen postuliert werden, in denen sie nicht gelten und in denen ihre Geltung auch nicht angemessen wäre. Ich will dies an einem Beispiel verdeutlichen, das in etwas anderer Version W. Klein (Nijmegen) auf der DGfS-Tagung 1983 in Passau vorgetragen hat. Wenn man eine Bäckerei betritt und gerade hört, wie ein Gastarbeiter seinen Kaufwunsch *Ich zehn Brötchen* äußert, dann ist man eventuell geneigt, seine Formulierung als Beispiel für die defizitäre Ausdrucksweise von Gastarbeitern aufgrund mangelnder Beherrschung des Deutschen zu werten. Eine solche Bewertung ist aber zumindest dann vollkommen ungerechtfertigt, wenn sie ohne Berücksichtigung des zugrunde liegenden Kommunikationskontextes geschieht. Dies wird sofort für den Fall einsichtig, daß der Äußerung des Gastarbeiters ein Kaufwunsch seines Kollegen und eine Frage der Verkäuferin vorausgehen. K: *Ich möchte ein Weißbrot.* V: *Und Sie, was möchten Sie?* Die - zumindest in früheren Zeiten - für den Schulunterricht gesetzte Norm "Antworte in ganzen Sätzen!" auf die Situation unseres Beispiels übertragen zu wollen, wäre angesichts der gängigen Kommunikationspraxis geradezu lächerlich. Nach dem bisher Gesagten ist erstens eine Ausklammerung des Ellipsenphänomens selbst dann nicht berechtigt, wenn Ellipsen in bestimmten Kontexten gegen dort geltende Normen verstoßen sollten. Zweitens gibt es dafür keine Berechtigung, weil etwaige solche Verbotsnormen für Ellipsen in anderen Kontexten jedenfalls nicht gelten. Letzteres Argument führt zu einer Erweiterung der Frageperspektive in dem Sinne, daß überhaupt erst zu klären ist, in welchen Kontexten das Vorkommen von Ellipsen durch welche kommunikativen Normen/Anforderungen gefördert bzw. eingeschränkt wird. Schon im Zusammenhang mit der ersten These habe ich Bereiche genannt, in denen bestimmte Arten von Ellipsen häufig vorkommen; in Ergänzung dazu kann man sich vielleicht überlegen, welche kommunikativen Anforderungen es sind, die das Vorkommen von Ellipsen in diesen Bereichen jeweils zulässig oder sogar notwendig machen. Erwähnt sei hier schließlich, daß die Verwendung von elliptischen Formulierungen ein schon in der Rhetorik beschriebenes stilistisches Mittel darstellen kann und auch insofern schon in den Bereich der Untersuchung von Sprachkompetenz gehört.

These 2:

Ellipsen bilden ein Sprachphänomen, das nur relativ zu den jeweiligen Kommunikationsanforderungen in Vorkommenskontexten normativ bewertet werden darf; die Ergebnisse solcher Bewertungen können in keinem Fall die Nichtbehandlung des Phänomens legitimieren.

Eine dritte Ausgrenzungsstrategie betont die Aussichtslosigkeit der Untersuchung eines problematischen Phänomens: entweder wird sein Komplexitätsgrad als zu hoch hingestellt oder ihm wird das Merkmal der Irregularität angeheftet. Andeutungsweise macht Lyons (1973: 178) für den Fall der Ellipsen von dieser Strategie Gebrauch: obwohl er selbst die Formabhängigkeit elliptischer Äußerungen vom Kontext betont, zweifelt er an, ob diese Abhängigkeit regelhaft ist bzw. durch zusätzliche, die Grammatik ergänzende Regeln beschrieben werden kann. Gerade am üblicherweise betrachteten Beispiel der Frage-Antwort-Sequenzen wird jedoch m.E. deutlich, daß sehr genau determiniert ist, ob eine Äußerung als elliptische Antwortäußerung grammatisch zu einem Fragesatz paßt oder nicht. Aus diesem Grunde möchte ich gegen den Irregularitätsverdacht folgende These setzen (vgl. hierzu etwa auch die Position von Klein 1981).

These 3:

Ellipsen stellen ein sich regulär verhaltendes Phänomen dar.

Wenn eine "Diskreditierung" des problematischen Phänomens mit Hilfe der drei bisher genannten Strategien nicht vertretbar zu sein scheint, dann gibt es mindestens noch zwei andere Möglichkeiten, sich das Problem 'vom Halse zu schaffen'. Eine dieser Möglichkeiten besteht darin, daß man sich für die Aufklärung des Phänomens als unzuständig erklärt. Dies ist eine Position, die in der Linguistik gegenüber dem Ellipsenphänomen sehr häufig eingenommen wird/worden ist und die auch das Hauptargument in Lyons (1973) für die

Nichtbehandlung 'unvollständiger Sätze' bildet. Für das Beispiel der Antwortäußerung *Mit Peters, wenn er rechtzeitig kommt*, die auf die Frage *Mit wessen Wagen fahrt Ihr?* folgen kann, argumentiert Lyons, daß es sich bei dieser Äußerung nicht um einen Satz handele und daß sie daher auch nicht durch die Grammatik beschrieben werden müsse (178). Diese Argumentation ist jedoch selbst unter der Voraussetzung, daß man Grammatik und Satzgrammatik gleichsetzt (was sehr fragwürdig ist), leicht zu widerlegen. Die betreffende Äußerung kann nämlich auch als Konstituente eines Satzes vorkommen und muß folglich auch in der Satzgrammatik behandelt werden; dies zeigt der Beispielsatz *Wir fahren mit Karls Auto oder mit Peters, wenn er rechtzeitig kommt*. Allgemeiner kann man nachweisen, daß das im Fall von Frage-Antwort-Sequenzen unter der Rubrik "Ellipsen" eingeordnete Phänomen identisch mit dem Phänomen des Gapping ist, mit dem sich die Satzgrammatiker in jüngster Vergangenheit sogar sehr intensiv, wenn auch nicht mit letztem Erfolg auseinandergesetzt haben. Dieser Zusammenhang ist offensichtlich vielfach nicht erkannt bzw. nicht ausreichend reflektiert worden.

These 4:

Die Behandlung des Ellipsenphänomens ist eine zentrale Aufgabe auch von Satzgrammatiken.

Die Tatsache, daß Ellipsen in mündlicher wie schriftlicher Kommunikation häufig satzintern in Form von Gapping-Konstruktionen vorkommen, ergibt einen weiteren Beleg für These 1, überdies widerlegt bzw. relativiert sie in der oben schon angedeuteten Weise die Einschätzung, Ellipsen seien charakteristisch für gesprochene Sprache, und schließlich macht sie die Fragwürdigkeit z.B. solcher normativer Positionen deutlich, die sich gegen die Verwendung elliptischer/unvollständiger Antwortäußerungen, nicht aber gegen Gapping-Konstruktionen richten.

Wenn nun die Auseinandersetzung mit einem Phänomen unumgehbar zu sein scheint, gibt es schließlich noch eine Strategie der Vorwärtsverteidigung nach dem Motto "Ick bün all do" aus der Geschichte über den Wettlauf zwischen Hase und Igel; m.a.W. es wird behauptet, die gesuchte Problemlösung existiere bereits oder sei sehr leicht (evtl. unter Zurückführung auf andere, bereits bekannte Problemlösungen) erreichbar. Die Anwendung dieser Strategie hat im-

merhin weitgehend den konstruktiven Teil der bisherigen Ellipsendiskussion in der Linguistik bestimmt, indem z.B. als Problemlösung für die Behandlung elliptischer Antwortäußerungen vorgeschlagen wurde, solche Äußerungen auf vollständige Antwortsätze zurückzuführen. Diese Reduktionsidee zu vertreten, ist erstens wissenschaftstheoretisch legitim und zweitens kann sich dies konstruktiv auswirken, wenn damit nicht eine Ausklammerung des Ellipsenphänomens, sondern die Bemühung um eine explizite Modellierung durch Regelformulierungen verbunden ist. Trotzdem halte ich den Ansatz der Reduktionsmethode für verfehlt, sobald an Grammatiken höhere Erklärungsansprüche als die der schwachen Adäquatheit gestellt werden. Ich will diese Einschätzung mit zwei Argumenten präzisieren und begründen. Erstens sollte sich m.E. die Formulierung von Synthesegrammatiken möglichst an den Konstruktionsprinzipien von Sprachproduktion orientieren; diesbezüglich nehme ich aber an, daß Sprecher bei der Produktion elliptischer Äußerungen nicht so vorgehen, daß sie zunächst (gedanklich) einen vollständigen Satz konzipieren und anschließend kontextuell redundante Elemente dieses Satzes wieder tilgen. Zweitens halte ich es für zweckmäßig, wenn der genetische Stellenwert sprachlicher Einheiten in Grammatiken reflektiert wird; unter diesem Aspekt ist zu bedenken, daß elliptische Sprachformen möglicherweise zum Teil die primären Formen im Spracherwerb sind und daß sich die sogenannte grammatische Vollständigkeit erst aus erhöhten Formulierungsanforderungen ergibt.
Im Sinne dieser Argumente gehe ich davon aus, daß die als Ellipsen wahrgenommenen Sprachformen eine autonome Möglichkeit der Sprachproduktion bilden und daß sie in vielen Fällen mit den als vollständig eingeschätzten Formen gleichberechtigt sind.

These 5:

> Ellipsen stellen ein autonomes Phänomen der Sprachproduktion dar; deshalb sollte man versuchen, sie auf direktem Wege, und nicht als Ableitungen aus vollständigen Sprachformen zu modellieren.

1.3 Wenn man im Sinne der bisherigen Argumentation zu der Einschätzung kommt, daß das Ellipsenphänomen ein genuiner Untersuchungsgegenstand der Grammatiktheorie ist, steht man als nächstes vor der

Aufgabe, eine genauere Gegenstandsbestimmung vorzunehmen. Diese Bestimmung sollte sich am vorverständlichen Ellipsenbegriff orientieren, muß ihn aber zugleich so präzisieren, daß idealiter eindeutig entscheidbar ist, ob ein vorgegebenes sprachliches Objekt elliptisch ist oder nicht. Zur Annäherung an eine solche Gegenstandsbestimmung möchte ich wieder einige Thesen formulieren.

Auch ohne sich schon auf eine bestimmte Sprachtheorie festzulegen, im Rahmen derer der Ellipsenbegriff zu definieren ist, kann man in einem ersten Schritt fragen, auf die Elemente welcher sprachlichen Einheiten das Prädikat "elliptisch" anwendbar sein soll. Diese Frage vermag ich hier zwar nicht abschließend zu beantworten, aber zumindest muß man die Festlegung zurückweisen, die bei einer ausschließlichen Betrachtung des prototypischen Falls der elliptischen Antwortäußerung naheliegt, es sei die Einheit der eigenständigen Äußerung eines Sprechers (wie immer diese Einheit auch zu definieren sein möge), auf die die Anwendung des Prädikats "elliptisch" einzuschränken ist. Schon Schulgrammatiken kann man entnehmen, daß eine solche Einschränkung unangemessen wäre (vgl. etwa Hinze 1955: 43, 147): auch unselbständige Äußerungsteile haben eventuell als Ellipsen zu gelten, wenn sie zu einer Gapping-Konstruktion gehören; dies zeigt Hinze etwa am Beispiel *Am Waldrand rasteten wir und kochten ab*. Genau besehen scheint - zumindest bis zur Satzebene - kaum ein Sequenztyp von der Prädikation "elliptisch" ausgeschlossen zu sein und nicht einmal dialogische Sequenzen. Zur Plausibilisierung dieser Vermutung wollen wir einige Variationen eines bekannten Schnellsprechspruchs betrachten, mit dem politische Kommentatoren manchmal das Ratespiel über den Eintritt des bayerischen Ministerpräsidenten in die Bundesregierung formulieren.

(1) *Er kommt; ob er aber über Ober- oder Unterammergau kommt, das weiß man nicht.*

(2) *Er kommt; ob er aber über Ober- oder über Unterammergau kommt, das weiß man nicht.*

(3) *Er kommt; ob er aber über Ober- oder ob er aber über Unterammergau kommt, das weiß man nicht.*

(4) K1: *Auf welchem Weg kommt er?*
K2: *Über Unterammergau.*

(5) K1: *Er kommt am 30. Mai über Oberammergau?*
K2: *Ja, er kommt.*

(6) K1: *Er kommt.*
K2: *Ob aber*
K1: *über Ober-*
K2: *oder Unterammergau*
K1 und K2 im Chor: *das weiß man nicht.*

In (1) ist *Ober-* elliptisch zu nennen, in (2) *über Ober-*, in (3) *ob er aber über Ober-*, in (4) *über Unterammergau*, in (5) *Ja, er kommt* und schließlich in (6) die Sequenz: K2: *Ob aber* K1: *Über Ober-* K2: *oder Unterammergau.*

These 6:

Es scheint erforderlich zu sein, das Prädikat "elliptisch" für beliebige sprachliche Sequenzen zu definieren.

Eine bei der Definition von Prädikaten häufig auftretende Schwierigkeit besteht darin, daß aufgrund nur oberflächlicher Betrachtung ihre Eigenschaft, relational zu sein, übersehen wird. Für das zu definierende Prädikat "elliptisch" ist in diesem Sinne zu beachten, daß seine Anwendung auf sprachliche Sequenzen nur unter Bezugnahme auf Kontexte/Umgebungen sinnvoll ist. So gilt etwa die Sequenz *Über Unterammergau* in Beispiel (4) als elliptisch, nicht aber in (2) und (3). Ich will an dieser Stelle noch nicht auf die Frage eingehen, welches Umgebungskonzept für die Definition von "elliptisch" benötigt wird. Vielmehr wollen wir uns vorerst an dem Modellfall linear geordneter sprachlicher Umgebungen orientieren, der schon in strukturalistischen Grammatiktheorien betrachtet wurde. Umgebungen einer Sequenz S sollen in diesem Fall wie üblich in der Form USV notiert werden, wobei es allerdings zweckmäßig ist, S seinen Umgebungen stets als Element zuzurechnen.

These 7:

Das Prädikat "elliptisch" ist nur relativ zu Umgebungen von Sequenzen angemessen definierbar.

Die Bezugnahme auf Umgebungen reicht noch nicht hin. Dies kann man an folgendem Dialogbeispiel zwischen Schüler (S) und Lehrer (L) verdeutlichen.

S: *Wie hieß noch dieser Zar?*

L: *Peter! Warum paßt Du eigentlich immer so schlecht auf?*

Die Äußerung *Peter!* ist elliptisch, wenn man sie als Antwort auf die Frage von S wertet; demgegenüber kann sie als nichtelliptisch gelten, wenn man sie als Anrede des Schülers in dem Fall versteht, daß er den Namen *Peter* trägt. Es bedürfte hier einer längeren Erörterung darüber, welche Möglichkeiten für die Spezifikation einer zusätzlichen Argumentstelle des Prädikats "elliptisch" bestehen und welche dieser Möglichkeiten gegebenenfalls zu bevorzugen sind. Statt eine solche Diskussion zu führen, möchte ich nur einen mir als geeignet erscheinenden Lösungsvorschlag machen, der davon ausgeht, daß die Beurteilung einer Sequenz als elliptisch jeweils auf einer umgebungsabhängigen Formulierungserwartung beruht. Unter einer *Expansionserwartung* will ich eine (zweistellige) Relation verstehen, die Sequenzen des Typs UV expandierte Sequenzen des Typs UXV zuordnet. Mit Hilfe des Konzepts der Expansionserwartung kann als Oberbegriff von "elliptisch" zunächst das Prädikat "unvollständig" definiert werden.

Definition:

Die Sequenz S ist unvollständig in der Umgebung USV relativ zu der Expansionserwartung E genau dann, wenn USV keine E entsprechende Expansion von UV ist, wenn aber S Teil einer Sequenz S* mit der Eigenschaft ist, daß US*V als Expansion von UV der Erwartung E entspricht.

These 8:

Das Prädikat "elliptisch" sollte relativ zu umgebungsbezogenen Expansionserwartungen an Sequenzen definiert werden.

Die Bedeutung des Konzepts der Expansionserwartung will ich zunächst noch durch zwei Anmerkungen umreißen. Erstens ist die unterschiedliche Einstufung der Äußerung *Peter!* im obigen Dialogbeispiel jetzt folgendermaßen erklärbar: Diese Äußerung kann einerseits relativ zu der Erwartung beurteilt werden, daß auf einen Fragesatz ein Aussagesatz folgt, und andererseits relativ zu der Erwartung, daß vor einem Satz stets eine namentliche Anrede eingefügt werden darf. Zweitens wird nun vielleicht meine im Zusammenhang mit These 2 formulierte Auffassung leichter einsichtig, daß aus normativen Bewertungen des Vorkommens von Ellipsen keine Legitimation zur Nichtbehandlung des Phänomens abzuleiten ist: wenn das Prädikat "elliptisch" in expliziter Weise relativ zu Expansionserwartungen definiert wird, dann macht man sich durch die Untersuchung des Ellipsenphänomens nicht zum Komplizen dieser Erwartungen und es ist für die Theoriebildung gleichgültig, ob jemand bzw. wer eine derartige Erwartung hat und ob sie gegebenenfalls gesellschaftlich legitimierbar ist.

Unser Definitionsproblem reduziert sich jetzt auf die Frage, durch welche Art von Expansionserwartungen die Bewertung einer Sequenz als elliptisch bestimmt ist/sein soll. Um einer Beantwortung dieser Frage näher zu kommen, soll die Eigenschaft der Elliptizität im folgenden schrittweise gegen andere Arten der Unvollständigkeit abgegrenzt werden.

Wenn man nur den Fall der elliptischen Antwortäußerung behandelt, könnte man glauben, die für das Urteil "elliptisch" einschlägige Expansionserwartung sei pragmatisch begründet, also etwa durch die Norm "Antworte in ganzen Sätzen!". Wir haben aber bereits gesehen, daß als elliptische Antwortäußerungen fungierende Sequenzen auch satzintern in Gapping-Konstruktionen vorkommen. In diesem Vorkommenskontext werden sie jedoch nicht als in pragmatischer Hinsicht unvollständig gewertet. Folglich scheinen die entscheidenden Gründe für die Expansionserwartungen bei Ellipsen nicht auf pragmatischer Ebene zu liegen. Genauer gesagt habe ich eben versucht zu begründen, daß Sequenzen, die in einer Umgebung als elliptisch gelten, dort nicht notwendigerweise auch pragmatisch unvollständig sind. Es gilt aber auch die Umkehrung: Eine in einer bestimmten Umgebung pragmatisch unvollständige Sequenz muß dort nicht elliptisch sein (so darf man nach der sogenannten politischen Wende in der BRD doch wohl erwarten, daß die Sekretärin wieder ein *Bitte* einfügt, wenn sie zum Ordinarius sagt *Holen Sie nochmal das Manuskript, Herr Schmidt*).

These 9:

Für die Einstufung einer Sequenz als elliptisch in einer Umgebung stellt es weder eine notwendige noch eine hinreichende Bedingung dar, daß die Sequenz dort pragmatisch unvollständig ist, d.h. unvollständig relativ zu einer Expansionserwartung, deren Geltung über pragmatische Sachverhalte begründet wird (für das Argumentationsziel dieses Abschnitts ist eine genauere Klärung des Pragmatikbegriffs nicht erforderlich).

In analoger Weise wie für These 9 kann eine Abgrenzung gegen semantische Unvollständigkeit erreicht werden. Wiederum erweckt die Betrachtung elliptischer Antwortäußerungen zunächst den Anschein, als bilde die semantische Unvollständigkeit eine notwendige Bedingung für Elliptizität. Diese Vermutung ist jedoch in zweifacher Hinsicht falsch. Wenn wir wieder das Beispiel von Lyons (1973: 178) *Mit wessen Wagen fahrt Ihr? Mit Peters, wenn er rechtzeitig kommt.* nehmen, dann kann zwar die Antwortäußerung in der nur durch sie selbst gebildeten Umgebung als semantisch unvollständig gewertet werden, nämlich in dem Sinne, daß sie für sich genommen nicht als Aussage verstehbar ist. Erstens gilt dies nicht generell, wenn auch Äußerungen wie *Oma gut angekommen* als elliptisch eingeschätzt werden. Zweitens kann oder muß im Beispiel von Lyons für das Urteil "elliptisch" auf die von Frage und Antwort gemeinsam gebildete Umgebung Bezug genommen werden; in dieser erweiterten Umgebung ist die Antwortäußerung sogar als semantisch vollständig einstufbar. Auf die Bedeutung letzteren Sachverhalts werde ich später zurückkommen.

Umgekehrt bildet semantische Unvollständigkeit meiner Auffassung nach auch keine hinreichende Bedingung für Elliptizität. Diese Auffassung ist an Beispielen beleg- bzw. diskutierbar, bei denen die betrachtete Umgebung einer Sequenz spezifische Informationserwartungen an sie aufbaut. In diesem Sinne würde ich den Äußerungsteil *er trinkt* in dem Satz *Hans ißt Torte und er trinkt* (zumindest bei einer bestimmten Lesart) als semantisch unvollständig, nicht aber als elliptisch einstufen; und dieselbe Bewertung würde ich für *Er hat Eis gekauft* in der Umgebung *Für wen hat Reinhard was gekauft? Er hat Eis gekauft.* vornehmen. Das intuitive

Vorverständnis von "elliptisch" ist zugegebenermaßen nicht so gut faßbar, daß man über die Richtigkeit meiner Abgrenzungseinschätzungen ganz eindeutig entscheiden könnte. Trotzdem würde ich aus forschungsstrategischen Gründen das Prädikat "elliptisch" in keinem Fall so definieren, daß die beiden zuletzt genannten Beispiele darunter zu subsumieren wären. M.E. handelt es sich bei diesen Beispielen um ein qualitativ anderes Phänomen, das schon aus Gründen theoretischer Zweckmäßigkeit nicht mit dem durch die bisherigen Beispiele angedeuteten Phänomen vermischt werden sollte; dabei ist die Andersartigkeit schon daran erkennbar, daß der in 1.1 zitierte heuristische Erklärungsansatz "Fehlende Informationselemente aus dem Kontext ergänzen" für die beiden Beispiele nicht gilt.

These 10:

> Für die Einstufung einer Sequenz als elliptisch in einer Umgebung stellt es weder eine notwendige, noch eine hinreichende Bedingung dar, daß die Sequenz dort semantisch unvollständig ist, d.h. unvollständig relativ zu einer semantisch begründeten Expansionserwartung.

Es liegt nahe, in einem dritten Schritt zu prüfen, welches Verhältnis zwischen syntaktischer Unvollständigkeit und Elliptizität besteht. Dabei ist schon intuitiv erwartbar, daß elliptische Sequenzen auch syntaktisch unvollständig sind. Frühere Zweifel, ob mit dieser Feststellung nicht eine unzulässige normative Position bezogen wird, können wir jetzt leicht ausräumen; dabei hilft uns die Relativierung auf Expansionserwartungen. Wir wollen den Beispielsatz *Peter schenkt Veronika Blumen und Jan Regina eine Schallplatte* näher betrachten. Die Sequenz *Jan Regina eine Schallplatte* ist in der Umgebung des gesamten Satzes elliptisch (ebenso wie sie dies in Verbindung mit *Wer schenkt wem was?* wäre); dabei ist die zugrunde liegende Expansionserwartung rein syntaktisch definierbar: diese Erwartung besagt, daß auf eine Sequenz bestehend aus einem Satz und einer parataktischen Konjunktion wie *und* wieder ein Satz folgt. Verallgemeinernd kann man hieraus die Einsicht gewinnen, daß die für elliptische und syntaktisch unvollständige Sequenzen als Beurteilungsgrundlage dienenden Expansionserwartungen jeweils auf syntaktische Regeln zurückführbar sind. Wenn nun eine Sequenz relativ zu einer syntaktischen Regel als syntaktisch unvollständig oder elliptisch eingestuft wird, weil sie nicht vollkommen dem Ergebnis der betreffenden Regelanwendung entspricht, dann bedeutet dies allerdings nicht, daß die Sequenz absolut gesehen unvollständig ist; es wäre ja denkbar, daß es noch eine andere Regel gibt, relativ zu der die Sequenz ordnungsgemäß gebildet ist. So gewendet taucht bereits an dieser Stelle der Verdacht auf, daß der Bezeichnung "elliptisch" ein Wahrnehmungsproblem der Grammatiktheoretiker zugrunde liegt, die das Ellipsenphänomen auf der Basis ihrer Regelkenntnisse nur als abweichend erkennen bzw. negativ und deshalb nicht als autonome Formulierungsmöglichkeit begreifen konnten. Was nun die andere logische Richtung anbetrifft, so ist nicht jede syntaktisch unvollständige Sequenz auch elliptisch; d.h. insgesamt ergibt sich, daß syntaktische Unvollständigkeit und Elliptizität nicht miteinander identifiziert werden können. *Ronald schenkt Nancy Rosen und in Bonn* gibt eine syntaktisch unvollständige Zustandsbeschreibung und speziell ist auch *in Bonn* unvollständig in ihr; es handelt sich dabei aber nicht um eine Ellipse.

These 11:

> Für die Einstufung einer Sequenz als elliptisch in einer Umgebung stellt es eine notwendige, aber keine hinreichende Bedingung dar, daß die Sequenz dort syntaktisch unvollständig ist.

Bei unseren Explikationsbemühungen sind wir jetzt an einem Punkt angelangt, wo es nur noch darum geht, im Bereich der syntaktisch unvollständigen Sequenzen die elliptischen von den nichtelliptischen Sequenzen zu trennen. Um dieses Ziel zu erreichen, wollen wir nach möglichen Unterschieden zwischen elliptischen und fragmentarischen Sequenzen fragen. Nach meinem intuitiven Verständnis fallen elliptische Sequenzen nicht unter die Kategorie "fragmentarisch" und daher möchte ich versuchen, die gewünschte positive Bestimmung von "elliptisch" wieder durch negative Abgrenzung, nämlich gegenüber "fragmentarisch", zu gewinnen. Konkreter gesagt frage ich, aus welchen Gründen Äußerungen/Sequenzen in Texten fragmentarisch sind bzw. bleiben.

Im Dialog kommt es nicht selten vor, daß die Äußerung eines Sprechers von einem anderen Gesprächspartner fortgeführt und erst dadurch zu einem Satz vervollständigt wird. Eine derartige Äußerung kann insofern fragmentarisch genannt werden, als der Anspruch/ die Vorstellung besteht, daß jeder Redebeitrag eines Sprechers aus Sätzen besteht bzw. daß syntaktische Regeln nicht über Sprecherwechsel hinweg operieren. Eine Syntax, in der solche Annahmen gemacht werden, halte ich zwar nicht für empirisch adäquat, gleichwohl ist hier eine zur Abgrenzung von "elliptisch" erforderliche Bedingung erkennbar: Grundlage für die Verwendung elliptischer Formulierungen ist nicht, daß sie an anderer Stelle syntaktisch vervollständigt werden.

These 12:

> Die Bedingung, daß eine in einer Umgebung syntaktisch unvollständige Sequenz dort noch selbst vervollständigt wird, ist weder notwendig noch hinreichend für ihre Elliptizität.

Als Dialogbeispiel, das beide Richtungen von These 12 belegt, kommt mir gerade in den Sinn:

A: *Welcher Minister wird seiner Affäre wegen entlassen?*
B: *Keiner. Sie sind alle so tüchtig, daß sie*
A: *Sie meinen wohl, unentbehrlich sind.*
B: *Ja.*

Ein etwas anderer Fall fragmentarischer Äußerungen liegt vor, wenn ein Sprecher z.B. aufgrund von Formulierungsschwierigkeiten oder der Unterbrechung durch einen Gesprächspartner seine ursprüngliche Äußerungsabsicht aufgibt und diese auch nicht interaktiv realisiert wird. Auch in diesem Fall ist es wichtig, an die Relativität der Einstufung solcher Äußerungen als syntaktisch unvollständig zu erinnern; denn für die Entwicklung einer empirisch angemessenen Dialogsyntax muß man in Rechnung stellen, daß auch abgebrochene Äußerungen regelhaft gebildet und insofern syntaktisch vollständig sein können, als sie durch typische Abschlußsignale (z.B. leiser werdende Stimme) beendet werden. Für unsere Abgrenzungsdiskussion darf aber festgestellt werden, daß die Verwendung von elliptischen Formulierungen nicht mit der Aufgabe ursprünglicher Äußerungsabsichten zusammenhängt.

These 13:

Die Bedingung, daß durch eine in einer Umgebung syntaktisch unvollständige Sequenz ein ursprünglich vorhandenes Äußerungsziel nicht realisiert wird, ist weder notwendig noch hinreichend für ihre Elliptizität.

Um Belege für These 13 zu erbringen, lasse ich den Dialog im Beispiel zu These 12 folgendermaßen weitergehen:

A: *Aber unentbehrlich doch nur deshalb, weil der Kanzler Angst davor hat, daß bei einer Kabinettsumbildung naja ist ja auch egal. Jedenfalls weiß man jetzt, was von der geistig moralischen Erneuerung zu halten ist.*

Ein dritter Typ fragmentarischer Äußerungen, den ich hier diskutieren will, zeichnet sich dadurch aus, daß bei den betreffenden Äußerungen zwar möglicherweise eine ursprüngliche Planung ihrer syntaktischen Realisierung aufgegeben wird, daß aber schon die fragmentarische Formulierung ausreicht, um die gewünschte Äußerungsbedeutung für die Kommunikationspartner verstehbar zu machen bzw. um die mit der Äußerung intendierte kommunikative Funktion zu erreichen. Wenn etwa der obige fragmentarische Äußerungsteil *daß bei einer Kabinettsumbildung* um das Wort *Strauß* verlängert wird, dann wäre für den Beobachter der gegenwärtigen politischen Szene in der BRD schon klar, was A sagen will (*daß bei einer Kabinettsumbildung Strauß nicht mehr als Minister zu umgehen ist*). Obschon im Prinzip zu berücksichtigen ist, daß je nach Vollständigkeitsgrad einer fragmentarischen Äußerung und je nach Kontextwissen von Kommunikationsteilnehmern auch die intendierte Äußerungsbedeutung unterschiedlich gut inferierbar ist, will ich für diesen dritten Typ idealisierend die Eigenschaft der semantischen Vollständigkeit als konstitutiv annehmen. Semantische Vollständigkeit haben wir aber oben schon als notwendige Bedingung für Elliptizität postuliert; insofern stellt sich sofort die Frage, ob noch eine Abgrenzung zwischen Ellipsen und fragmentarischen Sequenzen dritten Typs möglich ist. Meine diesbezügliche Abgrenzungsthese will ich allerdings nicht mit Hilfe der Bedingung der semantischen Vollständigkeit formulieren, weil wir für die Ebene der Semantik nicht in gleicher Weise wie für die Syntax konkretisieren werden, wodurch Expansionserwartungen bestimmt sind.

These 14:

Die Bedingung, daß eine in einer Umgebung syntaktisch unvollständige Sequenz dort dieselbe Bedeutung wie mindestens eine ihrer möglichen Vervollständigungen hat, ist zwar notwendig, aber nicht hinreichend für ihre Elliptizität.

Die Notwendigkeit der angegebenen Bedingung, die in ähnlicher Form auch von Admoni (1972: 246) und Steinitz (1981: 143) postuliert wird, dürfte bereits genügend plausibel sein; daß sie aber nicht hinreichend ist, zeigen in besonders eindeutiger Weise fragmentarische Äußerungen, zu denen es wie z.B. bei Sprichwörtern standardisierte Fortsetzungen gibt:

Was man nicht im Kopf hat, hat man in

Ein Belegbeispiel ohne standardisierte Fortsetzung ist:

Werner weiß manchmal selbst nicht, was er will. Zuerst leiht er Maria das Buch nur, dann schenkt

In diesem Beispiel wird für den fragmentarischen Teil *dann schenkt* mit bestimmten Mitteln der kontextuellen Interpretationssteuerung m.E. die Bedeutung von *dann schenkt er es ihr* suggeriert.

Die letzten drei Thesen haben zwar in dem Sinne nur negative Resultate erbracht, daß bestimmte Bedingungen als für Elliptizität hinreichend ausgeschlossen werden; zugleich wird damit aber unsere Kriteriensuche auf die Frage zugespitzt, welcher linguistischen Beschreibungsebene die zusätzlich erforderlichen Bedingungen angehören müssen, und es verstärkt sich vielleicht die Tendenz, nach geeigneten syntaktischen Kriterien zu fahnden.

These 15:

Ob eine in einer Umgebung syntaktisch unvollständige Sequenz elliptisch ist oder nicht, muß neben der Bedingung in These 14 von einem syntaktischen Kriterium abhängig sein.

Wenn wir noch einmal das zuletzt angeführte Beispiel betrachten, dann fällt einerseits auf, daß für die vollständige Sequenz *dann schenkt er es ihr* in der gewählten Umgebung keine elliptische Version existiert. Andererseits führt ein bloßer Tempuswechsel im Beispiel zu einer total veränderten Situation. Der zweite Teilsatz von

> *Zuerst hat Werner Maria das Buch nur geliehen, dann hat er es ihr geschenkt.*

besitzt vier elliptische Versionen: *dann geschenkt/ dann ihr geschenkt/ dann ihr es geschenkt/ dann es ihr geschenkt*. Speziell die Version *dann geschenkt* ist semantisch gesehen vergleichbar mit der fragmentarischen Version *dann schenkt* im Ausgangsbeispiel, d.h. beide Versionen machen im Prinzip dasselbe Informationsangebot; dies gilt allgemeiner auch für ihre Umgebungen. Darüber hinaus kann ausgeschlossen werden, daß der inhaltliche Aspekt des gewählten Tempus für die unterschiedliche Einstufung von *dann schenkt* und *dann geschenkt* verantwortlich ist: auch Präsens-Konstruktionen lassen natürlich elliptische Formulierungen zu (z.B. in *Zuerst leiht, dann schenkt er Maria das Buch.*). Der Einstufungsunterschied kann auch nicht durch die lexikalische Realisierung bedingt sein (*Am Vormittag kauft die Frau ihrem Sohn eine Schallplatte, am Nachmittag gibt*). Infolgedessen sehe ich nur die Möglichkeit, daß das Verhältnis zwischen der syntaktischen Struktur einer Sequenz und der ihrer Umgebung über die Prädikation "elliptisch" entscheidet; dabei spielt offensichtlich die Reihenfolge der Äußerungskonstituenten eine maßgebliche Rolle, nicht jedoch die Satztypen, wie man angesichts der üblichen Frage-Antwort-Beispiele für Ellipsen denken könnte (vgl. *Zuerst hat er Maria das Buch nur geliehen? Ja, dann geschenkt.* vs. *Zuerst leiht er Maria das Buch nur? Ja, dann schenkt* oder *Zuerst hat er Maria das Buch nur geliehen. Dann geschenkt?* vs. *Zuerst leiht er Maria das Buch nur. Dann schenkt?*).

Nach dem zuletzt Gesagten wird vielleicht schon deutlich, wohin die Suche nach dem in These 15 postulierten syntaktischen Kriterium führt: elliptische Sequenzen konstituieren spezifische syntaktische Konstruktionen und sie sind erst dann syntaktisch charakterisierbar, wenn man die ihnen zugrunde liegenden Regeln aufgefunden hat. Als Sprachbenutzer beherrschen wir diese Regeln zwar, gleichwohl sind wir nicht ohne weiteres in der Lage, sie explizit sprachlich zu formulieren. Deshalb kann ihre Bestimmung erst das

Resultat linguistischer Untersuchungen sein und nicht an deren Anfang stehen. Andererseits haben wir hier ständig intuitiv darüber geurteilt, ob vorgegebene Sequenzen elliptisch sind oder nicht; m.a.W. es wird deutlich, daß es neben der 'internen' Bestimmung von Elliptizität durch Zurückführung auf Regeln eine weitere Charakterisierungsmöglichkeit mit Hilfe von 'Außenkriterien' gibt. Die klassische grammatiktheoretische Parallele zu dieser Situation besteht darin, daß der Satzbegriff einerseits intern jeweils durch eine Grammatik charakterisiert wird und daß die Grammatik andererseits nur dann empirisch überprüfbar wird, wenn man über einen grammatikextern definierten Satzbegriff verfügt. Gerade an den zuletzt diskutierten Beispielen kann man sich klarmachen, welches bisher nicht explizit reflektierte Außenkriterium für die intuitiven Urteile über Elliptizität herangezogen wurde: daß *Zuerst hat er Maria das Buch nur geliehen, dann geschenkt* als elliptisch, *Zuerst leiht er Maria das Buch nur, dann schenkt* demgegenüber aber als fragmentarisch eingestuft wurde, hängt offensichtlich mit dem Kriterium der sogenannten grammatischen Akzeptabilität zusammen. Ich kann hier nicht das sehr schwierige Problem einer 'sauberen' empirischen Interpretation dieses Kriteriums behandeln und daher muß für das Folgende eine kurze Charakterisierung meiner Position zu diesem Problem genügen. Erstens bin ich davon überzeugt, daß man ohne ein solches Kriterium Grammatiktheorie nicht als empirische Theorie betreiben kann; dementsprechend glaube ich zweitens, daß es eine geeignete empirische Interpretation dieses Kriteriums gibt. Drittens - und dies ist für den vorliegenden Zusammenhang wichtig - reicht auch die intuitive Interpretation dieses Kriteriums offensichtlich für viele, nämlich die 'klaren' Fälle aus, um elliptische und fragmentarische Sequenzen zu diskriminieren. Viertens deutet letzteres Argument für die Konkretisierung des zweiten an, daß das Problem der Definition von "grammatisch akzeptabel" (ebenso wie von "elliptisch") nicht im Rahmen klassisch wissenschaftstheoretischer Vorstellungen lösbar ist, in denen die Aktivitäten von Definition und Theoriebildung als vollkommen unabhängig voneinander gedacht werden (die Unangemessenheit dieser Vorstellungen habe ich bereits für andere linguistische Gegenstandsbereiche zu konkretisieren versucht; vgl. Kindt/Wirrer 1976; 1978; Kindt 1980a; b).

Wir haben uns jetzt also die Testfrage nach dem Stellenwert des Kriteriums "grammatische Akzeptabilität" vorzulegen. Zunächst ist anzumerken, daß wir im Gegensatz zur bisherigen linguistischen Praxis für unsere Zwecke auch (scheinbar, s.u.) satzübergreifende Grammatikalitätsurteile benötigen: beispielsweise sollte *Was hat Hans gegessen? Fünf Stück Torte.* als grammatisch akzeptabel bewertet werden, nicht aber *Was hat Hans gegessen? Fünf Stück Torte hat.* (der geschilderte Sachverhalt ist natürlich in keinem Fall akzeptabel). Desweiteren dürfte klar sein, daß grammatische Akzeptabilität eine notwendige Bedingung für Elliptizität darstellt, wir müssen jedoch noch prüfen, ob sie eventuell (zusammen mit der syntaktischen Unvollständigkeit) schon hinreichend ist. Das Ergebnis einer solchen Prüfung fällt negativ aus: *Reinhard aber übertrifft Hans diesmal noch* beispielsweise ist einerseits satzgrammatisch akzeptabel und zugleich ist in diesem Satz die Verbalphrase *übertrifft Hans diesmal noch* syntaktisch unvollständig, nämlich relativ zu der Expansionserwartung, die durch die syntaktisch zulässige Ergänzungsfrage *Um wieviel?* definiert ist (und die dem erschrockenen Beobachter der Geburtstagsfeier wohl zugebilligt werden darf); andererseits ist die Verbalphrase nicht elliptisch. Zu guter Letzt kann ich nur noch als Resultat meiner Explikationsbemühungen mitteilen, was durch alle betrachteten Beispiele gestützt wurde und wofür ich bisher kein Gegenbeispiel fand.

These 16:

> Eine angemessene Explikation des intuitiven Ellipsenbegriffs ist durch folgende Definition gegeben. Eine nicht-leere Sequenz S ist in der Umgebung USV elliptisch relativ zu der Expansionserwartung E genau dann, wenn erstens S in USV relativ zu E syntaktisch unvollständig ist, wenn zweitens USV grammatisch akzeptabel ist und wenn drittens S in USV dieselbe Bedeutung hat wie mindestens eine der E entsprechenden Vervollständigungen von S.

1.4 Die eben vorgeschlagene Definition enthält Konzepte, die noch auszuformulieren sind. Dies sollte so geschehen, daß die weitere Theoriebildung möglichst erleichtert und nicht unnötig eingeschränkt wird. Auf der anderen Seite ist es zweckmäßig, Vorüberlegungen über die Richtung eines geeigneten Erklärungsansatzes für das Ellipsenphänomen anzustellen, bevor die systematische Untersuchung beginnt.

Die Umgebungsbezogenheit des Prädikats "elliptisch" wurde bisher nur für den Fall sprachlicher Umgebungen eingeführt. Daß diese Einschränkung für eine allgemeine Ellipsentheorie nicht angemessen ist, zeigen insbesondere Gespräche, die innerhalb von Interaktionen mit starken Anteilen simultaner praktischer Tätigkeiten stattfinden (vgl. hierzu etwa die Transkriptionen von Fiehler 1980). Für das schon zweimal verwendete Geburtstagsfeier-Beispiel kann man sich etwa eine Situation vorstellen, in der ein Gast nach dem ersten prüfenden Bissen von der Geburtstagstorte äußert *Mm schmeckt wirklich sehr gut*, obwohl über die Torte vorher noch nicht explizit gesprochen wurde. Im Prinzip scheint kein Typ von Objekten, die in einer Kommunikationssituation relevant sein können (physikalische Gegenstände, Personen, Aktionen, mentale Objekte etc.), davon ausschließbar zu sein, als Umgebungselement Elliptizitätsurteile zu bedingen. Die hiermit aufgeworfene Frage nach Ontologie und Struktur von Umgebungen im allgemeinen Fall will ich jetzt allerdings nicht weiter verfolgen, abgesehen von dem Hinweis, daß auch die üblicherweise unterstellte Annahme/Idealisierung der linearen Geordnetheit von Umgebungen nicht übernommen werden kann. Insofern halte ich es für zweckmäßig, vorläufig ein möglichst generelles und somit strukturschwaches Umgebungskonzept zugrunde zu legen. Ein derartiges Konzept ist in der mathematischen Topologie entwickelt worden (vgl. etwa Schubert 1974) und hieran sollte man sich orientieren.

These 17:

> In einer allgemeinen Ellipsentheorie wird ein Umgebungskonzept benötigt, das auch den Fall nicht linear geordneter Umgebungen mit nonverbalen Elementen zuläßt.

Mit der Einführung der Umgebungsbezogenheit von "elliptisch" in 1.3 habe ich bereits eine Einschränkung vorgenommen, die noch zu legitimieren ist. Nach meinem Verständnis der Begriffe "Kontext" und "Umgebung" ist der erste der allgemeinere und genauer gesagt repräsentieren Umgebungen jeweils einen speziellen Anteil von Kontexten, den ich "lokalen Kontext" nenne. In diesem Sinne ist zu fragen, ob das Prädikat "elliptisch" nicht genereller kontextbezogen definiert werden muß. Diese Frage würde ich verneinen, ohne damit schon eine Vorentscheidung darüber treffen zu wollen, bis zu welcher Reichweite genau Umgebungseinflüsse Elliptizität zulassen. Daß diese Reichweite aber sehr gering ist, können Beispiele wie das folgende verdeutlichen:

> *Jan hat ein Buch geschrieben, das die Ergebnisse einer empirischen Untersuchung über das Interpretationsverhalten von Schülern bei literarischen Texten darstellt, und gerade erschienen ist. Rüdiger einen Aufsatz, der in diesem Band veröffentlicht wird.*

These 18:

> Die Einschränkung der Betrachtung auf umgebungs- statt kontextbezogene Elliptizitätsurteile bringt keinen Verlust an Allgemeinheit, weil die Reichweite von Kontexteinflüssen für die Bildung von Ellipsen nur sehr klein ist.

These 18 macht eine Verallgemeinerung der Definition in These 16 erforderlich, weil dort eine Bedingung über die grammatische Akzeptabilität von Umgebungen formuliert ist, Grammatikalitätsurteile aber nur für sprachliche Umgebungen gefällt werden können. In dieser Situation bieten sich zwei Möglichkeiten an. Entweder verallgemeinert man das Konzept der grammatischen Akzeptabilität zu einem generellen Akzeptabilitätskonzept, das auch über nonverbalen Objekten definiert ist. Oder man führt ein umgebungsbezogenes Konzept der grammatischen Akzeptabilität ein und modifiziert die zweite Definitionsbedingung in These 16 zu der Forderung, daß die betreffende Sequenz S in der Umgebung USV grammatisch akzeptabel ist. Von diesen beiden Möglichkeiten erscheint mir die zweite als naheliegendere und sie entspricht im Fall sprachlicher Umgebungen auch der informellen Praxis, daß man Teile von Äußerungen gegebenenfalls als grammatisch falsch/inakzeptabel bezeichnet (z.B.: in

Wer hat Dich das gesagt? ist die Verwendung von *Dich* falsch).

These 19:

> Für die Formulierung einer allgemeinen Ellipsentheorie ist es zweckmäßig, ein umgebungsbezogenes Konzept von grammatischer Akzeptabilität einzuführen.

Bisher habe ich kein Wort über meine Vorstellungen gesagt, welcher Typ von Syntaxmodell für die Behandlung des Ellipsenphänomens geeignet ist. Auf diese Frage werde ich ausführlich in Abschnitt 2 eingehen. Im Augenblick kann ich dazu nur eine Suchperspektive formulieren. Als drittes, zentrales Element der Definition von "elliptisch" kommt das Konzept der Expansionserwartung vor. Wenn man die Entwicklung von Theorien unter funktionalem Aspekt beurteilt, dann ist bei der Untersuchung eines neuen Phänomens zu überlegen, wie eine möglichst einfache Theorie zur Modellierung des Phänomens aussehen könnte; und erst in einem zweiten Schritt sollte geprüft werden, ob die Entwicklung einer solchen Theorie durch die Einbeziehung schon vorhandener Theorien erleichtert wird. In diesem Sinne möchte ich als Anspruch an das gesuchte Syntaxmodell vorerst nur formulieren, daß es möglichst allgemeine und einfache Regeln enthält, die eine umgebungsbezogene Expansion sprachlicher Sequenzen beschreiben.

Auch ohne daß man sich schon auf einen bestimmten Typ von Syntaxmodell festgelegt hat, lassen sich Aussagen über die mögliche Richtung geeigneter Erklärungsansätze für das Ellipsenphänomen machen. Hierzu will ich zunächst noch einmal einige Annahmen aus den bisherigen Thesen zusammenfassen. Ich gehe davon aus, daß Ellipsen nach bestimmten, in traditionellen Grammatiken nicht beschriebenen Regeln gebildet werden; ihre Charakterisierung als Aussparungsphänomen beruht auf einem Wahrnehmungsproblem, das dadurch entsteht, daß sie an den sprachlichen Resultaten der Anwendung von anderen Regeln gemessen werden. Insofern ist auch die Angemessenheit der Vorgehensweise zu bezweifeln, das Ellipsenphänomen unter Zurückführung auf diese Regeln zu erklären. Ein Zusammenhang zwischen den von mir vermuteten eigenständigen Ellipsenregeln und den als Wahrnehmungsgrundlage dienenden Regeln besteht nur insoweit, als die Anwendungsresultate in beiden Fällen semantisch übereinstimmen können. Wenn man nicht die in der generativen Grammatik häufig vertretene Zielvorstellung teilt, daß bedeutungsgleiche Sätze aus denselben Grundstrukturen her abgeleitet werden müssen, dann gibt es (vorerst) keinen Grund, Ellipsen nicht als autonomes syntaktisches Phänomen zu behandeln.

Welche Eigenschaften die gesuchten Regeln haben könnten, will ich im folgenden am Beispiel der W-Fragen diskutieren. Als erstes möchte ich den Aspekt der Einheitenbildung behandeln und komme dabei zu einem überraschenden Ergebnis. Ich unterstelle, daß es eine allgemeine syntaktische Regel gibt, die etwa den Übergang von *Wer hat Angst vor Virginia Woolf?* und *Der Professor* zu *Wer hat Angst vor Virginia Woolf? Der Professor.* beschreibt. Welcher sprachlichen Einheit gehört die Sequenz bestehend aus Fragesatz und elliptischer Antwort aber an? Zur Klärung dieser Frage muß ich etwas ausholen.

Die Auffassung vieler Linguisten zum Problem einer Satzdefinition gibt z.B. Hundsnurscher (1980: 212) mit den Worten wieder: "In der modernen Linguistik wird der Satz als Explicandum einer Syntaxtheorie aufgefaßt, so daß sich Satzdefinitionen mit Allgemeingültigkeitsanspruch erübrigen; stattdessen werden orientierende Begriffsbestimmungen angeboten". Wie oben schon dargestellt, schließe ich mich dieser Position nicht an, weil man mit ihr unnötigerweise den empirischen Erklärungsanspruch von Grammatiken aufgibt bzw. reduziert. In Erweiterung einer Formulierung von Heringer (1970: 42) kann in erster Näherung definiert werden: Der Satz ist die kleinste selbständige sprachliche Einheit, d.h. daß deren Vertreter in Texten frei vorkommen können. Dabei ist die Bedingung des freien Vorkommens durch das Verfahren der Teilung von Texten und der Permutation der Textteile überprüfbar. Zumindest reicht diese Definition aus, um plausibel zu machen, daß unser Beispiel der Frage-Antwort-Sequenz entgegen allen durch traditionelle Grammatiken geprägten Vorstellungen als Satz eingestuft werden kann. Einerseits ist nämlich leicht einsehbar, daß es Texte gibt, in denen diese Sequenz frei vorkommt; andererseits ist diese Sequenz aber nicht so aufteilbar, daß die dabei entstehenden Teile vertauscht werden dürfen.

These 20:

Im Sinne der angegebenen Satzdefinition sind Sequenzen,

die aus einer W-Frage und einer elliptischen Antwort bestehen, als Sätze zu kategorisieren; beispielsweise ist *Wer hat das gesagt? Ich.* ein Satz.

Die Aussage von These 20 verliert ein wenig von ihrer Merkwürdigkeit, wenn man bedenkt, daß die Anfügung einer elliptischen Antwort an einen Fragesatz mit anderen Arten von Satzergänzungen formal gesehen durchaus vergleichbar ist. Zum einen besteht eine Analogie zu der Begründung dafür, daß beispielsweise *Sie schreibt den Brief mit der Schreibmaschine.* ein Satz ist. Zum anderen können für den letzten Schritt der Herleitung in gleicher Weise Satzexpansionsregeln des Typs S → SX (S wird expandiert zu SX) zugrunde gelegt werden, wobei allerdings mit jeweils spezifischen Nebenbedingungen zu den Regeln zu rechnen ist. Worin liegt nun die Spezifik der Expansion von W-Fragen durch elliptische Antworten? Wir wollen hier nur den Fall betrachten, daß der Fragesatz genau ein Fragewort enthält und die elliptische Antwort gerade aus einer zum Fragewort bzw. zur dadurch eingeleiteten Fragekonstituente korrespondierenden Phrase (Nominalphrase im gleichen Kasus, adverbiale Bestimmung/Präpositionalphrase) besteht. Eine Expansionsregel für diesen Fall hat folgendes Format:

UFV → $UFVP^F$;

Dabei wird mit F "Fragekonstituente" und mit P^F "zur Fragekonstituente korrespondierende Phrase" symbolisiert. Wenn man die Anwendungsbedingungen der Regel genau formuliert, dann sind drei bemerkenswerte Punkte zu konstatieren. Zum einen ist die Wahl von P^F ausschließlich durch die Wahl von F bedingt, nicht aber durch andere Umgebungselemente von F. Zum anderen denkt man zunächst nur an die Anwendung der Regel für den Fall, daß UFV ein Satz ist. Dies wäre jedoch eine unnötige Einschränkung, wie das folgende Beispiel zeigt.

W: *Ich fahre morgen auf die DGfS-Tagung nach Passau.*
H: *Und wer wird Deine Blumen?*
W: *Anna.*

Schließlich will ich auf den Umstand aufmerksam machen, daß P^F und F sequentiell nicht (unmittelbar) benachbart sind, falls V nicht leer ist. Aus den drei Punkten ist m.E. folgende grammatiktheoretische Konsequenz zu ziehen. Für die Erklärung des Ellipsenphänomens benötigt man eine Grammatik mit zwei Arten syntaktischer Beziehungen, deren Unterscheidung nicht immer genügend grammatisches Gewicht beigemessen wurde: einerseits gibt es die Beziehung der Verknüpfung von sprachlichen Elementen bzw. der Anknüpfung jeweils eines Elements an ein vorhergehendes, andererseits die Beziehung der Plazierung von miteinander verknüpften Elementen (eine systematische Unterscheidung dieser beiden Beziehungen findet man z.B. bei Engel 1982). Zwar spielt in natürlichen Sprachen das Prinzip der sequentiell benachbarten Plazierungen eine dominante Rolle. Solange die Entfernungen aber nicht zu groß werden, können Sprachbenutzer auch nicht benachbarte Plazierungen verarbeiten; dabei wird die Erkennung solcher Plazierungen durch bestimmte Indikatoren determiniert oder erleichtert (als entsprechende 'Konnexionsmittel' nennt Brettschneider (1978: 55) morphosyntaktische und intonatorische Markierungen sowie Plazierungskonventionen). Als Beispiele für die Realisierung sequentiell nicht benachbarter Plazierungen will ich hier neben dem Phänomenbereich "Ellipsen" die Bereiche "diskontinuierliche Konstituenten" und "Repair" nennen (eine ausführlichere Diskussion folgt später).

These 21:

> Um das Ellipsenphänomen zu erklären, ist es zweckmäßig, mindestens zwei Arten von syntaktischen Beziehungen vorzusehen, die der Verknüpfung und die der Plazierung.

Mit der exemplarischen Diskussion von Frage-Antwort-Sequenzen haben wir eine Spezialisierung vorgenommen, die angesichts von These 17 wieder aufzuheben ist. Wenn im Allgemeinfall auch Umgebungen betrachtet werden müssen, die nonverbale Elemente enthalten, dann liegt die Vermutung nahe, daß die Beziehungen der Verknüpfung und Plazierung auf die nichtsprachlichen Bereiche zu erweitern sind. Für die Behandlung von Ellipsen ist insbesondere der Fall von Belang, daß verbale Elemente an nonverbale angeknüpft oder relativ zu solchen plaziert werden. Ich will zwei Beispiele geben, die diese Annahme plausibel machen:

> Rolf führt das gefüllte Schnapsglas an seine Nase und sagt: *Riecht gut.*

M: *Sie brauchen nur den Nippel durch die Lasche ziehen.*
P: *Wann?*

M zeigt auf die rotierende Spule des Aufnahmegeräts im Studio und sagt nach kurzer Zeit:
M: *Jetzt.*

Aus derartigen Beispielen kann man noch prinzipieller die Konsequenz ziehen, daß eine allgemeine Ellipsentheorie zweckmäßigerweise innerhalb eines interaktionstheoretischen Rahmens zu formulieren ist, weil Verknüpfung und Plazierung wahrscheinlich Operationen sind, die durch generelle Interaktionsprinzipien geregelt werden. Diese Diskussionsperspektive will ich aber im vorliegenden Aufsatz nicht weiter verfolgen.

These 22:

In einer allgemeinen Ellipsentheorie muß der Fall berücksichtigt werden, daß verbale Elemente an nonverbale angeknüpft werden oder in einer bestimmten Plazierungsrelation zu ihnen stehen.

2. Grundideen für ein neues Syntaxmodell und die Behandlung einiger Ellipsenbildungsformen

2.1 Systematische Modellkonstruktionen bedürfen eines geeigneten, genügend allgemeinen Theorierahmens, um die anstehenden Entscheidungen über Modelleigenschaften in logisch kontrollierter Weise fällen zu können. In diesem Sinne möchte ich jetzt eine Idee skizzieren, die mich seit langem beschäftigt, nämlich die Idee, linguistische Theorien explizit spieltheoretisch zu formulieren. Eine solche Formulierung liegt insbesondere aus zwei Gründen nahe. Erstens ist die Spieltheorie neben der Logik eine Disziplin, die zentrale theoretische Konzepte der Linguistik wie das der Regel und das der Strategie mit mathematischen Methoden präzisiert und erfolgreich untersucht hat. Zweitens bin ich speziell der Meinung, daß erst über den Versuch einer spieltheoretischen Modellierung von Kommunikation/Interaktion eine systematische Diskussion darüber möglich wird, mit welchen Regeltypen die empirischen Daten der Linguistik jeweils am natürlichsten bzw. am einfachsten zu erfassen sind. Nun ist die Idee, das Spielkonzept als Modellvorstellung für die Sprachtheorie zu verwenden, keineswegs neu; vielmehr verbindet sie sich mit großen Namen wie de Saussure, Wittgenstein oder Searle und zweifellos hat die Diskussion dieser Modellvorstellung einen starken Einfluß auf Theoriebildungen der Linguistik ausgeübt. Um so erstaunlicher ist es, daß es m.W. bisher keine Auseinandersetzung mit dieser Modellvorstellung gibt, die dem logischen Standard entspricht, der angesichts des heutigen Entwicklungsstands der Spieltheorie erwartbar wäre. Dies gilt auch für die jüngste, mir hierzu bekannte Erörterung durch Finke (1983: 47f.).

Um überhaupt eine Diskussionsgrundlage zu haben, will ich in einem ersten Schritt eine Spieldefinition angeben, die gegenüber gängigen Darstellungen (vgl. etwa Berge 1957) gleich so verallgemeinert ist, daß bestimmte Gegebenheiten von Kommunikation (Unsymmetrie der Kommunikationsrollen, überlapptes Sprechen) erfaßt werden können. Danach besteht ein *Spiel* aus zwei Komponenten:

(i) einer Klasse von *Situationen*,

(ii) einer dreistelligen Relation R, *Spielregel* genannt, der zu entnehmen ist, ob die Überführung einer Situation S in eine Nachfolgesituation S' durch eine Person (einen Mitspieler) zulässig ist oder nicht (jede solche Überführung stellt einen Spielzug dar).

In der Spieltheorie werden meistens Spiele untersucht, die speziellere Eigenschaften haben, als in dieser Definition vorgesehen ist. So wird oft die Personenunabhängigkeit der prinzipiellen Zugmöglichkeiten angenommen, die Zahl der Mitspieler eingeschränkt und vor allem vorausgesetzt, daß in jeder Situation nur genau ein Spieler am Zuge ist; außerdem werden meistens bestimmte Anfangs- und Zielsituationen im Spiel ausgezeichnet sowie ein bestimmtes Gewinnkonzept zugrunde gelegt. Derartige Spezialisierungen sind aber für die Entwicklung des allgemeinen Begriffsinstrumentariums der Spieltheorie nicht erforderlich. Die Realisierung eines Spiels, d.h. seine praktische Durchführung, hat man sich folgendermaßen vorzustellen. Eine Partie des Spiels kann mit einer beliebigen bzw. einer der ausgezeichneten Anfangssituationen S_o beginnen. Die erste Argumentstelle von R besagt, wer unter den Mitspielern in S_o am Zuge ist. Wenn alle Mitspieler darauf verzichten, einen Zug zu machen (gegebenenfalls weil eine für sie wünschenswerte Zielsituation erreicht ist), oder wenn ihnen die Spielregel gar keinen Zug erlaubt, dann ist die Partie mit S_o bereits zu Ende. Anderenfalls wollen wir zunächst annehmen, daß genau ein Spieler von seinem Recht Gebrauch macht, einen Zug durchzuführen. Dies geschieht dann in der Weise, daß er eine nach der Spielregel für ihn zulässige Nachfolgesituation S_1 von S_o auswählt. Die weitere Fortsetzung der Partie gestaltet sich dann genauso, als wenn S_1 Anfangssituation wäre. Falls jedoch mehrere Mitspieler in S_o einen Zug machen und daraus nicht dieselbe Nachfolgesituation resultiert, entsteht ein 'Situationssplitting'. Derartige Splittings sind in der Kommunikation keine Seltenheit, oft gelingt es dort aber, die Verzweigungen zu einem späteren Zeitpunkt wieder zusammenzuführen. Prinzipiell gesehen wäre es natürlich möglich, daß ein Mitspieler gleichzeitig an der Fortführung unterschiedlicher Situationszweige mitwirkt oder diese sogar noch weiter aufspaltet. Von diesen beiden Möglichkeiten wird wohl nur die erste empirisch verwirklicht und dies allenfalls in Ausnahmefällen bzw. bei Vorliegen von Sonderbedingungen; insofern kann im Normalfall angenommen werden, daß die Zahl simultan bestehender Partienzweige höchstens so groß wie die Zahl der Mitspieler ist und daß jeder Mitspieler höchstens einen Weg in der Partie geht, wenn auch möglicherweise nacheinander auf unterschiedlichen Zweigen. Gleichwohl würde ich empirische Restriktionen dieser Art nicht als Bedingung in die Spieldefinition aufnehmen wollen. Die Fortführung einer Partie im Fall des Situationssplitting gestaltet sich dementsprechend so, daß jede daraus resultierende Situation in gleicher Weise wieder Ausgangspunkt für weitere, der Spielregel gemäße Züge werden kann; jeder daraus entstehende Partienzweig endet entweder durch Abbruch, d.h. durch Verzicht der Mitspieler auf Fortsetzung, oder deswegen, weil kein Mitspieler mehr einen Zug machen kann. Aussagen, die den Aspekt des Gewinnens bzw. Verlierens einer Partie verallgemeinern, lassen sich formulieren, wenn für einzelne Mitspieler oder Gruppen von ihnen Zielsituationen gegeben sind und überprüfbar ist, ob diese Situation durch Züge innerhalb der Partie bzw. an ihrem Ende erreicht wurden.

Der Nutzen einer Spieldefinition wie der hier vorgeschlagenen liegt für die Linguistik zunächst darin, daß damit eine theoretische Basis für die Präzisierung wichtiger linguistischer Begriffe wie z.B. Kontext, Strategie, Muster, konditionelle Relevanz gegeben ist, die in der Literatur in sehr unterschiedlicher und nicht ausreichend geklärter Weise verwendet werden. Diesen Aspekt will ich hier aber nicht weiter behandeln, sondern nach dem speziellen Nutzen der Spieldefinition für die Syntax fragen.

Erstens sind alle gängigen Typen von Grammatiken unter diese Definition subsumierbar. Ich will diese Behauptung allerdings nur für das Beispiel der Phrasenstrukturgrammatik nachweisen. Eine Phrasenstrukturgrammatik ist ein Einpersonenspiel, das über den endlichen, aus dem Vokabular gebildeten Symbolfolgen als Situationen operiert und für das als standardisierte Anfangssituation die eingliedrige Folge ausgezeichnet ist, die nur aus dem Start- oder Satzsymbol besteht. Die im Format X → YZ dargestellten Symbolersetzungsregeln können wie üblich interpretiert werden: Wenn in einer Situation (also einer Symbolfolge) das Symbol X vorkommt, darf man zu einer neuen Situation übergehen, die aus der alten dadurch entsteht, daß anstelle von X die beiden Glieder YZ eingefügt werden. Eine Symbolfolge bildet eine Endsituation, wenn sie ausschließlich terminale Symbole enthält. Der jeweilige Spieler (Sprecher) 'gewinnt' eine Partie des Spiels, falls er mit dem letzten Glied der Partie eine Endsituation erreicht, d.h. einen Satz gebildet hat.

Der zweite Punkt, an dem ich die Relevanz der vorgeschlagenen Spieldefinition für die Syntax verdeutlichen möchte, hängt damit zusammen, daß sie die systematische Suche nach einem geeigneten Typ von Syntaxmodell erleichtert, wenn jeweils bestimmte Beschreibungs- und Erklärungsansprüche vorgegeben sind. Ich will einige solcher Ansprüche formulieren und an deren Beispiel zugehörige Modellierungsentscheidungen demonstrieren. Wie wir bereits an anderer Stelle gesehen haben, muß in einer allgemeinen Syntaxtheorie der Fall berücksichtigt werden, daß die Bildung eines Satzes erst durch Kooperation mehrerer Beteiligter zustande kommt. Insofern liegt es nahe, Grammatiken als Mehrpersonenspiele anzusetzen. Dies ist allerdings nur erforderlich, wenn in der Syntax nicht von den unterschiedlichen Beteiligungsrollen abstrahiert werden kann. Eine solche Abstraktion ist für den Bereich der gesprochenen Sprache nicht angemessen, weil kooperativ gebildete Sätze typische Verknüpfungsstrukturen aufweisen (z.B.: der 1. Sprecher gibt mit Hil fe eines Verzögerungssignals Formulierungsschwierigkeiten zu erkennen, der 2. Sprecher ratifiziert diesen Vorschlag). Welchen Situationsbegriff soll man Grammatiken zugrunde legen? Die Antwort auf diese Frage kann z.B. maßgeblich durch die Forderung bedingt sein, daß die anvisierte Syntaxtheorie direkt an eine zugrunde liegende Kommunikationstheorie anschließbar ist und demzufolge deren Situationsbegriff bzw. eine geeignete Abschwächung von ihm übernehmen soll. Als eine Konkretisierung dieser Forderung könnte man die Bedingung formulieren, daß Syntaxmodelle dem Prinzip der stückweisen Bearbeitung sprachlicher Äußerungen in Produktion wie Rezeption Rechnung tragen: Der kommunikativ verursachte, syntaxrelevante Anteil einer Situation besteht gerade darin, daß bereits bestimmte Äußerungen/Äußerungsteile produziert wurden, an die bei Veränderung der Situation durch Produktion neuer Äußerungsteile angeknüpft wird. Bei der Wahl eines solchen Situationsbegriffs ist die allgemeine Form zugehöriger syntaktischer Produktionsregeln schon auf den Typ von Expansionsregeln festgelegt, den wir im vorigen Abschnitt diskutiert haben. Spielraum für Ausdifferenzierungen hat man jedoch einerseits noch hinsichtlich des Feinheitsgrades von Situationen (konstituiert schon jedes zusätzliche Wort eine neue Situation?) und andererseits hinsichtlich der Feinstruktur von Expansionsregeln (an welche Situationselemente knüpfen sie in welchen grammatischen Beziehungen an? etc.).

Exkurs

Ich möchte die Erörterung der Relevanzfrage durch einen kleinen wissenschaftshistorischen Exkurs ergänzen. Die Verwendung von Expansionsregeln im skizzierten Sinne ist für Grammatiken nichts Neues. So werden z.B. in der sogenannten Schulgrammatik 'sinnnotwendige' und 'sinnerweiternde' Satzergänzungen beschrieben (vgl. etwa Hinze 1955). Und aus dem Bereich der wissenschaftlichen Grammatik sind die von Chomsky verworfene finite state grammar und die in jüngster Zeit diskutierte ATN-Grammatik (vgl. Bates 1978) zu nennen. Für unseren Argumentationszusammenhang ist von Interesse, ob die Gründe, die zur

Konzipierung der Chomsky-Grammatik als Gegenmodell zur finite state grammar führten, durch eine etwaige mangelnde Eignung von Expansionsregeln bestimmt sind. Daß dies nicht der Fall ist und daß eine systematisch angelegte Diskussion über die Adäquatheit von Grammatikregeln zu einer Weiterentwicklung der finite state grammar hätte führen können, sollen die folgenden Überlegungen zeigen; dabei will ich mich auf die argumentative Darstellung in Bartsch et al.(1977) beziehen. Der für die betreffende Darstellung in Bartsch et al. wohl verantwortliche Autor Lenerz plausibilisiert unter Berufung auf Chomsky (1957) zunächst, daß es keine finite state grammar gibt, die gerade die Menge aller Symbolketten a^n b^n für natürliche Zahlen n aufzählt (1977: 94). Abschließend argumentiert Lenerz, daß es in natürlichen Sprachen aber Sätze vom Typ a^n b^n für beliebiges n gibt, nämlich z.B. Sätze der Art

Franz, Frida, Bertha und Paul... sind 1,57m, 1,73, 1,98m bzw. 1,45m groß.

Daraus zieht Lenerz den Schluß: "Ein Grammatik-Modell, das eine menschliche Sprache beschreibt, muß also ebenfalls g r u n d s ä t z l i c h in der Lage sein, solche Ketten von beliebiger Länge zu generieren. Da finite Automaten das nicht können, sind sie nicht als angemessene Grammatikmodelle für menschliche Sprachen anzusehen" (95). Gegen diese Argumentation und das Urteil, finite state-Grammatiken (auch finite Automaten genannt) seien als Grammatik-Modelle inadäquat, muß dreierlei eingewendet werden. Erstens ist der Stellenwert des genannten Typs von Beispielsätzen in natürlichen Sprachen für sich genommen nicht so groß, daß jede Grammatik als unbrauchbar gelten muß, die das Auftreten solcher Sätze nicht erklären kann, obwohl sie möglicherweise für viele andere sprachliche Phänomene gute und einfache Erklärungen bietet. M.a.W. ich halte es nicht für gerechtfertigt und für unökonomisch, theoretische Modelle aufgrund punktuellen Versagens bei relativ irrelevanten

Phänomenen grundsätzlich zu verwerfen.

Zweitens zeigt Lenerz selbst, daß finite Automaten definiert werden können, mit denen die Menge aller Symbolketten a^n b^n erzeugt werden kann, wenn n von 1 bis zu einer festgelegten oberen Schranke m läuft. Sofern Sätze vom Typ des Lenerzschen Beispiels überhaupt empirisch vorkommen, dann sicherlich nicht mit einem Wert n der etwa über 100 liegt. Es mag zwar aus Gründen der theoretischen Einfachheit zweckmäßig sein, Grammatiken zu konstruieren, die Sätze des Typs a^n b^n für beliebiges n erzeugen können; empirisch gesehen ist dies nicht erforderlich und dementsprechend legitimiert die Nichterfüllung dieser Bedingung durch ein Grammatikmodell nicht das Urteil seiner totalen Unangemessenheit.

Drittens schließlich kann man sich leicht davon überzeugen, daß ein sehr einfacher Schritt der Erweiterung von finite state-Grammatiken, nämlich die Einführung kontextabhängiger Regeln, eine Lösung des Problems ermöglicht. Zum Beweis wollen wir folgende Expansionsregeln betrachten:

(1)	O	→	a
(2)	Ua	→	Uaa
(3)	Ua	→	Uab
(4)	Ub	→	Ubb

Wenn man die Regel (4) durch die Bedingung einschränkt, daß die Anzahl von a in U kleiner ist als die Anzahl von b in Ub, hat man das gewünschte Resultat. Von daher gesehen ist es m.E. nicht legitim, die finite state-Grammatik als unangemessen zu bezeichnen, ohne ihr Erweiterungspotential überprüft bzw. angegeben zu haben. Zugleich wird damit eines der Argumente, mit dem die Vorzüge der Chomsky-Grammatik herausgestellt wurden, stark relativiert.

Genereller möchte ich an diesem wissenschaftstheoretischen Exkurs verdeutlichen, daß das oftmals in der Linguistik zu beobachtende 'Wegwerf-Verhalten' gegenüber Modellen unzweckmäßig weil unökonomisch ist und gegebenenfalls den bei systematischerer Vorgehensweise möglichen Wissenschaftsfortschritten behindert. Wenn ein theoretisches Modell, das sich für bestimmte Zwecke als brauchbar erwiesen hat, neu hinzukommenden Anforderungen nicht gewachsen ist, dann gibt es m.E. einerseits zunächst keinen Anlaß, das Modell im Rahmen seiner Möglichkeiten nicht weiter zu verwenden. Andererseits ist es aus praktischen und theoretischen Erwägungen heraus auch sinnvoll, die Möglichkeiten der Erweiterung des Modells hinsichtlich der neuen Anforderungen systematisch zu überprüfen.

2.2 Nach Darstellung des spieltheoretischen Rahmens und nach Diskussion seiner generellen Relevanz für die Syntax will ich mich wieder direkt dem Thema "Ellipsen" zuwenden. Aufgrund der Thesen in Abschnitt 1 gelange ich zu der festen Überzeugung, daß für das Ellipsenproblem eine weitgehend syntaktische Lösung gefunden werden kann. Wenn es nun aber evident ist, daß die bisher entwickelten Typen von wissenschaftlichen Grammatiken (trotz unbestreitbarer Leistungen) nicht ohne weiteres zu einer Aufklärung des Ellipsenphänomens taugen, dann muß systematisch nach geeigneten Modellerweiterungen oder einem neuen Syntaxmodell gesucht werden. Für diese Suche will ich einerseits auf den skizzierten spieltheoretischen Rahmen zurückgreifen und mir zunutze machen, daß sein Allgemeinheitsgrad eventuell in geringerem Maße zu voreiligen, einschränkenden theoretischen Festlegungen verleitet; andererseits werde ich versuchen, die spezifischen grammatischen Eigenschaften von Ellipsen als orientierende und selegierende Randbedingungen einzubringen. Bei einer solchen Vorgehensweise müßte es möglich sein, zumindest einige zentrale Eigenschaften des gesuchten Syntaxmodells theoretisch abzuleiten.

Im Sinne der Spieldefinition in 2.1 ist es für die Modellsuche erforderlich, eine Situationsklasse und eine Spielregel zu spezifizieren. Wie differenziert diese Spezifikationen angelegt werden, hängt davon ab, welche Beschreibungs- und Erklärungsansprüche wir an das Modell stellen. Zur Erleichterung der Modellierungsaufgabe möchte ich in Umkehrung der bisherigen Strategie einen kleinen und übersichtlichen Ausschnitt aus dem Phänomenbereich "Ellipsen" auswählen, in dem einerseits die vermuteten zentralen syntaktischen Eigenschaften von Ellipsen realisiert sind, in dem aber andererseits von möglichst vielen Problemen abstrahiert werden darf, die für das Verhalten von Ellipsen nicht ausschlaggebend sind, auch wenn ihre Behandlung für andere Zielsetzungen der Grammatik wichtig sein mögen. In diesem Sinne entscheide ich mich in einem ersten Schritt dafür, eine Produktionssyntax auf der Basis von Expansionsregeln im Sinne von 2.1 zu formulieren. Diese Entscheidung besagt nicht, daß ich etwa die Formulierung einer Rezeptionssyntax in anderen Zusammenhängen nicht für erforderlich oder die Verwendung anderer Regeltypen nicht für möglich hielte. Vielmehr geht es nur darum, daß die bisherigen Diskussionsergebnisse zum Ellipsenphänomen die Modellierungsperspektive einer Produktionssyntax mit Expansionsregeln als zweckmäßig für eine grammatisch autonome Rekonstruktion von Ellipsen nahelegen, weil z.B. die Verlängerung eines Satzes durch eine elliptische Sequenz als Prozeß der Anwendung eigenständiger syntaktischer Regeln rekonstruiert werden soll (vgl. hierzu die Diskussion um die Thesen 5, 11 und 20). Wenn damit ein theoretischer Ansatz gewählt wird, der sich grundlegend von dem Ansatz der derzeit dominierenden Grammatiktypen (Dependenz-, Kategorial-, Phrasenstruktur-, Transformationsgrammatik) unterscheidet, so ist gleichwohl nicht ausgeschlossen, daß das Erkenntnispotential dieser Grammatiken später noch ausgenutzt werden kann.

Wie ist nun der Expansionsbegriff genauer und genügend allgemein zu definieren? Situationen in einer Produktionssyntax werden insbesondere durch Äußerungen/Äußerungsteile konstituiert und Expansionen bestehen u.a. darin, daß neue Äußerungsanteile in bestimmten grammatischen Beziehungen an das bisherige Äußerungsprodukt angefügt werden. Insofern sind Situationen als spezifische Strukturen aufzufassen und Expansionen führen dementsprechend zu Strukturerweiterungen; m.a.W. eine Spielregel kann *Expansionsregel* genannt werden, wenn bei ihr Strukturen (Situationen) jeweils in erweiterte Strukturen überführt werden. Diese Definition ist auf der Basis des gängigen mathematischen/modelltheoretischen Strukturkonzepts präzisierbar (vgl. etwa Ebbinghaus et al. 1978: 161).

Ein geordnetes Paar S = <X,F> ist eine *Struktur* genau dann, wenn F eine Funktion ist, die jedem Element einer Indexmenge I eine ggf. mehrstellige Relation über X zuordnet. Eine Struktur S' = <X',F'> ist eine *Erweiterung/Expansion* der Struktur S = <X,F> genau dann, wenn X eine Teilmenge von X' ist, wenn die zu F gehörige Indexmenge I eine Teilmenge der zu F' gehörigen Indexmenge I' ist und wenn für jeden Index i der Indexmenge I gilt, daß die Einschränkung der Relation F'(i) auf X mit F(i) übereinstimmt.

In einem zweiten Schritt will ich verschiedene Einschränkungen des Untersuchungsbereichs legitimieren und die zugehörigen theoretischen Konsequenzen für die Modellierungsaufgabe angeben. Zunächst soll eine Beschränkung auf die Betrachtung monologischer Äußerungen vorgenommen werden, weil die relevanten Verhaltensweisen von Ellipsen offensichtlich unabhängig von der jeweiligen Äußerungsverteilung auf unterschiedliche Kommunikationspartner sind (Dialoge könnten vielfach auch das Resultat einer monologischen Äußerungsproduktion sein). Diese Einschränkung hat die Konsequenz, daß es genügt, ein Syntaxmodell vom Typ eines Einpersonenspiels zu formulieren. Eine weitere Einschränkung hat zum Ziel, die Bestandteile in Äußerungen wie auch sonst in der linguistischen Teil disziplin "Syntax" üblich als linear geordnet zu unterstellen (in der Verbandstheorie heißt diese Eigenschaft heute Ordnung; vgl. etwa Pracht 1980: 13). Diese Unterstellung ist aber nur unter der Voraussetzung berechtigt, daß man in der Syntax keine nonverbalen oder suprasegmentalen Elemente und ihre Beziehungen zu verbalen Elementen betrachtet. Gerade diese Voraussetzung haben wir für die Formulierung einer allgemeinen Ellipsentheorie in These 22 zurückgewiesen und ihre Angemessenheit wird auch durch die Überlegungen von Klein (1981) in Frage gestellt, der auf die besondere Rolle der Intonation für das Ellipsenphänomen hinweist. Trotzdem ist es in einer ersten Modellierungsphase zweckmäßig und legitim, von der Voraussetzung der linearen Geordnetheit Gebrauch zu machen bzw. den Untersuchungsbereich auf schriftliche Äußerungen einzuschränken: das Ellipsenphänomen existiert im Rahmen der geschriebenen Sprache offensichtlich unabhängig von den Einflußfaktoren der nonverbalen Umgebung und der Intonation, obschon letztere über den Weg des leisen Sprechens beim Schreiben oder Lesen indirekt eine wichtige Funktion als Strukturierungs-/Interpretationshilfe zur Desambiguierung mehrdeutiger Sequenzen haben kann.

Im Gegensatz zu den Möglichkeiten bei gesprochenen Äußerungen kommen im Fall geschriebener Äußerungen faktisch Expansionen vor, die das bisherige Äußerungsprodukt nicht am rechten Sequenzende verlängern, sondern einen inneren Äußerungsbestandteil expandieren (nachträglich eingefügte Einschübe). Auch von der Betrachtung solcher Äußerungen wollen wir absehen.

Als Fazit aus den bisherigen Schritten zur Modellkonkretisierung ergibt sich folgendes Bild. Situationen in dem anvisierten Syntaxmodell sind jeweils strukturierte Mengen, die aus sprachlichen Elementen (etwa Morphemen/Wörtern o.ä.) bestehen. Diese Situationen sollen im folgenden kurz *Äußerungsprodukte* heißen. Die interne Strukturierung von Äußerungsprodukten resultiert jeweils aus Anwendungen der für das Modell zugrunde zu legenden Spielregel. Die Einschränkung auf die Betrachtung monologischer Äußerungsprodukte erlaubt es, die Spielregel als zweistellige Relation zu formulieren, die für jedes Äußerungsprodukt gerade die regelkonformen Übergänge zu expandierten Äußerungsprodukten beschreibt. Aufgrund von These 21 kann man vorerst davon ausgehen, daß die Strukturierung von Äußerungsprodukten mit Hilfe von zwei Relationen formulierbar ist: die Elemente von Äußerungsprodukten sind einerseits in einer bestimmten Weise zueinander angeordnet und insgesamt ergibt sich daraus voraussetzungsgemäß jeweils eine lineare Ordnung; von dieser Anordnung ist andererseits der Sachverhalt zu unterscheiden, daß die Elemente in Äußerungsprodukten in einer noch zu spezifizierenden Weise miteinander grammatisch verknüpft sind. Die Annahme der linearen Ordnung in Äußerungsprodukten und der Ausschluß innerer Expansionen aus unserer Betrachtung führt schließlich dazu, daß jede Expansion einem der folgenden zwei Grundtypen angehört oder eine Komposition aus ihnen darstellt. Der eine Expansionstyp besteht in einer zusätzlichen grammatischen Verknüpfung zwischen Elementen in einem Äußerungsprodukt und der zweite Typ in der Rechtsverlängerung eines Äußerungsprodukts durch die (grammatisch unverknüpfte) Anfügung eines neuen Sprachelements.

2.3 Als nächstes möchte ich mich der Frage zuwenden, inwieweit der bisher skizzierte Modellierungsrahmen schon einen Ansatzpunkt für die Behandlung der Ellipsenbildung als autonomes grammatisches Phänomen liefert. Dazu will ich zunächst die Diskussion von Abschnitt 1 über Frage-Antwort-Sequenzen des Typs *Wer läuft? Reinhard.* weiterführen. Die dort vorgeschlagene Regelformulierung geht davon aus, daß bei der Expansion des Fragesatzes zu der Gesamtsequenz an die jeweilige Fragekonstituente eine korrespondierende Antwort-Nominalphrase geknüpft wird. Dieser Vorschlag setzt ein Syntaxmodell voraus, in dem sequentiell nicht (unmittelbar) benachbarte Plazierungen von grammatisch miteinander verknüpften Elementen zugelassen sind. M.a.W. bei der Expansion von Äußerungsprodukten darf auch an ein weiter zurückliegendes Äußerungselement angeknüpft werden; allerdings ist empirisch mit Einschränkungen dieser Möglichkeit zu rechnen, wenn die Entfernung zu groß wird. Unabhängig davon, wie mein Lösungsvorschlag zu bewerten ist, kann man dafür argumentieren, daß in einer Produktionssyntax mit Expansionsregeln grundsätzlich die Möglichkeit von Verknüpfungen mit nicht benachbarten Plazierungen vorgesehen sein sollte. Es gibt nämlich eine Reihe syntaktischer Konstruktionen, die offensichtlich von dieser Möglichkeit Gebrauch machen. Ich möchte drei Beispiele hierfür nennen. Diskontinuierliche Konstituenten: in *Karl-Heinz hörte erst nach drei Stunden auf* sind *hörte* und *auf* verknüpft. Nachtrag: in *er mußte mich unbedingt überholen, der blöde Kerl* sind *er* und *der blöde Kerl* verknüpft. Rückwärts gerichtete Reparatur (vgl. Schegloff 1979): in *Christian trat gestern in betrat gestern den Seminarraum und beschwerte sich* sind *Christian* und *betrat* verknüpft.

Über solche, nicht durchweg im Zentrum der Grammatikdiskussion stehenden Konstruktionen hinaus bildet die Realisierung des Prinzips nicht benachbarter Plazierungen sogar einen Standardfall, wenn die in der Dependenzgrammatik beschriebenen grammatischen Beziehungen (so etwa zwischen dem Verb und seinen Aktanten) als Verknüpfungen betrachtet werden: in diesem Fall muß z.B. *Torte* in *Hans aß gestern Torte* als nicht benachbart plaziert relativ zu *aß* gelten.

Bezogen auf die Diskussion meines Lösungsvorschlags wollte ich mit den eben genannten Beispielen plausibel machen, daß es natürlichen Sprachen zumindest nicht wesensfremd ist, wenn man als Alternative zum vorherrschenden Aussparungsansatz die Möglichkeit prüft, bestimmte Ellipsenformen als Rückanknüpfungen mit nicht benachbarter Plazierung zu erklären. Die Frage nach der Angemessenheit dieses Vorschlags soll jetzt aber systematischer behandelt werden.

Im Rahmen einer Produktionssyntax mit Expansionsregeln gibt es zur Erkärung von Sequenzen des Typs *Wer läuft? Reinhard.* zwei verschiedene Wege. Bei dem einen versucht man im Sinne der Aussparungsidee Bedingungen zu formulieren, unter denen es zulässig ist, die Anwendung bestimmter Regeln zu überspringen, die für die Formulierung syntaktisch vollständiger Sätze obligatorisch sind. Spieltheoretisch präzisiert hieße das für unser Sequenzbeispiel, daß einerseits die Expansion von *Wer läuft?* durch *Reinhard.* auf An wendung der Regel basiert, die im Anschluß an jede (gegebenenfalls noch leere) Folge von Sätzen den Beginn eines neuen Satzes mit der Formulierung einer Subjektsnominalphrase zuläßt, und daß andererseits *Wer läuft?* die Bedingungen erfüllt, unter denen *Reinhard.* bereits als Zielsituation "Satz" bzw. *Wer läuft? Reinhard.* als Zielsituation "Satzfolge" eingestuft werden darf, obwohl *Reinhard.* für sich genommen keinen Satz bildet. Bei diesem Erklärungsweg besteht die Aufgabe des Grammatikforschers also darin, die betreffenden Kontextbedingungen zu formulieren. Auf die Frage, welche Möglichkeiten es für die Formulierung solcher Bedingungen gibt, werde ich gleich noch eingehen. Was aber die grundsätzliche Einschätzung des Erklärungsansatzes nach der Aussparungsidee anbelangt, sind schon jetzt folgende zwei Punkte erkennbar. Einerseits wird erst bei einer spieltheoretischen Präzisierung dieses Ansatzes im Rahmen einer Produktionssyntax sein theoretischer Stellenwert für eine Behandlung des Ellipsenphänomens klar und insbesondere wird deutlich, welches Format die zur Erklärung benötigten Aussagen besitzen müssen. Andererseits leistet dieser Ansatz nicht das, was dem Interesse des Semantikers an einer Syntax für Ellipsen entsprechen würde: die ermittelten grammatischen Strukturen repräsentieren nicht explizit die (im nichtelliptischen Fall konstatierten) Beziehungen zwischen den Elementen einer Ellipse und den Elementen des Ausgesparten.

Der zweite Erklärungsweg unterscheidet sich dadurch grundsätzlich von dem ersten, daß statt nach oder zusätzlich zu Bedingungen zur Relativierung der Satzkategorie nach neuen Grammatikregeln gesucht wird, durch deren Anwendung Elemente der als elliptisch geltenden Sequenz mit Elementen ihrer Umgebung verknüpft werden. Dieser Weg läßt sich schon bei unserem sehr einfachen Sequenzbeispiel auf sehr verschiedene Weise realisieren und ich möchte hier folgende drei Versionen diskutieren. Entweder führt man zunächst die Expansion von *Wer läuft?* durch *Reinhard* wie bei der Aussparungslösung auf die Anwendung einer Regel für den Beginn eines neuen Satzes zurück, postuliert dann aber die Anwendung einer Regel, nach der *Reinhard* mit dem schon vorhandenen Verb *läuft* verknüpft wird, so daß insgesamt der Satz *Reinhard läuft.* bzw. die Satzfolge *Wer läuft? Reinhard läuft.* in einer nur verschachtelten Form entsteht. Oder aber man legitimiert die Expansion des Fragesatzes *Wer läuft?* durch *Reinhard* gleich durch eine rückbezügliche Verknüpfungsregel, bei deren Anwendung *Reinhard* an *Wer* - wie in Abschnitt 1 vorgeschlagen - oder an *läuft* anknüpft; in beiden Fällen müßte die entstandene Gesamtsequenz wieder als Satz eingestuft werden (d.h. die Satzkategorie würde hier erweitert und nicht kontextabhängig relativiert werden). Die für den zweiten Erklärungsweg skizzierten Realisierungsmöglichkeiten lassen sich jedoch - zumindest im Fall unseres Beispiels - auch in Bedingungen umformulieren, die für den ersten Weg gefordert wurden. Eine solche Formulierung könnte etwa folgendermaßen lauten: Wenn die im Anschluß an einen W-Fragesatz formulierte Subjektsnominalphrase zu dem betreffenden Fragewort korrespondiert, dann darf die Produktion einer Verbalphrase übersprungen werden bzw. dann gilt die Nominalphrase schon als kontextbedingte Kurzform eines Satzes. Und in ähnlicher Weise könnte man auch eine Bedingung formulieren, die auf das Vorkommen eines zur Subjektsnominalphrase passenden Verbs im Fragesatz rekurriert. Damit deutet sich an, daß auf dem Erklärungsniveau der schwachen Adäquatheit die beiden skizzierten Wege bezogen auf die Erklärung des obigen Beispiels trotz ihrer unterschiedlichen Perspektive gleichwertig sind und daß sie dort nur bei Hinzunahme weiterer Beurteilungskriterien voreinander ausgezeichnet werden können. Als ein zentrales derartiges Kriterium habe ich schon oben die Forderung genannt, daß Verknüpfungen zwischen den Elementen der Ellipse und den im Kontext gegebenen Elementen des Ausgesparten explizit modelliert werden. Dieses Kriterium erfüllt der Aussparungssatz nicht, aber es ist auch nicht klar, ob die darin enthaltene Unterstellung zutrifft, daß allen

Ellipsenformen entsprechende Verknüpfungen zugrunde liegen. Diese Unterstellung würde insbesondere dann nicht generell gelten, wenn es Ellipsenarten gäbe, bei denen das jeweils Ausgesparte überhaupt nicht im Kontext vorhanden ist. In diesem Argumentationszusammenhang werden wir an die Unterscheidung zweier Ellipsenarten durch Lyons (1973: 78) erinnert, die er an den Beispielen *Mit Peters, wenn er rechtzeitig kommt.* vs. *Got the tickets?* (als Kurzform von *Have you got the tickets?*) festmacht: letzteres Beispiel ist im Gegensatz zu ersterem ohne jede Umgebungsanbindung verstehbar, bedarf also keiner Verknüpfung mit Umgebungselementen. Allerdings muß man fragen, ob Satzkurzformen vom Typ des zweiten Beispiels noch elliptisch genannt werden sollen. Bei Voraussetzung der Ellipsendefinition aus These 16 hängt eine Beantwortung dieser Frage ab von der Einschätzung solcher Kurzformen als grammatisch akzeptabel. Die Entscheidung, auf diese Frage - ebenso wie Lyons - eine positive Antwort zu geben, wird uns dadurch erleichtert, daß wir das Konzept der grammatischen Akzeptabilität auf Umgebungen relativiert haben; es gibt nämlich bestimmte Kontexte/ Umgebungen, in denen die Verwendung derartiger Satzkurzformen zulässig oder üblich ist (so etwa in Telegrammen und Überschriften).

Aus den eben angestellten Überlegungen ist folgendes Fazit zu ziehen. Der Phänomenbereich "Ellipsen" ist in zwei Bereiche zu unterteilen: den Bereich elliptischer Sequenzen mit umgebungsabhängig 'aufgefüllter' Bedeutung und den Bereich elliptischer Sequenzen mit umgebungsunabhängiger Bedeutung. Diese Unterteilung ist deshalb sinnvoll bzw. notwendig, weil die Ellipsenbildungen in den beiden Bereichen auf unterschiedliche Weise erklärt werden müssen. Während der Verknüpfungsansatz für eine Erklärung von Ellipsenbeispielen mit umgebungsunabhängiger Bedeutung wie etwa dem Telegrammtext *Oma gut angekommen* nicht taugt, scheint er für Beispiele mit umgebungsabhängiger Bedeutung einschlägig zu sein (besonders deutlich wird dies bei elliptischen Äußerungen, wo der Bezug auf den Redegegenstand durch eine Zeigegeste hergestellt wird; vorstellbar etwa für die Äußerung *Schmeckt sehr gut!*).

Im folgenden will ich mich auf die Behandlung von Ellipsen mit umgebungsabhängiger Bedeutung (als dem m.E. interessanteren Fall) beschränken und jetzt wieder auf die Diskussion der unterschiedlichen Erklärungsmöglichkeiten für das Beispiel *Wer läuft?*

Reinhard. zurückkommen. In Abschnitt 1 habe ich bereits darauf hingewiesen, daß die Möglichkeit der Expansion von W-Fragen durch korrespondierende Phrasen ausschließlich von den jeweiligen Frage-konstituenten abhängt. Ich möchte diese These mit Hilfe weiterer Beispiele belegen. Zu der Frage *Wer läuft wann wieviel Kilometer?* paßt grammatisch die elliptische Antwort *Reinhard morgens zwanzig Kilometer*, aber weder *Reinhard*, noch *Reinhard morgens* und auch nicht *Reinhard morgens zum Hermannsdenkmal*. Welche Phrasen in welcher grammatischen Funktion in einer elliptischen Antwortäußerung erforderlich sind, wird also nicht autonom durch die Valenzverhältnisse des Verbs, sondern durch die vorkommenden Fragekonstituenten bestimmt. Damit wird noch einmal ganz deutlich, daß Frage-Antwort-Ellipsen der betrachteten Art ein genuin syntaktisches Phänomen darstellen, daß die Untersuchung der zugrunde liegenden Korrespondenzbeziehungen legitimerweise dem Aufgabenbereich der Grammatik zuzurechnen ist und daß nur bei Berücksichtigung dieser Beziehungen eine angemessene und zugleich einfache Modellierung erreicht werden kann. Insofern der Verknüpfungsansatz im Gegensatz zum Aussparungsansatz eine explizite Repräsentation der Korrespondenzbeziehungen ermöglicht, ist er diesem auch vorzuziehen. Wenn nun im Sinne dieser Einschätzung und entsprechend meinem Lösungsvorschlag die Expansion von *Wer läuft?* durch *Reinhard* als Anknüpfung von *Reinhard* an *Wer* rekonstruiert wird, dann scheint es aber nicht mehr möglich zu sein, das oben formulierte semantikorientierte Kriterium zu erfüllen, nämlich die Subjekt-Prädikat-Beziehung zwischen *Reinhard* und *läuft* in die Strukturdarstellung aufzunehmen. Diesem Kriterium könnte man aber im Rahmen des Verknüpfungsansatzes Rechnung tragen, wenn man einem der beiden anderen, oben skizzierten Lösungsvorschläge folgt und eine direkte Anknüpfung von *Reinhard* an *läuft* vorsieht. Abgesehen davon, daß damit ein Verzicht auf die Darstellung der Korrespondenzbeziehung zwischen *Reinhard* und *Wer* verbunden wäre, gibt es ein weiteres wichtiges Argument gegen diese Vorschläge: die bei ihnen anzunehmende Regel zur Verknüpfung von *Reinhard* und *läuft* wäre nicht identisch mit der 'normalen' Subjekt-Prädikat-Verknüpfungsregel, weil bei ihrer Anwendung bestimmte, sonst geltende Kongruenzbedingungen verletzt werden (dies zeigt etwa das Beispiel *Wer läuft? Reinhard und Mike.*); m.a.W. neben der 'normalen'

Subjekt-Prädikat-Verknüpfungsregel müßte eine zusätzliche Regel eingeführt werden und dies würde dem Ökonomie-Prinzip, mit möglichst wenigen Regeln auszukommen, widersprechen.

Angesichts des Dilemmas, sich zwischen zwei Lösungswegen entscheiden zu müssen, die beide für sich genommen unzureichend sind, liegt es nahe, nach einer Kompromißlösung zu suchen, bei der *Reinhard* im Sinne einer Korrespondenzbeziehung mit *Wer*, außerdem aber auch mit *läuft* im Sinne der Subjekt-Prädikat-Beziehung verknüpft wird. Eine solche Kompromißlösung muß allerdings den Einwand hinsichtlich der Verletzung von Kongruenzbedingungen berücksichtigen. Auf eine sehr einfache Weise wäre diese Schwierigkeit zu umgehen, wenn die Regeln zur Herstellung von Korrespondenzbeziehungen - in Verallgemeinerung eines in der Grammatik gut bekannten, spezielleren Phänomens will ich sie *Koordinationsregeln* nennen - folgende *'Transitivitätseigenschaft'* hätte: Die koordinative Anknüpfung von *Reinhard* an *Wer* führt dazu, daß die Subjekt-Prädikat-Beziehung, die zwischen *Wer* und *läuft* besteht, indirekt auf *Reinhard* übertragen wird. An dieser Stelle der Argumentation erweist sich die Wahl des allgemeinen spieltheoretischen Rahmens wieder als Vorteil, weil er uns nicht zu einer Festlegung auf den Strukturtyp gängiger Grammatikmodelle verleitet hat und uns jetzt die Freiheit läßt, ein Verknüpfungskonzept einzuführen, das den empirischen Gegebenheiten der Ellipsenbildung am besten entspricht. Die Frage, ob ein Verknüpfungskonzept mit der gewünschten Transitivitätseigenschaft existiert, kann nun aber positiv beantwortet werden, wie ich in folgendem Schaubild plausibel machen möchte.

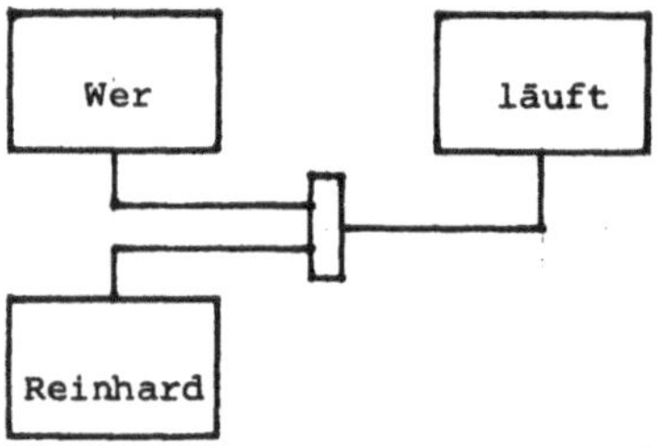

Abb. 1

Die diesem Schaubild zugrunde liegende Modellvorstellung geht davon aus, daß die Verknüpfung von sprachlichen Elementen durch die Zusammenschaltung von *'Verknüpfungspolen'* mit Hilfe zusätzlicher *'Schaltelemente'* realisiert wird; eine *koordinative Verknüpfung* mit Beziehungsübertragung kann dann durch die Zusammenschaltung von sprachlichen Elementen an derselben Seite eines Schaltelements erreicht werden. Koordinationen entspricht in dieser Modellvorstellung also eine Verknüpfungsform, die von den in der Grammatiktheorie bisher betrachteten Formen prinzipiell verschieden ist. Mit der Skizzierung dieses Lösungsvorschlags bin ich schon weiter, als für die systematische Diskussion derzeit erforderlich, vorausgeeilt; denn es wäre verfrüht, sich auf eine Modellvorstellung festzulegen, die zwar bestimmten semantischen Intuitionen Rechnung trägt, die aber für die anvisierte syntaktische Modellierung noch nicht gebraucht wird. Für den gegenwärtigen Diskussionsstand reicht es aus, als Ergebnis zu vermerken, daß wir eine Erklärung für das Auftreten und die Art von Frage-Antwort-Ellipsen des betrachteten Typs gefunden haben. Dieses Ergebnis möchte ich wieder in einer These formulieren, ohne allerdings alle dort vorkommenden Begriffe präzisieren und empirisch füllen zu wollen.

These 1:

> Als Alternative zur Formulierung eines vollständigen Antwortsatzes gibt es bei einem W-Fragesatz stets die Möglichkeit der Expansion durch eine Antwort-Sequenz, die für jede durch ein Fragewort determinierte Konstituente des Fragesatzes genau eine korrespondierende Phrase enthält; dabei darf die Reihenfolge dieser Phrasen gegebenenfalls auch von der Reihenfolge der zugehörigen Fragekonstituenten abweichen.

Auf der Grundlage von These 1 kann immerhin schon ein Phänomen erklärt werden, das Klein (1981: 69) - aus der Perspektive des Aussparungsansatzes - als merkwürdig eingestuft hat. Warum - so fragt er - dürfen bestimmte Elemente des Fragesatzes nicht in einer elliptischen Antwort wiederholt werden, wenn sie doch in einem vollständigen Antwortsatz auch vorkommen? Warum sind also beispielsweise *Wer hat das Spiel gewonnen? Bayern München.* und *Was kaufte er denn? Das Hemd.* grammatisch akzeptabel, nicht aber *Wer hat das Spiel gewonnen? Bayern München gewonnen.* und *Was kaufte er denn? Er das Hemd.*? Solange man keinen vollständigen Überblick über die Verknüpfungsregeln hat, die zu elliptischen Antworten führen, darf man zwar nicht behaupten, daß *nur* die in These 1 postulierte Expansionsmöglichkeit besteht und daß die Beispielversionen mit Elementwiederholungen deshalb nicht vorkommen können; ihre Inakzeptabilität und These 1 zusammengenommen widerlegen aber die Hintergrundannahme Kleins, der Sprecher besitze eine höchstens durch pragmatische Faktoren eingeschränkte Entscheidungsfreiheit zwischen den Möglichkeiten einer vollständig expliziten und einer maximal elliptischen Antwortformulierung.

2.4 Nach der exemplarischen und motivierenden Diskussion von 2.3 ist es jetzt zur genaueren Bestimmung des Erklärungspotentials des Verknüpfungsansatzes nützlich, für bestimmte Sequenztypen auf allgemeiner Stufe zu untersuchen, welche Arten der Ellipsenbildung theoretisch möglich sind und welche Verfahrenswege gegebenenfalls empirisch zugrunde liegen. Dazu wollen wir zunächst Sequenzen der Form a b behandeln, wobei der Fall zugelassen sein soll, daß die Elemente a und b selbst Sequenzen mit komplexer grammatischer Struktur darstellen. Wenn a zur Sequenzklasse A und b zur Sequenzklasse B gehört, dann sind als minimale Expansion von a b durch ein Element a' aus A oder durch ein Element b' aus B theoretisch folgende vier Formen der Ellipsenbildung möglich:

(F1) a a' b
(F2) a b b'
(F3) a b a'
(F*) b' a b

Um die im folgenden erforderliche Prüfung, ob bestimmte Formen der Ellipsenbildung empirisch auftreten oder nicht, an einem kleinen, aber einheitlichen Beispielparadigma durchführen zu können und um zugleich über den in 2.3 behandelten Fall der Frage-Antwort-Ellipsen hinauszugehen, werde ich jetzt den Konstruktionsfall einfacher Aussagesätze betrachten und dabei jeweils folgende zwei Arten der Korrespondenz zwischen a und a' bzw. b und b' untersuchen: Die Korrespondenz zwischen Phrase und negierter Phrase (abgekürzt NK), und zwar insbesondere für den Fall von Nominal- und Adverbialphrasen, sowie die Korrespondenz zwischen (hinsichtlich des Vorkommens von Konstituenten) strukturell äquivalenten Sequenzen (SK). Zwecks leichterer Analysierbarkeit werde ich bei den angegebenen Beispielen die jeweiligen Sequenzelemente mit einem abschließenden indizierten Schrägstrich kennzeichnen.

(F1) ist für den Fall NK beispielsweise in *Harro* $/_a$ *nicht Mike* $/_{a'}$ *läuft heute* $/_b$ realisiert und für SK in *Harro läuft* $/_a$ *Mike schwimmt* $/_{a'}$ *morgen* $/_b$. (F2) ist für NK in *Harro läuft* $/_a$ *heute* $/_b$ *nicht morgen* $/_{b'}$ und für SK in *Mike* $/_a$ *läuft heute* $/_b$ *schwimmt morgen* $/_{b'}$ realisiert. Weiterhin ist (F3) für NK in *Michael* $/_a$ *läuft* $/_b$ *nicht Harro* $/_{a'}$ realisiert; (F3) besitzt aber offensichtlich keine Realisierung für SK, wie das Beispiel *Harro läuft* $/_a$ *morgen* $/_b$ *Mike schwimmt* $/_{a'}$ belegt, das zwar grammatisch akzeptabel ist, aber nicht im Sinne von *Mike schwimmt morgen* interpretiert werden kann (deutlicher wird der zugrunde liegende Sachverhalt am Beispiel *Harro arbeitet* $/_a$ *dort* $/_b$ *Mike wohnt* $/_{a'}$). Die fehlende Realisierung von (F3) für SK gilt zwar im zugrunde liegenden Beispielparadigma und für Fragesätze, nicht aber für Nebensätze mit Verbendstellung, wie etwa *(weil) Harro dort* $/_a$ *arbeitet* $/_b$ *(und) Mike hier* $/_{a'}$ zeigt. Hieran wird schon eine Sonderstellung von Verben bei der Ellipsenbildung deutlich. Für (F*) schließlich gibt es offensichtlich überhaupt keine Realisierung.

Unser nächster, systematisch zwangsläufiger Untersuchungsschritt behandelt die Frage, ob wir die sehr unterschiedlichen Ergebnisse der Realisierungsprüfung für (F1)-(F3) und (F*) erklären können. Zunächst müssen wir einige Annahmen über die Expansionsregeln machen, die für die Produktion von a b zur Verfügung stehen.

- Da wir uns hauptsächlich für die Ermittlung der Verknüpfungsstrukturen von Ellipsenbildungen und weniger für zugrunde liegende Plazierungsrestriktionen interessieren, können wir die betreffenden Regeln idealisierend als umgebungsunabhängig voraussetzen bzw. darstellen. In diesem Sinne soll eine als $X \rightarrow Y$ notierte Regel besagen, daß jede Sequenz, die ein x aus

X enthält, stets durch Elemente y aus Y expandiert werden darf, sofern die nicht näher spezifizierten Umgebungsbedingungen für x in der Sequenz erfüllt sind. Durch eine solche Regelformulierung wird auch noch nicht festgelegt, welche Verknüpfungsbeziehungen zwischen x und y gestiftet werden.

- Da wir keine zusätzlichen Informationen über die interne Struktur von a und b voraussetzen, müssen wir Regeln formulieren, die 'in Wirklichkeit' möglicherweise durch die sukzessive Anwendung einer Folge von Regeln definiert sind.
- Für die Produktion jeweils eines Elements aus A soll die Existenz einer initialen Regel, notiert als $\rightarrow$ A, vorausgesetzt werden.
- Für die Expansion von Sequenzen, in denen ein Element aus A vorkommt, soll eine Regel A $\rightarrow$ B zur Verfügung stehen.

Welche theoretischen Konsequenzen ergeben sich aus diesen Voraussetzungen? Man sieht sofort, daß die beiden Regeln $\rightarrow$ A und A $\rightarrow$ B alleine nicht ausreichen, um das gemeinsame Auftreten der Ellipsenbildungsformen (F1)-(F3) zu erklären. Wenn nämlich (F1) für die Elemente zweier Sequenzklassen A und B realisiert ist und die Produktion eines a aus A nicht schon wieder eine Anfangssituation mit der Möglichkeit, $\rightarrow$ A anzuwenden, darstellt, dann benötigt man eine *Koordinationsregel*, die es gestattet, Sequenzen, in denen ein Element aus A vorkommt, durch ein weiteres Element aus A zu expandieren (notiert als A $\rightarrow$ A). In Erweiterung dieser Aussage können wir folgendes Resultat formulieren.

These 2:

> Alle Ellipsenbildungen gemäß (F1)-(F3) sind durch alleinige Hinzunahme von Koordinationsregeln des Typs A $\rightarrow$ A und B $\rightarrow$ B erklärbar und mindestens für das Auftreten von (F1) muß das Vorhandensein einer entsprechenden Koordinationsregel angenommen werden; sofern zu $\rightarrow$ A und A $\rightarrow$ B nur Koordinationsregeln hinzukommen, kann es keine Realisierung für (F*) geben.

Dieses (rein theoretisch abgeleitete) Resultat, das als weiteres Indiz für den besonderen Stellenwert des Regeltyps "Koordination" gewertet werden darf, soll nun auch empirisch untermauert werden und zwar will ich in Übertragung und Verallgemeinerung der Vorgehensweise von 2.3 anhand verschiedener Beispiele zeigen, daß die Möglichkeit einer Anwendung anderer Regeltypen anstelle von Koordinationsregeln nicht plausibel ist.

Für das Auftreten von (F3) gibt es im Rahmen des Verknüpfungsansatzes neben der Koordinationslösung zwei andere Erklärungsmöglichkeiten (Hinzunahme der zu A → B inversen Regel B → A oder Erweiterung von A → B durch die Erlaubnis eines rückbezüglichen Anschlusses von a an ein bereits früher produziertes b, sofern a b eine Anfangssituation für die Anwendung von → A darstellt). Beide Möglichkeiten haben jedoch den Nachteil, daß aufgrund der Verletzung von Kongruenzbedingungen die Einführung von Sonderregeln erforderlich wäre, wie das Beispiel
Harro und Michael $/_a$ *laufen* $/_b$ *nicht Mike* $/_{a'}$ zeigt. Wenn wir allerdings das Auftreten von (F3) auf die Wirkung einer Koordinationsregel zurückführen wollen, dann müssen wir erklären, warum (F3) nicht für SK realisiert ist. Deshalb wollen wir einige Erklärungsmöglichkeiten testen. Erstens wäre denkbar, daß für Sequenzen die strukturell stets in der Anfangsposition stehen (so im Satz Subjektsnominalphrase und Verb), eine SK-Koordination grundsätzlich nicht zulässig ist. Gegen diese Erklärungsmöglichkeit spricht der Umstand, daß solche Koordinationen offensichtlich bei (F1) vorkommen (vgl. *Harro arbeitet* $/_a$ *Mike wohnt* $/_{a'}$ *dort* $/_b$).
Zweitens kann als Ursache der Nicht-Realisierung von (F3) auch die Möglichkeit ausgeschlossen werden, daß diskontinuierliche SK-Koordinationen unzulässig sind (vgl.
Harro fährt / heute mit dem Fahrrad $/_a$ *zur Uni / morgen mit dem Auto* $/_{a'}$). Als dritte Möglichkeit ist schließlich denkbar, daß auch für SK eine koordinative Expansion von a b zu a b a' zulässig ist, daß aber a b a' fragmentarisch bleibt (d.h. daß a b a' - spieltheoretisch formuliert - noch keine Zielsituation darstellt). Genau diese Möglichkeit scheint nach intuitiver semantischer Einschätzung vorzuliegen: In
Harro arbeitet $/_a$ *dort* $/_b$ *Mike wohnt* $/_{a'}$ erwartet man eine Wiederholung des *dort* oder eher noch eine kontrastierende Angabe wie *hier*. Damit werden wir wieder auf das in 2.3 diskutierte semantische Adäquatheitskriterium verwiesen, das konkretisiert auf (F3)

fordert, daß die grammatische Beziehung zwischen a und b auch zwischen a' und b besteht. Jetzt wird allerdings gerade die Umkehrung dieses Kriteriums gebraucht: Wenn zwischen a' und b nicht dieselbe grammatische Beziehung besteht wie zwischen a und b, dann stellt a b a' keine erfolgreiche/grammatisch akzeptable Ellipsenbildung dar. Aus der Tatsache, daß (F3) nicht für SK realisiert ist, kann also der Schluß gezogen werden, daß der koordinative Anschluß von a' an a im Fall SK im Gegensatz zum Fall NK nicht die erforderliche Transitivitätseigenschaft hat, d.h. daß bei diesem Anschluß die grammatische Beziehung zwischen a und b nicht vollständig auf a' übertragen wird.

These 3:

> (F3) ist nur dann realisierbar, wenn bei dem koordinativen Anschluß von a' an a die grammatische Beziehung zwischen a und b auf a' (bezüglich b) übertragen wird; eine solche Beziehungsübertragung ist aber nicht generell gewährleistet.

Mit These 3 wird nun auch syntaxbezogen das Erfordernis deutlich, eine Modellvorstellung wie die in Abb. 1 zu entwickeln, in der Beziehungsübertragungen repräsentiert werden können. Allerdings ist noch unklar, welche internen Verknüpfungseigenschaften von Koordinationen für die unterschiedlichen Resultate bei der Beziehungsübertragung verantwortlich sind. Die weitere Klärung dieser Frage möchte ich jedoch auf später verschieben.

Wenn man die für den Fall NK erfolgreiche Ellipsenbildungsform (F3) im Sinne unserer Modellvorstellung von Abb. 1 und unter Berücksichtigung der linearen Reihenfolge der Sequenzglieder darstellen will und wenn man zugleich voraussetzt, daß bei Anwendung der Regel A → B ein Pol von a mit einem Pol von b verschaltet wird, dann erhält man folgende *Koordinationsstruktur*.

(K3)

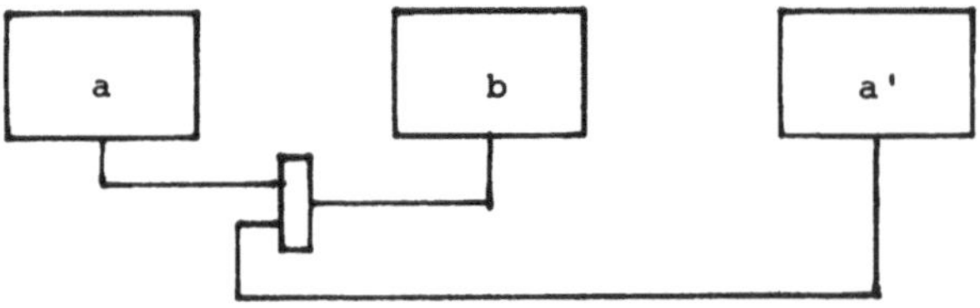

Abb. 2

In (K3) bleibt unspezifiziert, ob neben der eingetragenen koordinativen Verknüpfungsbeziehung zwischen a und a' noch weitere, auf die mögliche interne Struktur von a und a' eingehende Verschaltungen vorhanden sind. Wenn (F3) wie in den betrachteten SK-Beispielen nicht realisiert ist, dann müßte a b a' im Sinne unseres Diskussionsergebnisses eine Struktur besitzen, die sich von (K3) dadurch unterscheidet, daß der Pol von a', der zu dem für a eingetragenen Pol korrespondiert, unverschaltet bleibt.
Ebenso wie für (F3) ist es auch möglich, das Auftreten von (F2) ohne Voraussetzung einer Koordinationsregel zu erklären: die Expansion von a b durch b' könnte einfach auf einer wiederholten Anwendung von $A \rightarrow B$ beruhen. Gegen diese Möglichkeit sprechen jedoch zwei Beobachtungen. Zum einen zeigen Beispiele wie *Mike* $/_a$ *schwimmt schnell* $/_b$ *kaufte gestern Kuchen* $/_{b'}$, daß eine Expansion durch b' nicht zulässig ist, wenn b' eine andere Konstituentenzusammensetzung als b hat; bei einem Anschluß von *kaufte gestern Kuchen* an *Mike* könnte diese Einschränkung nicht bzw. nur unter Voraussetzung zusätzlicher Randbedingungen erklärt werden. Zum anderen sollten bei einem Anschluß von b' an a stets die zugehörigen Kongruenzbedingungen erfüllt werden; auch dies ist offensichtlich nicht der Fall wie NK- und SK-Sätze folgender Art zeigen: *Morgen laufe* $/_a$ *ich* $/_b$ *nicht Harro* $/_{b'}$ und *Morgen läuft* $/_a$ *Harro am Vormittag* $/_b$ *ich am Nachmittag* $/_{b'}$.

Das Auftreten von (F1) ist - wie oben dargestellt - schon aus theoretischen Gründen im allgemeinen nicht ohne Voraussetzung einer Koordinationsregel erklärbar. Die Notwendigkeit einer solchen Regel ist aber auch empirisch ersichtlich, wie etwa das Beispiel *Mike wohnte* $/_a$ *Harro läuft gern* $/_{a'}$ *in Isingdorf* $/_b$ belegt: an *Mike wohnte* sind offensichtlich nur Sequenzen mit analoger Konstituentenstruktur (also z.B. *Harro arbeitete*) anschließbar.

Die zuletzt erzielten Diskussionsergebnisse möchte ich folgendermaßen zusammenfassen.

These 4:

> Das Auftreten von (F1)-(F3) ist angesichts der empirisch zu beobachtenden Realisierungsformen am besten mit der Anwendung von Koordinationsregeln zu erklären.

Im Zusammenhang mit (F1)-(F3) will ich noch ein Problem ansprechen. Während der Ableitungsweg von (F2) und (F3) bei einer Entscheidung für die Koordinationslösung jeweils schon eindeutig bestimmt ist, gibt es bei (F1) nach der Produktion von a a' theoretisch noch vier verschiedene Möglichkeiten des Anschlusses von b an a a': b könnte nur an a, nur an a', an a a' (als Sequenz) oder zugleich an a und a' anschließen. Ich will jetzt dafür argumentieren, daß von diesen Möglichkeiten die letzte zu präferieren ist. Zunächst scheiden die ersten beiden Möglichkeiten aus empirischen Gründen aus, weil die Zulässigkeit eines Anschlusses von b an a a' sowohl von a als auch von a' abhängt. Dies zeigt sich daran, daß bei (F1) im Gegensatz zu (F2) die Einhaltung von Kongruenzbedingungen gegenüber a *und* gegenüber a' erforderlich ist. Zur Begründung wollen wir einige Beispiele betrachten.

(i) *Hans kauft ein* $/_{a}$ *Reinhard kauft zwei* $/_{a'}$ *Brötchen* $/_{b}$

(i') *Hans kauft ein* $/_{a}$ *Karl kauft zwei* $/_{a'}$ *Brote (Brot)*$/_{b}$

(ii) *(Weil) Harro am Vormittag* $/_{a}$ *ich am Nachmittag* $/_{a'}$ *lief* $/_{b}$

(ii') *(Weil) Harro am Vormittag* $/_{a}$ *ich am Nachmittag* $/_{a'}$ *laufe (läuft)* $/_{b}$

(ii") *Morgen läuft* $/_{a}$ *Harro am Vormittag* $/_{b}$ *ich am Nachmittag* $/_{b'}$

(iii) *Nicht ich* $/_{a}$ *(sondern) Harro* $/_{a'}$ *lief gestern* $/_{b}$

(iii') *Nicht ich* $/_{a}$ *(sondern) Harro* $/_{a'}$ *läuft (laufe) morgen* $/_{b}$

(iii") *Morgen laufe* $/_{a}$ *nicht ich* $/_{b}$ *(sondern) Harro* $/_{b'}$

Obwohl es bei solchen Beispielen vielleicht schon schwierig ist, eindeutige Akzeptabilitätsurteile zu fällen, kann man (i), (ii), (iii) sowie (ii") und (iii") wohl als akzeptabel einstufen; demgegenüber sind jeweils beide Versionen von (i'), (ii') und (iii') tendentiell inakzeptabel (vgl. hierzu auch die Einschätzung von Brettschneider (1978: 85, 256) und Klein (1981: 61)). Die Inakzeptabilität von (i'), (ii') und (iii') ist aber nicht dadurch bedingt, daß der Anschluß von *Reinhard kauft zwei* an *Hans kauft ein* bzw. von *ich am Nachmittag* an *Harro am Vormittag* bzw. von *(sondern)*

Harro an *nicht ich* eine unzulässige Koordination bedeuten würde, weil sonst auch (i), (ii), (iii), (ii") und (iii") inakzeptabel sein müßten. Die Auswertung der beobachteten Inakzeptabilität für (F1) bringt allerdings zwei kleine Probleme mit sich: erstens findet man aufgrund der Wortstellungsverhältnisse im Deutschen für den Fall SK keine Beispiele, die einerseits die Subjekt-Prädikat-Kongruenz betreffen und andererseits der Form nach genau (F1) entsprechen (insofern belegt (ii') nicht unmittelbar die aufgestellte Abhängigkeitsbehauptung); zweitens liegt bei (iii), (iii') und (iii") nicht der bisher betrachtete asyndetische Koordinationsfall NK vor, sondern ein - allerdings vergleichbarer - syndetischer Fall (die zu (iii), (iii') und (iii") analogen NK-Beispiele sind nämlich alle aus einem, offensichtlich anders gelagerten Grund inakzeptabel). Trotz dieser Probleme will ich (i'), (ii') und (iii') als Indiz dafür werten, daß bei (F1) eine Expansion von a a' durch b nur dann zulässig ist, wenn a und a' auch einzeln durch b expandiert werden dürfen.

Die dritte der oben genannten Möglichkeiten, die ja der Abhängigkeit einer Expansion durch b von a und a' Rechnung tragen würde, scheint theoretisch zu aufwendig zu sein, weil sie in bestimmten Fällen eine sehr komplizierte Erweiterung von A → B auf den Fall AA → B erfordern würde. Dies wird an Beispielen wie *Harro läuft vor* $/_a$ *Mike schwimmt nach* $/_{a'}$ *dem Essen* $/_b$ deutlich: Wenn nämlich im Sinne gängiger Analysen (z.B. gemäß der Dependenz- oder der Phrasenstrukturgrammatik) *dem Essen* im nichtkoordinierten Fall an *vor* bzw. an *nach* anknüpft, dann wäre es unzweckmäßig, für die Expansion im Koordinationsfall als Anknüpfungsobjekt das diskontinuierliche Präpositionenpaar *vor... nach* oder ein noch komplexeres Gebilde anzunehmen. Demgegenüber ist wohl der Modellierungsansatz naheliegender, daß *dem Essen* sowohl an *vor* als auch an *nach* anknüpft, d.h. daß eine simultane Mehrfachverknüpfung vorgenommen wird. Die hier postulierte Realisierung einer simultanen Mehrfachverknüpfung bei (F1) steht allerdings in auffälligem Kontrast zu dem Umstand, daß bei (F2) von der theoretisch gegebenen Möglichkeit einer sukzessiven Mehrfachverknüpfung kein Gebrauch gemacht werden kann. Insofern ist einerseits nach den Gründen für diesen Unterschied und andererseits nach der genauen Struktur einer Mehrfachverknüpfung zu fragen.

Die Unzulässigkeit sukzessiver Mehrfachverknüpfungen kann gut im Rahmen unserer Modellvorstellung von Abb. 1 erklärt werden (die damit weiter an Bedeutung gewinnt), und zwar über die Bedingung, daß mit einem bereits verschalteten Verknüpfungspol keine weitere direkte, sondern nur eine durch Koordination indirekt bewirkte Verknüpfung möglich ist. Eine graphische Darstellung der beiden konkurrierenden Verknüpfungsformen hat für (F2) etwa folgendes Aussehen, wenn wir wieder den einfachsten Fall zugrunde legen, wo bei Anwendung von A → B ein Pol von a mit einem Pol von b verschaltet wird.

(M2)

(K2)

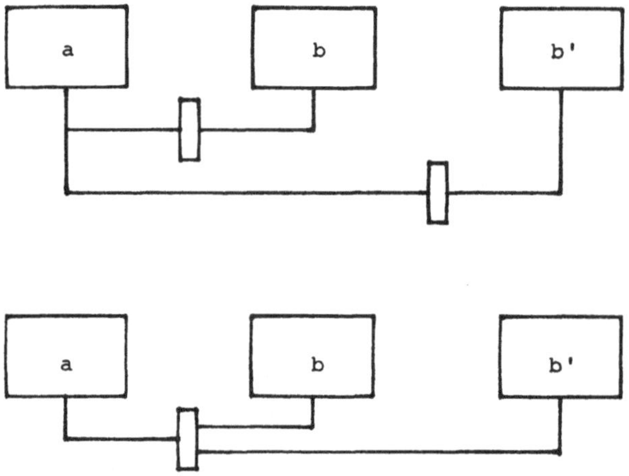

Abb. 3

Wenn bei (F2) die Version der direkten Mehrfachverknüpfung (M2) nicht zulässig ist, dann erscheint es als fraglich, ob der für (F1) postulierten Mehrfachverknüpfung folgende zu (M2) analoge Verknüpfungsstruktur zugrunde liegt.

(M1)

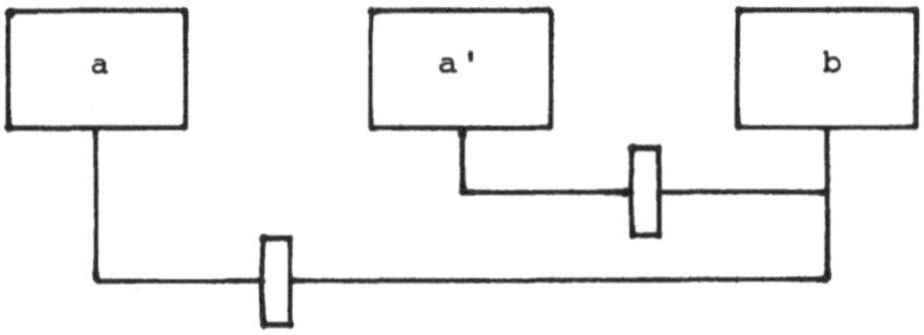

Abb. 4

Prozessual gesehen kann es zwar einen Unterschied machen, ob eine Polverzweigung wie bei (M2) rückwirkend erzwungen oder wie bei (M1) von vornherein eingerichtet wird. Gegen (M1) als Struktur von (F1) sprechen aber zwei Argumente. Erstens wäre es nicht plausibel, wenn nach (F1) gebildete Sätze wie
Harro läuft $/_a$ *Mike schwimmt* $/_{a'}$ *heute* $/_b$ eine prinzipiell andere Struktur erhalten würden als die nach (F2) gebildeten korrespondierenden Versionen (*Heute* $/_a$ *läuft Harro* $/_b$ *schwimmt Mike*$/_{b'}$). Zweitens kann bei Annahme von (M1) nicht ohne weiteres erklärt werden, warum die Expansion von a a' durch b der in folgenden Beispielen erkennbaren Einschränkung unterliegt.

Der Lehrer gibt $/_a$ *der Schüler wartet* $/_{a'}$ *eine Stunde* $/_b$

Benno denkt $/_a$ *Emil fährt* $/_{a'}$ *an den Rhein* $/_b$

Jan schreibt $/_a$ *Peter filmt* $/_{a'}$ *Regina* $/_b$

In diesen Beispielen kann die letzte Konstituente (b) wohl jeweils nicht als Ergänzung des ersten Verbs (in a) interpretiert werden. Die Ursache hierfür liegt aber vermutlich nicht darin, daß die vorherige Koordination (von a und a') unzulässig wäre; dies wird an einer Variante des dritten Beispiels deutlich:
Jan schreibt $/_a$ *Peter filmt* $/_{a'}$ *heute* $/_b$ (hier sind *Jan schreibt* und *Peter filmt* koordiniert und zugleich ist *heute* auf *schreibt* beziehbar). Angesichts dieser Situation liegt folgende Vermutung nahe: für die Durchführung einer simultanen Mehrfachverknüpfung reicht es nicht aus, daß b kongruenzmäßig sowohl an a wie an a' anschließbar ist; vielmehr muß der Anschluß von b an a und an a' auf der Anwendung derselben Expansionsregel beruhen; bei den drei obigen Beispielen wäre demgegenüber die Anwendung unterschiedlicher Regeln erforderlich, was sich mit Hilfe des Tests der Ergänzungsfrage erweist. Der hier vermutete Sachverhalt und die Forderung nach struktureller Parallelität zwischen (F1) und (F2) scheinen nun eher durch folgende, zu (K2) analoge Struktur berücksichtigt zu werden.

(K1)

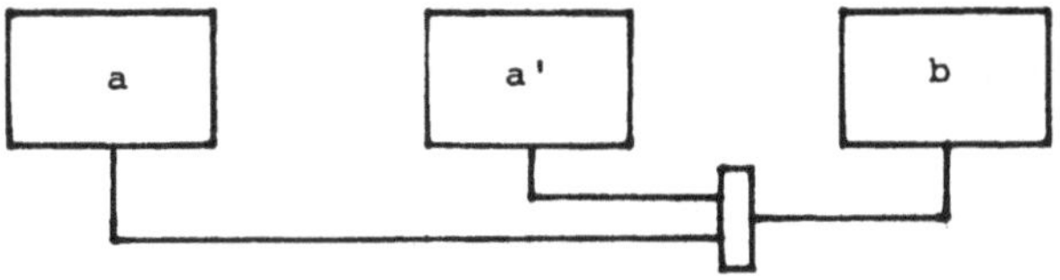

Abb. 5

Bei Annahme von (K1) ist die oben genannte Einschränkung dadurch zu erklären, daß ein simultaner Anschluß von b an a und a' nur dann vorgenommen werden kann, wenn zwei für dieselbe Expansionsart geeignete Pole von a und a' an derselben Seite eines für diese Expansionsart erforderlichen Schaltelements angeschlossen werden und damit *indirekt* eine (gegebenenfalls weitere) koordinative Verknüpfung eingehen. Mit diesem Erklärungsversuch sind zwar noch nicht alle relevanten Fragen hinsichtlich der Struktur von Mehrfachverknüpfungen beantwortet, wir wollen uns aber vorerst mit ihm zufriedengeben. Allerdings möchte ich meine Darstellung noch mit dem Hinweis ergänzen, daß auch für (F2) eine zu (F1) analoge Einschränkung der (dort indirekt bewirkten) Mehrfachverknüpfungen gilt, wie etwa das Beispiel *Eine Stunde wartet der Schüler, gibt der Lehrer.* zeigt. Die zuletzt erreichten Diskussionsergebnisse möchte ich wieder in einer These zusammenfassen.

These 5:

> Jeder Verknüpfungspol darf nur mit einem Schaltelement verbunden werden; daher können Mehrfachverknüpfungen nur über direkte oder indirekt bewirkte koordinative Verknüpfungen zustandekommen. Eine direkte oder indirekt bewirkte koordinative Zusammenschaltung zweier Pole ist jedoch nur dann zulässig, wenn die damit verbundene Verknüpfung zwischen den beiden Polen und einem dritten Pol an der Gegenseite des zugehörigen Schaltelements jeweils dieselbe grammatische Beziehung realisiert; die Erfüllbarkeit dieser Bedingung könnte, abgesehen von dem Umstand, daß ein koordinativer Anschluß am selben Schaltelement erfolgen muß, noch davon abhängen, ob überhaupt zwei zueinander passende Pole für diesen Anschluß zur Verfügung stehen.

2.5 Um den Stellenwert der Ergebnisse aus 2.4 weiter zu veranschaulichen, möchte ich wieder die Darstellung von Klein (1981) als Vergleichspunkt heranziehen. Klein formuliert folgende drei zentrale Aussparungsregeln (1981: 58).

E 1: "Identical final string may be left unexpressed at the first occurrence in coordinations."
E 2: "Identical initial string may be left unexpressed at the second occurrence in coordinations."
E 3: "Thematic F-environment and thematic N-environment may be left unexpressed."

In E 3 ist mit F "finite Verbform" und mit N "Nomen" gemeint. Für diese drei Regeln diskutiert Klein spezifische Anwendungsmöglichkeiten und -einschränkungen. Einerseits sieht man sofort, daß E 1 und E 2 im wesentlichen den hier betrachteten Formen (F1) und (F2) entsprechen, allerdings repräsentieren (F1) und (F2) nur den asyndetischen Koordinationsfall; umgekehrt fällt auf, daß Klein nur Anwendungsbeispiele mit syndetischen Koordinationen betrachtet. Andererseits ist E 3 im Gegensatz zu E 1 und E 2 relativ unspezifisch hinsichtlich der möglichen Aussparungspositionen formuliert und bedient sich außerdem des unzureichend explizierten Konzepts "thematisch". Aus diesem Grunde ist auch unklar, ob (F3) unter E 3 subsumiert werden kann. Da wir jedoch selbst noch nicht alle mit (F3) zusammenhängenden Probleme aufgeklärt haben (vgl. These 3), möchte ich jetzt nur auf bestimmte unterschiedliche Einschätzungen bezüglich E 1 und E 2 eingehen.

Ein erster wichtiger Diskussionspunkt betrifft die Auffassung von Klein, daß Ellipsenbildung nicht als eine Aussparung identischer Ausdrücke angesehen werden dürfe, sondern daß es auf die Bedeutung des Ausgesparten ankäme (1981: 53); in diesem Sinne präzisiert Klein die in E 1 und E 2 verwendete Sprechweise "identical strings" zu: "This always means that the corresponding strings m e a n t h e s a m e, not that they are necessarily i d e n t i c a l i n f o r m" (54). Klein begründet diese Auffassung anhand der Diskussion des Beispielsatzes *A man saw John and called the police*, in dem er insbesondere darauf verweist, daß in die 'Lücke' zwischen *and* und *called* im allgemeinen nicht *a man* eingesetzt werden dürfe, sondern daß dort eher ein individuenspezifizierender Ausdruck wie *this man* oder *he* gehöre. Nun findet man aber in Kleins Daten selbst ein Beispiel, das die genannte Auffassung eindeutig widerlegt: zumindest in einer Lesart von *John loves and Peter hates his parents* (1981: 55) wird die Nominalphrase *his parents* in bezug auf den ersten Teil des Satzes in einer anderen Bedeutung verwendet als in bezug auf den zweiten Teil (zuerst geht es um *'Johns Eltern'*, dann um *'Peters Eltern'*). Somit stellt die semantische Identität der ausgesparten und der zugehörigen vorkommenden Sequenz keine notwendige Bedingung für die Ellipsenbildung gemäß E 1 und E 2 dar. Dieser Sachverhalt ist meiner Einschätzung nach auch nicht auf den E 1-Fall einschränkbar, weil es auch E 2-Beispiele gibt, bei denen die Bedingung der semantischen Identität verletzt wird. So ist auch für *Seine Eltern liebt das Mädchen und haßt der Junge* eine Lesart mit unterschiedlichen Bedeutungen für *seine Eltern* möglich. Noch deutlicher scheint mir die Verwendung unterschiedlicher Bedeutungen in dem Beispiel *Kohl wurde im Restaurant gegessen und im Parlament geredet*; ich will allerdings einräumen, daß man bezüglich der Akzeptabilität dieses und ähnlicher Beispiele unterschiedlicher Meinung sein kann (so stuft etwa Brettschneider (1978: 33) auch Beispiele, die nach dem Test der Ergänzungsfrage syntaktisch zulässig sind, als inakzeptabel ein). Unabhängig von solchen Einschätzungsdifferenzen besteht jedoch die Notwendigkeit, für die Formulierung "identical string" in E 1 und E 2 eine andere Explikation zu finden. Nach den bisher betrachteten Beispielen scheint hierfür folgende Version denkbar zu sein: notwendige Bedingung für die Aussparung einer Sequenz ist, daß sie an anderer Stelle in identischer Form *oder* über eine Sequenz mit identischer Bedeutung vorkommt. Aber auch diese Explikation ist nicht korrekt, wie das Beispiel *Kaufst Du Äpfel und Hans Birnen?* zeigt (zumindest besagt eine gängige linguistische Auffassung, daß die Bedeutungen von *kaufst* und von *kauft* aufgrund der unterschiedlichen Bedeutungen der Flexionsmorpheme selbst voneinander verschieden sind).

Die hier aufgezeigte Schwierigkeit macht eine präzise Formulierung von zumindest E 2 unmöglich (für E 1 kann nämlich die formale Identität als generelle Bedingung angesetzt werden). Aus der Perspektive des Verknüpfungsansatzes bzw. der Koordinationslösung ist diese Schwierigkeit zwar nur ein Artefakt des Aussparungsansatzes, gleichwohl muß das unterschiedliche Verhalten der (F1)- und der (F2)-Ellipsenbildung hinsichtlich der Einhaltung von Kongruenzbedingungen erklärt werden. Klein gibt keine solche Erklärung und der Aussparungsansatz liefert m.E. auch keinen Anhaltspunkt dafür.

Im Rahmen der hier vorgeschlagenen Modellvorstellung ist das unterschiedliche Verhalten der Ellipsenbildung jedoch auf die Unterscheidung von direkter und indirekter Mehrfachverknüpfung zurückführbar. Ein weiterer Differenzpunkt zur Darstellung von Klein besteht darin, daß Klein bestimmte Restriktionen der (F1)- und (F2)-Ellipsenbildung nicht erkannt hat·bzw. zumindest nicht genügend deutlich macht. Dies betrifft erstens die in These 5 formulierte Restriktion, daß Mehrfachverknüpfungen dieselbe Verknüpfungsbeziehung zugrunde liegen muß. Da sich Klein außerdem auf die Behandlung syndetischer Koordinationsbeispiele (und zwar fast ausnahmslos mit der Konjunktion *und*) beschränkt, kommt zweitens folgender Sachverhalt nicht in sein Blickfeld. Einerseits verhält sich die syndetische Koordination mit der Konjunktion *und* in vielen Konstruktionen genau so wie die entsprechende asyndetische Koordination, unterliegt also auch denselben Einschränkungen. Von besonderer Bedeutung ist die Zurückführung eines syndetischen SK-Falls auf den zugehörigen asyndetischen Fall, weil auf diese Weise erklärbar wird, warum Beispiele wie
Hans kauft Helga $/_a$ *und / Reinhard ißt gern* $/_a$, *Eis* $/_b$ im Gegensatz zu *Hans kauft* $/_a$ *und / Reinhard ißt* $/_a$, *Eis* $/_b$ grammatisch inakzeptabel sind. Andererseits gibt es auch viele Konstruktionen, wo eine asyndetische Sequenzkoordination unzulässig, die entsprechende Koordination mit *und* aber möglich ist. Als Beispiele hierfür seien genannt:
Reinhard ißt $/_a$ *Kuchen* $/_b$ *Eis* $/_a$, *; Mike* $/_a$ *läuft* $/_b$ *schwimmt* $/_b$ *Peter* $/_a$ *fährt nach Hause* $/_b$ *füttert die Fische* $/_b$, . Im Zusammenhang mit letzterem Beispiel ist erwähnenswert, daß bei einer anderen Wortstellung auch die *und*-Version inakzeptabel wird (vgl. *Nach Hause fährt und die Fische füttert Peter*). Insgesamt ergibt sich, daß für eine genaue Bestimmung der Restriktionen bei der (F1)- und (F2)-Ellipsenbildung auch der Fall der asyndetischen Koordination untersucht werden muß und daß der syndetischen Koordination mit *und* offensichtlich unterschiedliche Koordinationstypen zugrunde liegen. Daß der Darstellung von Klein überdies eine systematische Unterscheidung der unterschiedlichen Verwendungsweisen des *und* fehlt, wird auch an seiner unschlüssigen Haltung gegenüber Beispielen wie *Gestern und heute besuchte mich Franz* deutlich: einerseits räumt er ein, daß dieses Beispiel wohl auf

einer E 1-Anwendung beruht; andererseits widerspricht diese Einstufung seiner theoretischen Annahme, daß bei Fehlen eines Kontrasts zwischen den beiden Konjunkten E 1 nicht angewendet werden kann (vgl. Klein (1981: 60/61)).

Mit den Überlegungen zur syndetischen Koordination sind wir natürlich selbst schon über den Untersuchungsrahmen von 2.4 hinausgegangen und als Diskussionsergebnis soll folgende These formuliert werden.

These 6:

Der Ellipsenbildung bei syndetischen Koordinationen liegen unterschiedliche Koordinationstypen zugrunde; zur Bestimmung dieser Typen und ihrer Anwendungsrestriktionen ist ein systematischer Vergleich von syndetischem und asyndetischem Fall zweckmäßig.

2.6 Durch die Überlegungen in 2.3 - 2.5 habe ich plausibel zu machen versucht, daß das Auftreten bestimmter Ellipsenbildungsformen in einfacher und angemessener Weise auf die Anwendung von Koordinationsregeln zurückführbar ist und daß bei Voraussetzung einer geeigneten Modellvorstellung für koordinative Verknüpfungen auch die semantischen Effekte dieser Ellipsenbildung erklärt werden können. Insofern liegt die Vermutung nahe, daß eine systematische Untersuchung der Wirkungsweise von Koordinationsregeln einen wesentlichen Schlüssel für die Aufklärung des Ellipsenphänomens insgesamt liefert. Diese Vermutung wird auch durch die Ergebnisse von Brettschneider (1978) gestützt; Brettschneider beschränkt sich allerdings hauptsächlich auf eine phänomenologische Behandlung der Koordination. Daher scheint es sinnvoll zu sein, in analoger Weise wie für den Sequenztyp a b auch komplexere Konfigurationen der Ellipsenbildung zu behandeln. Ich will im folgenden noch bestimmte Fälle des Sequenztyps a b c untersuchen, weil sich dabei wesentliche neue Einsichten für die anvisierte Modellierung ergeben.

Eine Sequenz des Typs a b c kann auf unterschiedliche Weise produziert werden und wir wollen folgende zwei Möglichkeiten unterscheiden: den Konstruktionsweg über die Regeln → A, A → B,

A → C (kurz: Weg mit A → C) und den Konstruktionsweg über die Regeln → A, A → B, B → C (kurz: Weg mit B → C). Es sollen nun die Fälle behandelt werden, wo a b c durch ein Element aus A, B oder C expandiert wird. Ein erster Fall a a' b c der Expansion von a b c durch ein a' aus A kann bei Zusammenfassung von A → B und A → C bzw. von A → B und B → C zu einer Regel unter den Fall (F1) subsumiert und muß daher nicht neu diskutiert werden. Auch auf den Fall a b a' c wollen wir nicht genauer eingehen. Einerseits ist er nämlich theoretisch mit (F3) verwandt, andererseits spricht gegen seine empirische Realisierung die geringe Akzeptabilität von Beispielen wie

Michael $/_a$ *läuft* $/_b$ *nicht Harro* $/_{a'}$ *heute* $/_c$ (diese Inakzeptabilität könnte mit einer Plazierungsbeschränkung erklärt werden, die in etwa besagen würde, daß die Anwendung einer Koordinationsregel A → A entweder nur in unmittelbarem Anschluß an ein Element aus A oder als Konstruktionsabschluß zulässig ist). Schließlich braucht auch der Fall a b c a' nicht mehr behandelt zu werden, weil er bei geeigneter Regelzusammenfassung unter (F3) subsumierbar ist. Unter den drei Fällen der Expansion von a b c durch ein b' aus B kann der erste Fall b' a b c aus theoretischen Gründen nicht auftreten, wenn neben den drei Grundregeln → A, A → B, A → C bzw. B → C nur Koordinationsregeln hinzugenommen werden; diese Aussage trifft sich mit dem Umstand, daß b' a b c empirisch offensichtlich nicht realisiert ist. Der zweite und der dritte Fall stellen demgegenüber neue (d.h. bisher nicht betrachtete), empirisch realisierte Formen der Ellipsenbildung dar.

(F4) a b b' c

(F5) a b c b'

(F4) ist für NK beispielsweise in

Peter leiht $/_a$ *Regina* $/_b$ *nicht Veronika* $/_{b'}$ *das Auto* $/_c$

und für SK

Peter leiht $/_a$ *heute Regina* $/_b$ *morgen Veronika* $/_{b'}$ *das Auto* $/_c$

realisiert; (F5) ist für NK in

Peter leiht $/_a$ *Regina* $/_b$ *das Auto* $/_c$ *nicht Veronika* $/_{b'}$ realisiert und für SK in

Peter leiht $/_a$ *heute Regina* $/_b$ *das Auto* $/_c$ *morgen Veronika* $/_{b'}$.

Vor einer Diskussion über die prozessualen Erklärungsmöglichkeiten für (F4) und (F5) sollen noch die drei Fälle der Expansion durch ein c' aus C abgehandelt werden. Der erste Fall c' a b c kann bei geeigneter Regelzusammenfassung unter (F*) subsumiert werden. Der Fall a c' b c kann aus theoretischen Gründen nur für den Konstruktionsweg mit A → C auftreten. Dann allerdings unterscheidet sich dieser Fall - abgesehen von möglichen Plazierungsbeschränkungen - nicht wesentlich von (F5), wie das Beispiel

Peter leiht $/_a$ *das Auto* $/_{c'}$ *Regina* $/_b$ *nicht das Motorrad* $/_c$

zeigt (streng genommen liegt diesem Beispiel jedoch das Muster a c b c' zugrunde, d.h. es ist nur eine nachträgliche Koordination von c' mit c möglich). Der Fall a b c c' ist schließlich bei geeigneter Regelzusammenfassung auf die bekannte Form (F2) zurückführbar. Das Auftreten der Form (F5) ist auf einfache Weise erklärbar und ihr Ableitungsweg bereits eindeutig bestimmt, wenn die Anwendung einer Koordinationsregel B → B unterstellt wird. Demgegenüber scheint die andere, theoretisch mögliche Lösung bei der b' an a anschließt und gegebenenfalls noch rückbezüglich mit c verbunden werden muß, aus schon bekannten Gründen unangemessen bzw. unzweckmäßig zu sein. Einerseits zeigen inakzeptable Beispiele wie

Peter leiht $/_a$ *heute Regina* $/_b$ *das Auto* $/_c$ *Veronika gern* $/_{b'}$,

daß b' strukturell zu b passen muß; andererseits tritt bei dieser Lösung wieder das Inkongruenzphänomen auf und zwar in NK- und SK-Beispielen des Typs

Morgen schenkt $/_a$ *Peter* $/_b$ *Regina ein Buch* $/_c$ *nicht ich* $/_{b'}$ und
Morgen schenkt $/_a$ *Peter Regina* $/_b$ *ein Buch* $/_c$ *ich Veronika* $/_{b'}$.

Hinsichtlich der Oberflächenform ist (F5) unter den in 2.4 diskutierten Ellipsenformen (F3) am ähnlichsten. Eine strukturelle Verwandtschaft mit (F3) liegt jedoch nur für den Konstruktionsweg mit B → C vor; für den Weg mit A → C ist (F5) nämlich nur eine in der Art der Linearisierung abweichende Variante von (F2), was sofort daran erkennbar ist, daß bei Vertauschbarkeit der Anwendung der Regeln A → B und A → C neben a b c b' auch a c b b' ableitbar ist. Einerseits lassen nun die beiden als Realisierungen von (F5) genannten Beispiele eine solche Vertauschung zu (vgl.

Peter leiht $/_a$ *das Auto* $/_c$ *Regina* $/_b$ *nicht Veronika* $/_{b'}$ und
Peter leiht $/_a$ *das Auto* $/_c$ *heute Regina* $/_b$ *morgen Veronika* $/_{b'}$);

andererseits ist daran zu erinnern, daß (F5) im Gegensatz zu (F3) SK-Realisierungen besitzt. Beide Punkte könnten ein Indiz dafür sein, daß den bisher betrachteten (F5)-Beispielen der Konstruktionsweg A → C zugrunde liegt. Zugleich würde sich in diesem Fall die Frage stellen, ob (F5) auch für den Konstruktionsweg mit B → C empirisch realisierbar ist.

An dieser Stelle der Argumentation ist es zum ersten Mal in der vorliegenden Untersuchung erforderlich zu prüfen, welche Expansionsregeln mit welchen Verknüpfungsstrukturen neben Koordinationsregeln zweckmäßigerweise für die Ableitung der Sequenzen/Sätze aus den bisher betrachteten Beispielparadigmata zugrunde gelegt werden sollten. Das (vielleicht überraschende) Ergebnis einer solchen Prüfung besagt, daß für eine Produktionssyntax der gewünschten Art die Formulierung von Expansionsregeln zu präferieren ist, die auf syntaktischen Beziehungen aufbauen, wie sie in der Dependenzgrammatik (oder genau so gut könnte man sagen: in der Prädikatenlogik) betrachtet werden. Ich will diese Einschätzung hier nur exemplarisch am Beispielsatz *Peter leiht Regina morgen Bücher* und seiner möglichen Produktionsgeschichte begründen. Man kann sich etwa vorstellen, daß zunächst die Subjektsnominalphrase *Peter* mit Hilfe einer Initialregel eingeführt wird. Die Expansion von *Peter* durch *leiht* basiert anschließend auf der Anwendung einer Regel, die finite Verbformen unter Beachtung der einschlägigen Kongruenzbedingungen mit Subjektsnominalphrasen verknüpft. Wie die zugehörige Verknüpfungsstruktur aussieht, ist zunächst noch offen. Die einfachste, mit unserer Modellvorstellung in Abb. 1 kompatible Möglichkeit einer Verknüpfung besteht darin, daß ein Pol der jeweiligen Subjektsnominalphrase mit einem Pol des jeweiligen Verbs verschaltet wird. Da wir bisher über keine empirischen Befunde verfügen, die gegen diese Möglichkeit sprechen, wollen wir sie hier und in den folgenden Expansionsfällen als gegeben voraussetzen. Wenn weiterhin *Peter leiht* durch *Regina* in der Funktion eines indirekten Objekts expandiert wird, dann ist für diese Expansion sinnvollerweise eine Regel anzunehmen, die *Regina* mit *leiht* verknüpft; die Möglichkeit der Anfügung eines indirekten Objekts hängt nämlich nur von den Eigenschaften des jeweiligen Verbs ab, nicht aber von den Eigenschaften der jeweiligen Subjektsnominalphrase. Für die Expansion von *Peter leiht Regina* durch *morgen* kann man entweder im Sinne der Phrasenstrukturgrammatik eine Regel verantwortlich machen, bei der *morgen* mit *leiht Regina* oder aber im Sinne der

Dependenzgrammatik eine Regel, bei der *morgen* mit *leiht* verknüpft wird. Für die Produktion der Beispielvariante *Peter leiht morgen Regina Bücher* wird analog zum ersten Argumentationsschritt eine Regel zur Verknüpfung von *morgen* mit *leiht* benötigt (die Zulässigkeit der Expansion durch *morgen* hängt vom Tempus der Verbform ab!). Daher ist es zweckmäßig, auch im Fall der Expansion von *Peter leiht Regina* durch *morgen* eine Anwendung dieser Regel zu unterstellen. In ähnlicher Weise kann man schließlich dafür argumentieren, daß die Expansion von *Peter leiht Regina heute* durch *Bücher* aufgrund einer Regel geschieht, die *Bücher* in der Funktion eines direkten Objekts mit *leiht* verknüpft (hier ist zusätzlich geltend zu machen, daß z.B. in *Peter verleiht Bücher* das direkte Objekt nur mit dem Verb verknüpft ist).

Aus der eben vorgeführten Argumentation bzw. aus einer genaueren Ausformulierung von ihr kann man noch einige Schlußfolgerungen ziehen. Erstens wäre es nach dieser Argumentation unzweckmäßig, Abhängigkeitsrichtungen festzulegen, wie sie üblicherweise in der Dependenzgrammatik unterstellt werden. Denn in sehr vielen Fällen sind die regelkonformen Expansionen auch in umgekehrter Reihenfolge durchführbar (z.B. werden in Fragesätzen Subjektsnominalphrasen an finite Verbformen geknüpft). Den zu definierenden Expansionsregeln liegen also keine Dependenz-, sondern *Konkomitanzbeziehungen* im Sinne von Engel (1982) zugrunde. Dementsprechend kommt Verben auch kein Sonderstatus aufgrund ihrer Position in einer Dependenzhierarchie zu, sondern allenfalls aufgrund der für sie spezifischen Art und Breite von Anknüpfungsmöglichkeiten.

Wenn im Prinzip eine Umkehrbarkeit der Expansionsregeln angenommen wird, dann müssen zweitens empirisch auftretende Beschränkungen der Expansionsreihenfolge mit Hilfe der Plazierungsrelation modelliert werden (so dürfen ja Präpositionen im Deutschen von wenigen Ausnahmen abgesehen nicht nachgestellt werden). Auch Normierungen hinsichtlich der Reihenfolge sukzessiver Regelanwendungen (wie sie im Deutschen etwa für Verbalphrasen gelten), lassen sich als überlagernde Plazierungsrestriktionen auffassen.

Drittens erfährt die dependenzgrammatische Modellvorstellung der Valenz in dem hier vorgeschlagenen Syntaxmodell eine gewisse Verschärfung. Wenn nämlich im Sinne von These 5 direkte Mehrfachverknüpfungen mit einem Pol verboten bzw. unmöglich sind, dann müßten in Sätzen mit mehreren Verbaktanten diese Aktanten entweder koordinativ verknüpft oder mit unterschiedlichen Polen des Verbs verschaltet sein; die erste dieser Möglichkeiten ist wohl aus mehreren Gründen auszuschließen (die Aktanten dürfen nicht syndetisch koordiniert werden und sie hängen weder strukturell noch kategorial voneinander ab). M.a.W. die Möglichkeiten eines Verbs, bestimmte Arten von Satzgliedern zu 'binden', sind strukturell durch die Existenz entsprechender Pole beschreibbar.

Viertens: die vorgeschlagenen Expansionsregeln realisieren zwar Konkomitanzbeziehungen, die von ihnen erzeugten Verknüpfungsstrukturen (Zusammenschaltung von Polen mit Hilfe von Schaltelementen) sind aber 'reicher' als die Strukturen in der Dependenzgrammatik; mit letzteren könnte die Transitivitätseigenschaft von koordinativen Verknüpfungen nicht modelliert werden.

Fünftens kann bereits festgestellt werden, daß auch die betrachteten Verknüpfungsstrukturen noch nicht für eine vollständige Aufklärung des Ellipsenphänomens ausreichen. Sie unterstellen nämlich eine Symmetrie der Verbaktanten, die in Wirklichkeit nicht gegeben ist, wie folgende Ellipsenbeispiele zeigen.

(1) *Peter verschenkt Bücher und verleiht Schallplatten.*

(2) *Peter verschenkt Bücher und Schallplatten verleiht.*

(3) *Bücher verschenkt Peter und verleiht Schallplatten.*

(4) *Bücher verschenkt Peter und Schallplatten verleiht.*

(5) *Bücher verschenkt Peter und verleiht Jan.*

(6) *Bücher verschenkt Peter und Jan verleiht.*

(7) *Peter verschenkt Bücher und verleiht Jan.*

(8) *Peter verschenkt Bücher und Jan verleiht.*

Diese 8 Beispiele, von denen ich (1), (3), (5) als akzeptabel und die übrigen als inakzeptabel einstufe, belegen einerseits wieder, in wie starkem Maße die Möglichkeit, Ellipsen zu bilden, von der Wortstellung abhängt, obschon bei SVO-Sätzen selbst (z.B. bei *Peter verschenkt Bücher*) die Aktantensymmetrie noch gar nicht durch Wortstellungsrestriktionen beeinträchtigt wird. Zugleich zeigt aber (3), daß elliptische Sequenzen nicht notwendigerweise dieselbe Wortreihenfolge aufweisen müssen wie die jeweils korrespondierende

Sequenz im vollständigen Äußerungsteil und daß 'Aussparungsmöglichkeiten' für sogenannte Vorwärtsellipsen (wo der zweite Äußerungsteil elliptisch ist) nicht nur bezüglich Aktanten in der Anfangsposition gegeben sind. Allerdings muß als auffällig vermerkt werden, daß das zu (3) analoge asyndetische Beispiel nicht akzeptabel ist. Von daher kann man vermuten, daß (3) kein SK-Beispiel ist, sondern einen anderen Koordinationstyp realisiert; diese Annahme wird auch durch die Akzeptabilität von Sätzen wie *Bücher verschenkt Peter und fährt mit dem Auto nach Göttingen* bestärkt. Den betreffenden Typ möchte ich im folgenden Koordination von funktional äquivalenten Sequenzen nennen und abgekürzt mit FK bezeichnen. Andererseits resultiert aus einem Vergleich von (3) und (7), daß für die FK-Koordination keine Symmetrie zwischen Subjekt und Objekt besteht, und dieselbe Asymmetrie ist auch zwischen Subjekt und jedem anderen Verbaktanten zu konstatieren (vgl. z.B. *Heute läuft Mike und schwimmt morgen* vs. *Harro läuft heute und schwimmt Mike*).

Sechstens schließlich müssen die für (F5) genannten Beispiele bei einer dependenzgrammatisch orientierten Analyse - wie bereits vermutet - dem Konstruktionsweg A → C zugeordnet werden. Zugleich wird aber deutlich, daß dem SK-Beispiel
Peter leiht $/_a$ *heute Regina* $/_b$ *das Auto* $/_c$ *morgen Veronika* $/_{b'}$
nicht die für (F2) postulierte Struktur (K2) (vgl. Abb. 3) bzw. eine nur in der Linearisierung abweichende Variante von (K2) zugeordnet werden darf, weil *heute Regina* über einen Pol von *heute* und einen Pol von *Regina*, also über zwei Pole mit *Peter leiht* verknüpft ist. Weiter ergibt sich daraus, daß auch nicht jedes nach (F2) gebildete SK-Beispiel die Struktur (K2) hat, was man etwa für *Peter verleiht* $/_a$ *heute Bücher* $/_b$ *morgen Schallplatten* $/_{b'}$ zeigen kann. Vielmehr scheint es plausibel zu sein, in solchen Fällen von folgender Struktur auszugehen.

(K2')

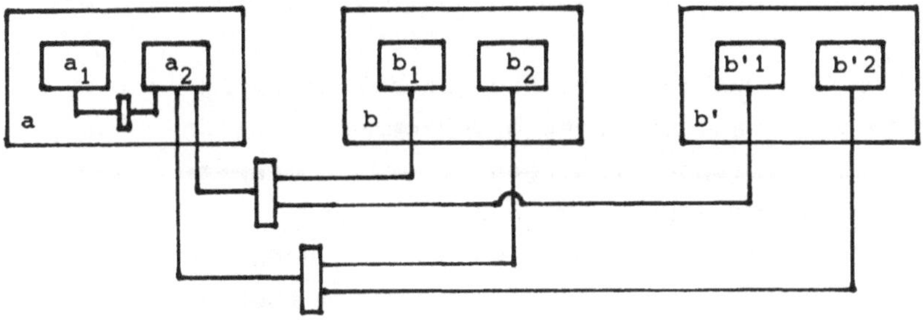

Abb. 6

Der Genauigkeit halber sind in Abb. 6 auch die internen Strukturen von a, b und b' wiedergegeben, wie sie für den genannten (F2)-Beispielsatz anzunehmen sind; es können aber auch andere interne Strukturen vorliegen (so etwa bei

Peter $/_{a_1}$ *leiht* $/_{a_2}$ *Regina* $/_{a_3}$ *heute* $/_{b_1}$ *Bücher* $/_{b_2}$ *morgen* $/_{b'1}$ *Schallplatten* $/_{b'2}$).

Darüberhinaus lehrt Abb. 6 zweierlei. Zum einen muß damit gerechnet werden, daß bei der Anwendung von pauschalen Koordinationsregeln (bzw. Regelfolgen), wie wir sie bisher formuliert haben, sehr unterschiedliche Verknüpfungsstrukturen entstehen können und daß insbesondere die Betrachtung des Falls, wo nur zwei Pole koordinativ miteinander verschaltet werden, nicht ausreicht. Zum anderen entspricht Abb. 6 nicht vollständig den intuitiven semantischen Erwartungen, weil nur in Abhängigkeit von der linearen Anordnung eine eindeutige Aufteilung in die Sequenzen a_1 a_2 b_1 b_2 und a_1 a_2 b'1 b'2 möglich ist (auf diesen Aspekt werden ich später noch genauer eingehen).

Die Ergebnisse der eingeschobenen Diskussion über eine dependenzgrammatisch orientierte Bestimmung der Expansionsregeln sollen folgendermaßen zusammengefaßt werden.

These 7:

Für die Formulierung einer Produktionssyntax mit Expansionsregeln ist es zweckmäßig, eine Verknüpfungsrelation zugrunde zu legen, die zumindest partiell als Konkomitanzbeziehung bestimmt ist. Darüberhinaus scheinen für eine

Modellierung der Ellipsenbildung folgende vier Sachverhalte wichtig zu sein:

- Verben könnten in Verknüpfungsstrukturen als mehrpolig verschaltete Objekte vorkommen.
- Bestimmte Ellipsenbildungen erfordern mehrere koordinative Polverschaltungen zugleich.
- Die Möglichkeit, Ellipsen zu bilden, hängt teilweise (in noch nicht überschaubarer Weise) von der Position der miteinander zu verknüpfenden Elemente ab.
- Die Strukturierung durch Konkomitanz- und Positionsbeziehungen reicht nicht zur Erklärung sämtlicher Ellipsenbildungsformen aus, da es den von NK- und SK-Fällen verschiedenen Typ der FK-Koordination gibt, der bestimmte Asymmetrien aufweist hinsichtlich der Möglichkeit einer indirekten Mehrfachverknüpfung mit Elementen, die nicht in der Anfangsposition stehen.

Die oben für (F5) genannten Beispiele mußten wir dem Konstruktionsweg mit A → C zuordnen. Umgekehrt ist (F5) für den Weg mit B → C offensichtlich nicht empirisch realisierbar; dies gilt zumindest in dem hier betrachteten Beispielparadigma, wie für den Fall NK Beipiele des Typs
Peter $/_a$ *verleiht* $/_b$ *Bücher* $/_c$ *(aber) verschenkt nicht* $/_{b'}$ und
für den Fall SK Beispiele des Typs
Peter $/_a$ *leiht Regina* $/_b$ *Bücher* $/_c$ *schenkt Veronika* $/_{b'}$ deutlich machen. Die Inakzeptabilität solcher Beispiele, die uns ja schon in Abschnitt 1 sehr beschäftigt hat, ist jetzt mit Hilfe unseres Strukturmodells auf sehr einfache Weise erklärbar. Zunächst können wir in Verallgemeinerung dieser Beispiele von folgender Strukturdarstellung für a b c ausgehen.

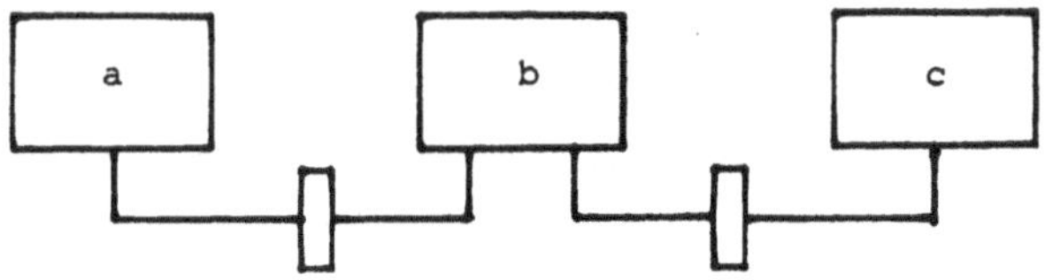

Abb. 7

Die Problemfrage lautet nun: Warum ist es nicht möglich, a b c durch ein zu b korrespondierendes b' zu expandieren, bzw. - vorsichtiger gesagt - warum stellt a b c b' keine zulässige Form der Ellipsenbildung dar? Für eine Beantwortung dieser Frage helfen uns zwei Beobachtungen, die ich an dem oben genannten SK-Beispiel exemplifizieren möchte. Erstens: Entsprechend unserer Einschätzung in Abschnitt 1 kann
Peter $/_{a}$ *leiht Regina* $/_{b}$ *Bücher* $/_{c}$ *schenkt Veronika* $/_{b'}$ als fragmentarisch eingestuft werden; d.h. die koordinative Expansion durch *schenkt Veronika* ist zwar zulässig, sie reicht aber nicht zur Bildung eines (vollständigen) Satzes hin, und man erwartet noch die Angabe eines Schenkungsobjekts. Zweitens: Daß eine an *leiht Regina* anschließende Expansion durch *schenkt Veronika* erlaubt ist, belegt auch das Beispiel
Peter $/_{a}$ *leiht Regina* $/_{b}$ *schenkt Veronika* $/_{b'}$ *Bücher* $/_{c'}$, das gerade die Ellipsenbildungsform (F4) realisiert; hier ist das Problem der Angabe eines Schenkungsobjekts offensichtlich dadurch gelöst, daß bei (F4) analog zu unserer Rekonstruktion von (F1) c simultan mit b und b' verknüpft wird. Aus diesen beiden Beobachtungen kann man schließen, daß für a b c b' etwa folgende Darstellung anzunehmen ist, wenn die sequentielle Position von b' und gegebenenfalls zusätzliche Verschaltung zwischen b und b' aufgrund der internen Struktur von b und b' vernachlässigt werden.

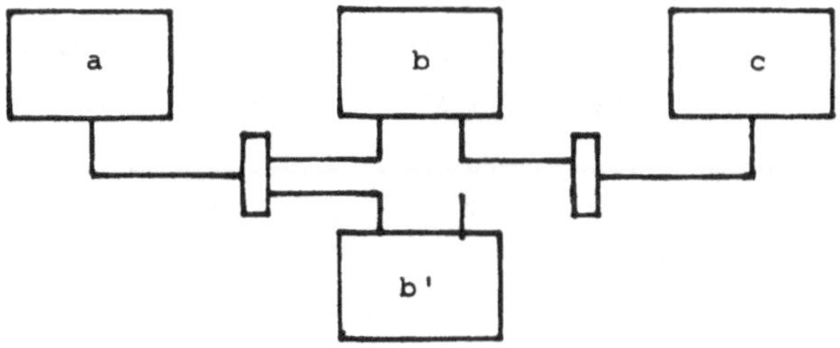

Abb. 8

Der für die gesuchte Erklärung entscheidende Aspekt dieser Strukturdarstellung liegt in dem Umstand,daß b' mit einem (obligatorisch zu verschaltenden) Verknüpfungspol 'in der Luft hängt'. M.a.W. eine wesentliche Ursache für das unterschiedliche Verhalten sprachlicher Elemente bei Ellipsenbildungen ist offensichtlich darin begründet, daß entweder nur ein Pol oder aber mehrere Pole der jeweils korrespondierenden Elemente miteinander verknüpft werden müssen; für den zweiten, und bei b und b' vorliegenden Fall besteht dann vermutlich die Schwierigkeit, daß bei jeder Anwendung einer Koordinationsregel bzw. bei jedem Koordinationsschritt nur ein Pol des jeweils zu verknüpfenden Elements verschaltet wird. Die so formulierte Erklärungshypothese legt sofort die Nachfrage nahe: Wenn ein Element mehrere Pole besitzt, welcher Pol wird dann verschaltet? Zur Beantwortung dieser Frage wollen wir folgende Beispiele betrachten, bei denen am Ende jeweils eine inakzeptable und eine akzeptable Ergänzung in Klammern angefügt sind:

Peter $/_a$ *verleiht* $/_b$ *Bücher* $/_c$ *(aber) verschenkt nicht* $/_{b'}$ *(sein Freund / Schallplatten)*

Peter $/_a$ *leiht Regina* $/_b$ *Bücher* $/_c$ *schenkt Veronika* $/_{b'}$ *(sein Freund / Schallplatten)*

Peter $/_a$ *verleiht* $/_b$ *Bücher* $/_c$ *und / schreibt gern* $/_{b'}$ *(sein Freund / Aufsätze)*

Diese Beispiele verdeutlichen, daß in NK-, SK- und FK-Fällen stets eine nach dem Prinzip der linearen Reihenfolge verfahrende koordinative Polverknüpfung möglich ist (d.h. der zu a führende Pol von b wird mit dem dazu passenden Pol von b' verknüpft); diese Möglichkeit ist auch unabhängig davon gegeben, welchem Typ der Aktant in der Anfangsposition angehört, wie eine Vertauschung von Subjekt und Objekt in den drei Beispielsätzen (mit eventueller Wortstellungskorrektur) und eine Betrachtung analog gebildeter Sätze zeigen (vgl.

Heute $/_a$ *verleiht Peter* $/_b$ *Bücher* $/_c$ *verschenkt sein Freund* $/_b$ *(morgen / Schallplatten)*).

Zugleich belegen die Ergebnisse des Vertauschungstests, daß zumindest in SK-Fällen nur nach dem Prinzip der linearen Reihenfolge vorgegangen werden darf (dies erklärt auch, warum man das oben von mir als inakzeptabel eingestufte Beispiel (7) nahezu zwangsläufig in der semantisch anomalen Lesart *Peter verleiht Jan* interpretiert.) Eine vergleichbare Aussage für NK ist nicht ohne weiteres möglich, weil NK im Fall der Koordination von Verben wohl nur in syndetischer Version akzeptabel ist und daher nicht eindeutig gegen FK abgegrenzt werden kann. Demgegenüber zeigt das Verhalten des FK-Beispiels, daß bei FK-Koordinationen auch eine Verschaltung mit einem 'nachfolgenden' Pol zulässig ist. Entsprechend früheren Diskussionsergebnissen gilt dies im betrachteten Fall von Verben/Verbalphrasen jedoch nur für den 'Agentpol', d.h. den zur Subjektsnominalphrase führenden Pol des Verbs; dabei ist die genaue Position dieser Phrase unerheblich (vgl. etwa *Bücher verleiht heute Peter (Peter heute) und verschenkt Schallplatten*).

Die in Abb. 8 veranschaulichte Erklärung dafür, daß (F5) für den Weg mit B → C nicht realisiert ist, bedarf im Fall mehrgliedriger Sequenzen b und b' noch bestimmter Erläuterungen, da wir die genaue Struktur der koordinativen Verschaltung in diesem Fall noch nicht kennen. So kann etwa bei dem oben diskutierten SK-Beispiel die Sequenz *leiht Regina* deshalb als zweipoliges b angesetzt werden, weil der 'Adressatpol' des dreipoligen *leiht* mit dem Pol von *Regina* verschaltet ist. Wenn man nun *Peter leiht Regina Bücher* durch *schenkt* expandiert, dann werden die 'Agentpole' von *leiht* und *schenkt* koordinativ miteinander verknüpft; die anschließende Expansion durch *Veronika* führt - so darf man vermuten - zur Bindung des 'Adressatpols' von *schenkt* und der 'Patientpol' von *schenkt* bleibt unverschaltet, so daß insofern die Situation von Abb. 8 entsteht.

Die Erklärung für das Nicht-Auftreten von (F5) im Fall B → C soll auch noch mit dem früher verwendeten Konzept der Beziehungsübertragung in Verbindung gebracht werden. Man kann nämlich sagen, daß in diesem Fall bei einem koordinativen Anschluß von b' an b zwar die Beziehung zwischen a und b auf b' übertragen wird, nicht aber die Beziehung zwischen b und c. So gesehen liegt bei (F5) eine ähnliche Konstellation vor, wie wir sie bei (F3) für SK in These 3 postuliert haben. Da auch schon die formale Verwandtschaft zwischen (F3) und (F5) für den Weg mit B → C konstatiert wurde, ist erwartbar, daß das Nicht-Auftreten von (F3) für SK die gleiche Ursache hat. Die Anwendung unseres Erklärungsprinzips auf Beispiele wie *Harro arbeitet* $/_a$ *dort* $/_b$ *Mike wohnt* $/_{a'}$ ist jedoch wieder durch das fehlende Wissen über die genaue Verknüpfungsstruktur von SK-Koordinationen erschwert, und so können wir über die Ursache der Fragmentarizität dieses Beispiels nur folgende globale Vermutungen aufstellen: Bei dem koordinativen Anschluß von *Mike wohnt* an

Harro arbeitet wird der 'Agentpol' von *wohnt* verschaltet und daher ist die Verknüpfung des (obligatorisch zu bindenden) 'Ortspols' nicht mehr möglich. Dieser Erklärung widerspricht übrigens auch nicht, daß das (allerdings nur in syndetischer Version akzeptable) Beispiel *Mike wohnt dort und Harro arbeitet* syntaktisch vollständig ist; dieses Urteil gilt nämlich nur für seine nichtelliptische Lesart, wo der zweite Teilsatz nicht die Bedeutung von *Harro arbeitet dort* hat.

Als Diskussionsergebnis der vorangegangenen Überlegungen wollen wir an dieser Stelle festhalten:

These 8:

> Beim koordinativen Anschluß eines sprachlichen Elements kann höchstens einer seiner Pole verschaltet werden, und zwar in der Regel nur derjenige, der zu dem zuerst verschalteten Pol des korrespondierenden sprachlichen Elements paßt; eine Ausnahme hiervon bildet die koordinative Verschaltung der 'Agentpole' von Verben, die im Fall der (nur syndetisch realisierten) FK-Koordination auch unabhängig von der sequentiellen Position der zugehörigen Subjektsnominalphrase möglich ist. Insgesamt ergibt sich eine Sonderstellung von mehrpolig verwendeten Elementen bei der Ellipsenbildung: solche Elemente können nicht nachträglich zugleich mit mehreren Polen koordinativ verschaltet werden. Das erklärt auch die beobachteten Einschränkungen in der Realisierung von (F3) und (F5). Umgekehrt bezeugt diese, mit den semantischen Intuitionen übereinstimmende Erklärungsmöglichkeit erneut die Nützlichkeit des Verknüpfungskonzepts von Abb. 1.

Zu These 8 ist erstens noch anzumerken, daß die Benennung "Agentpol" etc. nur der besseren Verständlichkeit halber gewählt wurde, daß damit aber keine Festlegung auf die üblichen Tiefenkasus intendiert ist; insbesondere hängt das in These 8 postulierte Ausnahmeverhalten der koordinativen Verschaltung von 'Agentpolen' nicht davon ab, welchen der möglichen Tiefenkasus die betreffende Subjektsnominalphrase realisiert (vgl. hierzu Beispiele wie *Jetzt kocht die Suppe schon und wird gleich sehr gut schmecken* oder *Jetzt wird das Baby gebadet und muß anschließend gewickelt werden*).

Zweitens liefert These 8 (zusammen mit der Diskussion um These 7) ein Argument dafür, daß es trotz gegenteiliger Auffassungen (vgl. etwa Reis 1982) möglich und sinnvoll ist, für das Deutsche ein Subjektskonzept auszuzeichnen.

Drittens: mit These 8 wurde hier das Verhalten von Verben in Ellipsenbildungen erklärt, sie kann aber umgekehrt auch dazu benutzt werden, Rückschlüsse auf die Verknüpfungsstruktur grammatischer Konstruktionen zu ziehen. Weder in der Phrasenstruktur- noch in der Dependenzgrammatik ist bisher befriedigend geklärt worden, welche interne Struktur Nominalphrasen besitzen. Zur Klärung dieser Frage könnte vielleicht folgende Beobachtung beitragen (vgl. hierzu auch Klein (1981: 70/71)). Im Gegensatz zu (F1) ist (F3) nur teilweise für Nominalphrasen realisiert; besonders deutlich wird das an dem unterschiedlichen Verhalten etwa des Determinators *der*, das davon abhängt, ob er als bestimmter Artikel oder als Demonstrativpronomen verwendet wird (vgl. *der Mánn, nicht ein* vs. *dér Mann, nicht dér*). Diese Beobachtung kann als Indiz dáfür gelten, daß Nominalphrasen unterschiedliche Verknüpfungsstrukturen zugrunde liegen, z.B. in dem Sinne, daß Determinatoren ein- oder mehrpolig verschaltet werden.

Nach den längeren, durch (F5) angeregten Überlegungen wollen wir nun zur Diskussion von (F4) übergehen. Auch für eine Erklärung des Auftretens dieser Form reicht es aus, die Existenz einer Koordinationsregel B → B anzunehmen. Demgegenüber scheint es analog zur Argumentation bei (F2) nicht zweckmäßig zu sein, die Expansion von a b durch b' auf die Anwendung von A → B zurückzuführen, weil b' einerseits strukturell zu b passen muß und andererseits zu a inkongruente Elemente enthalten kann (vgl. hierzu die Inakzeptabilität von *Peter* $/_a$ *leiht heute Regina* $/_b$ *Veronika gern* $/_{b'}$ *das Auto* $/_c$ und die mutmaßliche Akzeptabilität von *Heute schenkt* $/_a$ *Peter Regina* $/_b$ *ich Veronika* $/_{b'}$ *ein Buch* $/_c$).

Die von der Oberflächenform her naheliegende Einschätzung, (F4) entstehe durch Komposition aus (F2) und (F1), stimmt nur für den Konstruktionsweg mit B → C; im Fall A → C ist (F4) dagegen eine nur in der Art der Linearisierung abweichende Variante von (F2). Wenn nun die Expansion von a b durch c auf A → C beruht, dann ist auch der Weg der Ableitung von a b b' c bereits eindeutig bestimmt. Da nun die beiden oben für (F4) genannten Realisierungen diesem Fall zuzuordnen sind, muß noch geprüft werden, ob (F4) auch im Fall des Wegs mit B → C empirisch realisiert ist. Als positive Belege seien für NK

Peter $/_a$ *verleiht* $/_b$ *(aber) verschenkt nicht* $/_{b'}$ *Bücher* $/_c$

und für SK

Peter $/_a$ *leiht Regina* $/_b$ *schenkt Veronika* $/_{b'}$ *Bücher* $/_c$ angeführt. Analog zur Argumentation bei (F1) gibt es für den Fall B → C im Prinzip noch vier unterschiedliche Möglichkeiten, c an b b' anzuschließen. Aus denselben Gründen wie bei (F1) ist jedoch die Möglichkeit zu bevorzugen, daß c an b und b' anschließt; nur so kann nämlich auf einfache Weise die Notwendigkeit der Einhaltung bestimmter Kongruenzbedingungen erklärt werden. Dies läßt sich z.B. an folgendem Satzpaar begründen:

Peter $/_a$ *verschenkt ein* $/_b$ *verkauft zwei* $/_{b'}$ *Kaninchen* $/_c$

Peter $/_a$ *verschenkt ein* $/_b$ *verkauft zwei* $/_{b'}$ *Bücher* $/_c$

Der Vollständigkeit halber möchte ich für (F4) im Fall des Wegs mit B → C die zugrunde liegende Struktur angeben, wobei allerdings wie in Abb. 8 in Rechnung zu stellen ist, daß eventuell noch zusätzliche Verschaltungen zwischen b und b' vorliegen können.

(K4)

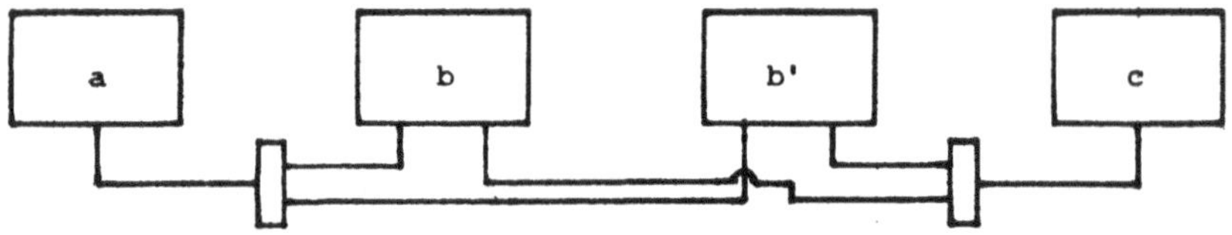

Abb. 9

Aus der Diskussion über (F4) und den parallelen Ausführungen zu (F5) wollen wir noch folgendes Resümee ziehen.

These 9:

Angesichts der empirisch zu beobachtenden Realisierungsformen ist das Auftreten von (F4) und (F5) am besten mit der Anwendung von Koordinationsregeln zu erklären.

Wenn wir abschließend wieder einen Vergleich der hier erreichten Ergebnisse mit der Darstellung von Klein (1981) ziehen, sind vier Punkte anzumerken. Erstens dürfte die explanatorische Überlegenheit des Verknüpfungsansatzes gegenüber dem Aussparungsansatz jetzt noch deutlicher geworden sein. Diese Überlegenheit ist dem Umstand zu verdanken, daß uns der Verknüpfungsansatz zu einer systematischen Modellkonstruktion und insbesondere zur Suche nach den relevanten grammatischen Steuerungsfaktoren der Ellipsenbildung zwingt. Der Nutzen einer expliziten grammatischen Analyse von Ellipsenbildungsformen wird zweitens auch daran sichtbar, daß auf diese Weise Ellipsenbildungen, die von ihrer Oberflächenform her identisch (verschieden) sind, als in Wirklichkeit grammatisch verschieden (identisch) erkannt werden können. So hat sich etwa gezeigt, daß bestimmte Fälle von (F4) und (F5) (nämlich die mit dem Weg A → C), die bei Klein der Anwendung von E 3 zugerechnet werden müssen, auf demselben Prinzip wie (F2) (bzw. Anwendungen von E 2) beruhen, obwohl sie aufgrund einer gewissen Diskontinuierlichkeit als andersartig erscheinen.
Mit der zunehmenden Ausdifferenzierung der Ellipsenbildungsformen wachsen drittens auch die Zweifel an der Kleinschen Wunderwaffe der Thematizitätsbedingung in E 3. Denn die Möglichkeit, Ellipsen zu bilden, scheint maßgeblich davon abzuhängen, ob die erforderlichen Schaltstrukturen hergestellt werden können. Trotzdem soll nicht bestritten werden, daß irgendein Zusammenhang zwischen Ellipsenbildung und Thema-Rhema-Gliederung besteht. Verwirrenderweise fallen 'Aussparbarkeit' und Thematizität oft sogar bei den nach E 1 oder E 2 gebildeten Sätzen zusammen, obwohl Klein diese für E 1 und E 2 nicht als Erklärungsgrundlage geltend macht; zumindest kann ein solches Zusammenfallen postuliert werden, wenn die Standardintonation - wie üblich - als Beurteilungskriterium für Thema-/Rhemakategorisierungen akzeptiert wird (vgl. etwa
Míchael /$_a$ *und / nicht Hárro* /$_{a'}$ *läuft* /$_b$ und
Heute läuft /$_a$ *Míchael* /$_b$ *und / nicht Hárro* /$_{b'}$). Der mögliche Zusammenhang zwischen Ellipsenbildung und Thema-Rhema-Gliederung würde im Rahmen des Verknüpfungsansatzes allerdings eine andere Beschreibung erhalten als im Aussparungsansatz, nämlich die folgende: Elliptische Sequenzen sind solche, die mit dem rhematischen Teil einer Sequenz koordinativ verknüpft und in der Gesamtsequenz

selbst rhematisch sind. Oder um ein Konzept aufzugreifen, das (nach Aussage des Mitherausgebers H. Rieser) in anderen Beiträgen des vorliegenden Bandes eine wichtige Rolle spielt: Der rhematische Teil einer Sequenz ist tendentiell *offen* für Informationsergänzungen über die grammatische Konstruktion der koordinativen Verknüpfung.

Probleme mit der Thematizitätsbedingung hatte auch Klein schon bemerkt, und zwar u.a. an dem Beispiel *Fritz liebt Wagneropern und Otto haßt* (1981: 72). In diesem Beispiel schätzt Klein *Wagneropern* als thematisch ein und wundert sich deshalb darüber, daß *Wagneropern* nicht ausgespart werden darf. Zugleich demonstriert er an diesem Beispiel und ähnlichen anderen, daß Verben bzw. finite Verben eine Sonderrolle bei der Ellipsenbildung spielen, die er sich aber - und dies betrifft unseren vierten Punkt - nicht erklären kann. Für diese Sonderrolle haben wir in These 8 gerade eine Begründung gegeben.

3. Modellerweiterung und Ausblick

3.1 Das im vorigen Abschnitt aufgezogene Programm einer systematischen Diskussion von Oberflächenformen der Ellipsenbildung kann im vorliegenden Aufsatz nicht weitergeführt werden. Einerseits darf aber mein Ziel, einen Weg zu einer syntaktischen Modellierung der Ellipsenbildung aufzuzeigen, schon als erreicht gelten. Andererseits wäre dieses Programm wegen der Möglichkeit, immer längere und feiner unterteilte Sequenztypen zu untersuchen, ohnehin nicht abschließbar und man muß ab einem gewissen Zeitpunkt der Programmdurchführung versuchen, die den verschiedenen Oberflächenformen der Ellipsenbildung gemeinsam zugrunde liegenden Prinzipien zu bestimmen. In diesem Sinne möchte ich im letzten Abschnitt meines Aufsatzes noch einige weiterführende Modellierungsschritte skizzieren.

In Zusammenhang mit These 6 und 7 in 2.5 bzw. 2.6 ist deutlich geworden, daß eine systematische Untersuchung von syndetischen *und* asyndetischen Koordinationen wegen ihrer unterschiedlichen Verwendungsmöglichkeiten erforderlich ist. Unsere bisherige Darstellung muß also um die Betrachtung von Konjunktionen und ihren Verknüpfungseigenschaften erweitert werden (dabei will ich mich hauptsächlich auf den Fall zweistelliger Konjunktionen beschränken). Genauer geht es um die sogenannten parataktischen (oder koordinativen) Konjunktionen, weil sie im Gegensatz zu den hypotaktischen (subordinativen) Konjunktionen Ellipsenbildungen erlauben, und zwar insbesondere syndetische Analoga zu den bisher betrachteten Formen (F1) - (F5); als Beispiel der Nichtrealisierung von (F3) im hypotaktischen Fall sei *Peter schenkt Regina ein Buch, obwohl Jan* angeführt. Der (darstellungstechnischen) Einfachheit halber möchte ich allerdings diskontinuierlich verwendete (zweigliedrige) Konjunktionen wie *entweder...oder* von der Betrachtung ausklammern. Entgegen üblicher Klassifikation muß zu den koordinativen Konjunktionen aber z.B. auch die 'Korrekturkonjunktion' *nein* gezählt werden (vgl. etwa *Michael läuft, nein Harro*); dabei ist zu beachten, daß *nein Harro* im Gegensatz zu *nicht Harro* keine Nominalphrase bildet. Die unterschiedliche Verhaltensweise von *nein* und *nicht* zeigt zugleich, daß bei der Untersuchung von Koordinationen einstellige *und* zweistellige Konjunktionen betrachtet werden müssen. Zu den einstelligen gehören neben *nicht* insbesondere *nur* und *auch*. Deshalb ist *nicht nur...sondern auch* - genauer gesehen - nicht, wie in traditionellen Grammatiken dargestellt, als mehrgliedrige, diskontinuierlich verwendete zweistellige Konjunktion einzustufen, sondern als Komposition aus den einstelligen Konjunktionen *nicht, nur, auch* und der zweistelligen Konjunktion *sondern*. An dieser Analyse wird bereits die allgemeine formale Struktur von durch Konjunktionen konstituierten Koordinationen (im folgenden auch *konjunktive Koordinationen* genannt) deutlich. Eine zweistellige konjunktive Koordination hat im 'Normalfall' das Format j a ... k j' a' bzw. im speziellen Fall finiter Verbformen (für die Hauptsatz-Wortstellung von Aussagesätzen) das Format a j ... k a'j' (vgl. *Mike läuft nicht nur, sondern schwimmt auch*); dabei stellen j und j' jeweils eine gegebenenfalls leere Sequenz von einstelligen Konjunktionen dar und k eine (eingliedrige, parataktische) zweistellige Konjunktion. Wenn man zuläßt, daß k eventuell auch die leere Sequenz notiert, ist unter das angegebene Muster auch die asyndetische Koordination subsumierbar. Welche ein- und zweistelligen Konjunktionen in Koordinationen miteinander kombiniert werden dürfen und inwieweit die konjunktive Koordinationsbildung rekursiv ist, soll hier nicht genauer erörtert werden. Folgende Beispiele mögen aber zeigen, daß die Möglichkeiten von Kombination und rekursiver Bildung starken Einschränkungen unterliegen. So verlangt z.B. *sondern* die Kombination mit einer Negation (vgl. die Inakzeptabilität von *Harro läuft, sondern Mike*) und *oder* ist wohl nicht mit *nicht* kombinierbar (*Harro oder nicht Mike läuft*). Weiterhin sind Verschachtelungen von zweistelligen Koordinationen zumindest sehr ungebräuchlich (vgl. *Nicht nur Mike, sondern auch Harro oder Michael läuft*). Schließlich gibt es offensichtlich eine Präferenz für die mehrstellige Verwendung von Konjunktionen anstelle einer rekursiven Koordinationsbildung (zumindest interpretiere ich so die Präferenz für *Mike, Harro oder Michael läuft* gegenüber *Mike oder Harro oder Michael läuft;* s.u.).

Um die syndetischen Analoga der bisher betrachteten asyndetischen Ellipsenformen zu erfassen, muß man (F1) - (F5) dadurch modifizieren, daß jedes mit a' oder b' notierte Element durch k a' bzw. k b' ersetzt wird. Als mutmaßliche Kandidaten für die Erklärung der modifizierten Formen können dann Koordinationsregeln (Regelfolgen) des Typs A → K A bzw. B → K B gelten. Es müßte aber noch geprüft werden, ob die bisherigen empirischen Befunde und theoretischen Resultate generalisierbar sind. Daß eine solche Prüfung positiv ausfällt, ist durch zwei Umstände bedingt. Erstens kann jedes betrachtete asyndetische NK- und SK-Beispiel durch die Einfügung der Konjunktion *und* in ein analoges, sich identisch verhaltendes syndetisches Beispiel umgewandelt werden (vgl. etwa *Michael, nicht Harro läuft* vs. *Michael und nicht Harro läuft* und *Mike läuft heute, schwimmt morgen* vs. *Mike läuft heute und schwimmt morgen*). Zweitens sind umgekehrt bestimmten Typen syndetischer Beispiele stets formal verwandte und sich identisch verhaltende asyndetische NK- oder SK-Beispiele zuordenbar (vgl. etwa *Nicht nur Michael, sondern auch Harro läuft* vs. *Michael, nicht Harro läuft* und *Mike läuft heute oder schwimmt morgen* vs. *Mike läuft heute, schwimmt morgen*). Einen gewissen Sonderfall bildet hier allerdings die koordinative (nämlich distributive; s.u.) Verwendungsweise des *und* in Subjektsfunktion, weil für die Beispielumwandlung teilweise auch eine Änderung der Verbform erforderlich wird (vgl. *Reinhard und Rüdiger heiraten nächstes Jahr* vs. *Reinhard, nicht Rüdiger heiratet nächstes Jahr*); dies gilt aber nicht im Fall der Kombination von *und* mit *auch* oder *nicht* (vgl. *Reinhard und auch Rüdiger heiratet nächstes Jahr*).

Die Thesenreihe von Abschnitt 2 kann zunächst fortgesetzt werden mit

These 10:

Die Thesen 2 - 5 und 7 - 9 in Abschnitt 2 gelten, bezogen auf die modifizierten Ellipsenbildungsformen (F1) - (F5), auch für das Beispielparadigma, das durch den Einschluß syndetischer Fälle erweitert ist.

Eindeutige Aussagen über die Verknüpfungsstruktur syndetischer Koordinationen zu machen, ist nicht ganz einfach. An einem syndetischen (F3)-Beispiel wie *Michael läuft oder Harro* kann man sich jedoch zunächst zweierlei klarmachen. Einerseits wäre es aus semantischen Gründen nicht plausibel anzunehmen, daß *oder* mit *Michael* koordinativ verknüpft wird, d.h. daß *oder* mit einem Pol an derselben Seite wie *Michael* bei dem Schaltelement anknüpft, das die Pole von *Michael* und *läuft* verbindet (vgl. Abb. 2). Andererseits würde eine direkte Verknüpfung mit dem entsprechenden Pol von *Michael* gegen das Verbot der sukzessiven Mehrfachverknüpfung verstoßen (These 5). An dieser Stelle der Argumentation ist für uns wiederum die Offenheit des Strukturtyps im spieltheoretischen Rahmen von Nutzen, weil sie die Idee einer Modellerweiterung nahelegt, nämlich in dem Sinne, daß *Michael* einen zusätzlichen Pol besitzt, mit dem ein Pol von *oder* verschaltet werden darf. Genereller setze ich die Existenz mindestens zweier verschiedener Poltypen bei sprachlichen Elementen voraus. Die bisher betrachteten Pole, die in den Strukturdarstellungen von der Unterkante der Kästchen ausgehen, will ich aus semantischen Erwägungen heraus *Argumentpole* nennen. Demgegenüber soll für die graphische Repräsentation des neuen Typs von Polen, den *Wertpolen*, die Oberkante der Kästchen als Ausgangspunkt gewählt und zusätzlich ein Pfeil zur Markierung benutzt werden. Syntaktisch gesehen ist der Stellenwert von Wertpolen durch die spezifischen Möglichkeiten der Verschaltung mit den Polen koordinativer Konjunktionen bestimmt. Für die syndetische (F3)-Ellipsenbildung nehme ich nun vorerst folgende, gegenüber Abb. 2 erweiterte Struktur an, die (abgesehen von der Linearisierung) die wünschenswerte Eigenschaft der Symmetrie bezüglich a und a' besitzt.

(EK3)

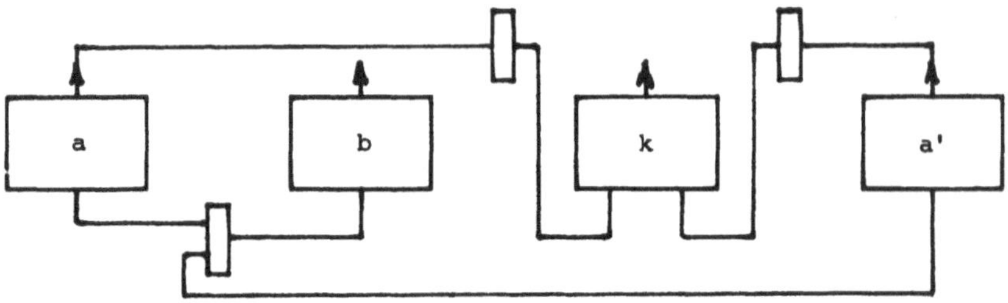

Abb. 10

Exkurs

Die Unterscheidung von Argument- und Wertpolen und die in (K3) angenommene Verknüpfungsstruktur für Konjunktionen haben auch einen semantisch orientierten Hintergrund. Die Behandlung von Konjunktionen ist in den gängigen Grammatikmodellen m.E. deshalb unbefriedigend geblieben, weil die in der Logik entwickelte Auffassung von Konjunktionen dort nicht (oder nicht konsistent) syntaktisch umgesetzt wird. Die Darstellung in (K3) repräsentiert demgegenüber auch syntaktisch in naheliegender Weise die Vorstellung, daß k aus Informations-/Wahrheitswerten von a und a' einen neuen Wert berechnet. Nach dieser Interpretation haben Eigennamen/Nominalphrasen zumindest bei Verwendungsweisen wie in *Michael läuft oder Harro* einen direkt prädikativen Status (was auch durch die Paraphrasemöglichkeit *Derjenige, der läuft, ist Michael oder Harro* belegbar ist). Unklar bleibt aber noch, ob auch die referentielle Verwendungsweise prädikativ ist; dies wäre mit Hilfe einer Umkehrung der Verarbeitungsrichtung möglich: gesucht wird dasjenige Informationsargument, das bei der betreffenden Prädikation den Wert "wahr" erhält.

Die skizzierte Modellerweiterung möchte ich in folgender These fixieren.

These 11:

Für eine Ellipsentheorie wird ein Syntaxmodell benötigt, das zwei Arten von Verknüpfungspolen, nämlich die Argument- und die Wertpole unterscheidet. Die Wertpole sind durch die Möglichkeit einer Verschaltung mit den Polen von koordinativen Konjunktionen charakterisiert.

Entsprechend unserer bisherigen Vorgehensweise wäre noch zu klären, wie (EK3) im einzelnen prozessual zustande kommt. Wenn man von einer elementweisen Expansion ausgeht, müßte nach der Produktion von a b in einem Schritt k an a und in einem zweiten Schritt a' simultan an a und k anknüpfen. Das sich hier andeutende Erfordernis der simultanen Verknüpfung zweier Pole eines sprachlichen Elements würde eventuell eine Modifikation von These 8 dahingehend notwendig machen, daß sich der dort postulierte Ausschluß einer koordinativen Verknüpfung von gleichzeitig zwei Polen nur auf Argumentpole bezieht.

Ich will nun kurz auf die Frage eingehen, ob bei Zugrundelegung von Strukturen wie (EK3) erklärt werden kann, warum die asyndetischen Analoga bestimmter syndetisch realisierter Ellipsenbildungen nicht ebenfalls auftreten. Zwecks Beantwortung dieser Frage kann man umgekehrt vermuten, daß die analogen asyndetischen Ellipsenbildungen genau dann realisiert sind, wenn sie dieselbe Struktur wie die syndetischen Fälle besitzen. Beispielsweise müßte also der asyndetischen (F3)-Form ebenfalls die erweiterte Struktur (EK3) zugrunde liegen und dies würde bedeuten, daß sich die asyndetische Form von der syndetischen nur in dem Fehlen einer expliziten Verbalisierung des Konjunktionselements unterscheiden würde; diese Annahme trifft sich auch mit dem Umstand, daß asyndetische NK- und SK-Sätze durch die Einfügung der Konjunktion *und* syndetisch paraphrasiert werden können. Aus diesen Argumenten kann man erstens genereller schließen, daß die für (F1) - (F5) angenommenen Strukturdarstellungen (K1) - (K5) auch im asyndetischen Fall unvollständig sind und durch die Darstellung von Wertpolverschaltungen gemäß der erweiterten Struktur (EK3) ergänzt werden müssen. Zweitens sind jetzt die möglichen Gründe dafür angebbar, warum asyndetische Beispiele eventuell nicht dieselbe Struktur wie die analogen syndetischen Beispiele bekommen. Einerseits wäre denkbar, daß überhaupt nur die Möglichkeit einer syndetischen, nicht aber die einer asyndetischen Koordination besteht. In den einschlägigen Beispielen scheidet dieser Fall jedoch aus. So hätte etwa bei *Michael, Harro läuft* die Sequenz *Michael, Harro* durch *oder Mike* oder durch *und auch Mike* expandiert werden dürfen und dann wäre jeweils ein akzeptabler Satz entstanden; eine ähnliche Argumentation gilt für die Beispiele *Mike schwimmt, läuft* und *Michael läuft, Harro*. Folglich bleibt nur die Möglichkeit, daß bei der Durchführung einer asyndetischen Koordination eventuell kein über eine 'implizite' Konjunktion laufender Zusammenschluß der Wertpole erfolgt. Warum bei den genannten Beispielen ein solcher Zusammenschluß nicht vorgenommen werden darf, ist sehr leicht erkennbar. Dort würde nämlich die (normierte) Auswahl einer impliziten Konjunktion (z.B. des *oder*) eventuell inkompatibel mit der beim letzten Konjunktionsglied explizit eingeführten (und dann offensichtlich dreistellig verwendeten) Konjunktion sein. Demgegenüber ist - wie oben bereits erwähnt - die Wahl einer impliziten Konjunktion bei NK- und SK-Sätzen offensichtlich auf die Konjunktion *und* normiert und dazu inkompatible Expansionen sind nicht zugelassen (so ist *Michael, nicht Harro oder Mike läuft* vermutlich nicht akzeptabel und *Mike läuft heute, schwimmt morgen oder wandert übermorgen* besitzt wohl nur die Lesart *Mike läuft heute und (schwimmt morgen oder wandert übermorgen)*).

These 12:

> Bei der asyndetischen koordinativen Verknüpfung zweier sprachlicher Elemente dürfen ihre Wertpole nur dann über eine implizite Konjunktion zusammengeschlossen werden, wenn dieser Zusammenschluß und die Wahl dieser Konjunktion allen möglichen Expansionen angemessen ist. Bei asyndetischen NK- und SK-Koordinationen liegt dieser Fall vor, und zwar ist die implizite Konjunktion dort auf das *und* normiert. Analogen syndetischen und asyndetischen Ellipsenbildungen liegen dieselben Strukturen zugrunde. Dementsprechend kann nicht für jede syndetische auch die analoge asyndetische Ellipsenbildung empirisch realisiert sein.

Es sei angemerkt, daß die Normierungsbehauptung in These 12 nur für das bisher zugrunde gelegte Beispielparadigma einfacher Aussagesätze gilt; demgegenüber liegen für SK-Koordinationen in Fragesätzen offensichtlich andere Verhältnisse vor.

3.2 Für eine Suche und Formulierung allgemeiner Prinzipien der Ellipsenbildung ist es wichtig, die verschiedenen ihr zugrunde liegenden Koordinationstypen zu charakterisieren und die zugehörigen Verknüpfungsstrukturen zu ermitteln. Zunächst muß ich kurz auf den Umstand eingehen, daß nicht jede Verwendung der Konjunktion *und* eine Koordination beinhaltet bzw. zu einer Ellipsenbildung führt: so stellt etwa *Jan und Peter treffen sich* keine elliptische Version von *Jan trifft sich und Peter trifft sich* dar. Die zugrunde liegende Verwendungsweise des *und* kann man *kollektiv* nennen im Unterschied zu einer *distributiven* Verwendungsweise z.B. in *Michael und auch Harro läuft*. Welche dieser beiden Verwendungsweisen bei kontinuierlicher Konjunktionsbildung (also für die Formen (F1), (F2) und (F4)) vorliegt, kann abgesehen von den Konfigurationen *und auch* und *und nicht* nicht syntaktisch entschieden werden; demgegenüber ist bei einer diskontinuierlichen Konjunktionsbildung (also z.B. in (F3)-Fällen) nur die distributive Verwendungsweise möglich. Die Eigenschaft der kollektiven Verwendungsweise des *und*, nicht ellipsenbildend zu sein und keine (F3)-Realisierung zuzulassen, muß sich auch strukturell niederschlagen. Diesbezüglich nehme ich für die Analyse von *Jan und Peter treffen sich* an, daß die Argumentpole von *Jan* und *Peter* über die Konjunktion zu einem 'kollektiven' Pol zusammengeschlossen werden, der dann mit dem Argumentpol von *treffen sich* verschaltet werden darf. Dies bedeutet einerseits, daß der Beispielsatz nicht in die Prädikationen *Jan trifft sich* und *Peter trifft sich* zerlegbar ist. Andererseits kann er auch keine (F3)-Paraphrase *Jan trifft sich und Peter* besitzen; denn man darf vermuten, daß es nicht zulässig/möglich ist, eine Verschaltung des Argumentpols von *Jan* mit dem Argumentpol von *trifft* nachträglich wieder aufzutrennen und stattdessen den kollektiven Pol von *Jan und Peter* anzuschließen. An dieser Stelle der Diskussion wird wie schon im Zusammenhang mit These 7 und 8 wieder deutlich, daß die syntaktische Verhaltensweise sprachlicher Sequenzen offensichtlich wesentlich dadurch bestimmt ist, wieviele und welche Pole in der jeweils zugrunde liegenden Struktur unter welchen Voraussetzungen miteinander verschaltet werden können/müssen.

These 13:

Die distributive und die kollektive Verwendungsweise des *und* führen zu unterschiedlichen Polstrukturen; bei der kollektiven Verwendungsweise werden im Gegensatz zur distributiven zwei Argumentpole so verschaltet, daß sie später nicht mehr einzeln für Verknüpfungen zur Verfügung stehen. Dies erklärt, warum die kollektive Verwendungsweise nicht ellipsenbildend ist und keine (F3)-Paraphrasierung erlaubt.

Vom Fall der kollektiven Verwendung des *und* abgesehen, scheint mit jeder Verwendung einer parataktischen Konjunktion (zumindest unterhalb der Satzeinheit) eine konjunktive Koordination bzw. eine Ellipsenbildung verbunden zu sein. Die jetzt relevante Frage heißt: Welche Verknüpfungsstruktur liegt konjunktiven Koordinationen allgemein zugrunde? Gegenüber der Darstellung etwa von (EK3) in Abb.10 müssen offensichtlich noch zwei Ausdifferenzierungen vorgenommen werden. Erstens ist gemäß unserer Diskussion in 3.1 die Möglichkeit einer Konjunktionskomposition zu berücksichtigen. Diesbezüglich liegt es nahe, z.B. für
Michael $/_a$ *läuft* $/_b$ *und* $/_k$ *nicht* $/_{j'}$ *Harro* $/_{a'}$ genauer folgenden Strukturtyp anzusetzen, in dem für die einstellige Konjunktion j' eine zum schon behandelten zweistelligen Fall vergleichbare Verknüpfungsstruktur angenommen wird.

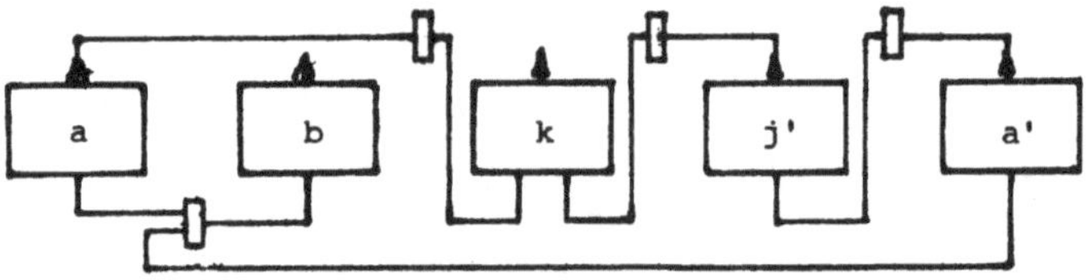

Abb. 11

Anmerkung:

Das hier entwickelte Syntaxmodell liefert eventuell auch die Grundlage für eine Erklärung, warum im Deutschen bei Subjektnominalphrasen und Verben unterschiedliche Konventionen bezüglich der Plazierung der Negation bzw. allgemeiner einstelliger Konjunktionen gelten (vgl. *nicht Michael schwimmt* vs. *Michael schwimmt nicht*). Wenn der Umstand, daß Subjektnominalphrase und Verb unmittelbar benachbart sind, als relativ stabiler Indikator dafür bewertet wird, daß die Argumentpole dieser beiden Einheiten verschaltet werden sollen, dann würde bei einer anderen Positionswahl für einstellige Konjunktionen eine die Herstellung der Subjekt-Verb-Beziehung störende Diskontinuität auftreten; umgekehrt vermeiden die geltenden Plazierungskonventionen gerade das Auftreten einerseits von syntaktischer Ambiguität und andererseits von Diskontinuität, indem die Nachbarschaft zweier Elemente jeweils als Indikator für die Verschaltung zweier ihrer Pole gewertet werden darf. Dieser Vorteil ist allerdings nicht gleichzeitig für alle grammatischen Beziehungen konsistent durchzuhalten und muß deshalb schon bei den Verbergänzungen aufgegeben werden.

Ein zweiter Ausdifferenzierungsschritt betrifft die Strukturdarstellung für den Fall, daß - wie bei SK-Koordinationen - mehrere Satzglieder an die (gegebenenfalls zusammengesetzte) Konjunktion angeschlossen werden. Der Einfachheit halber möchte ich hier das Problem der Bestimmung der internen Struktur von Satzgliedern ausklammern und nur minimale, d.h. Ein-Wort-Satzglieder betrachten. Für ein (F2)-Beispiel wie

Peter leiht $/_a$ *Regina* $/_b$ *Bücher* $/_c$ *aber* $/_k$ *nicht* $/_{j'}$ *Veronika* $/_{b'}$ *Schallplatten* $/_{c'}$ setze ich folgenden Strukturtyp an.

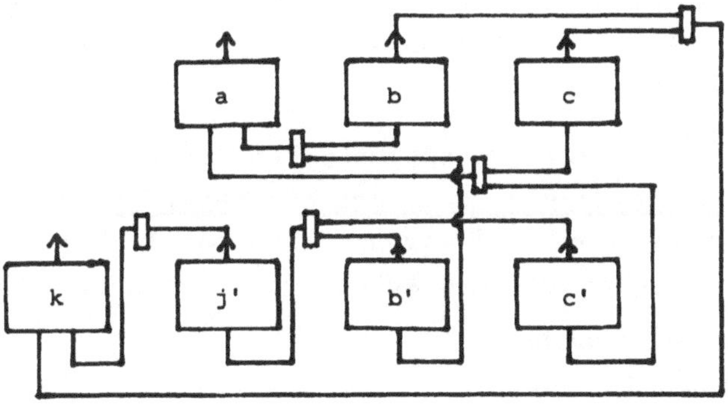

Abb. 12

M.a.W. ich gehe davon aus, daß bei der Expansion von a b c durch k eine simultane Mehrfachverknüpfung eines Argumentpols von k mit den Wertpolen von b und c (und damit eine indirekte koordinative

Verknüpfung dieser beiden Pole) vorgenommen wird. Weiter nehme ich an, daß in analoger Weise eine Mehrfachverknüpfung zwischen j' und b' bzw. c' besteht, die allerdings prozessual auf andere Art, nämlich durch eine direkte koordinative Verschaltung der Wertpole von b' und c' zustande kommt. Meine Entscheidung für diese Strukturdarstellung ist wesentlich durch die Einschätzung bestimmt, daß bei SK-Koordinationen die Expansion durch korrespondierende Satzglieder aus Gründen der Ökonomie des Regelsystems nicht als Expansion einer komplexen Sequenz, sondern als gliedweise durchgeführte Expansion modelliert werden sollte. Es sind jedoch auch Darstellungsalternativen zu Abb. 12 denkbar, die ich jetzt nicht mehr diskutieren kann. Erwähnen möchte ich aber noch, daß die in Abb. 12 vorgesehene koordinative Verknüpfung von Wertpolen semantisch gesehen wahrscheinlich andere Eigenschaften besitzt, als sie für die koordinative Verknüpfung von Argumentpolen unterstellt wurden.

Bei Berücksichtigung der beiden eben skizzierten Strukturausdifferenzierungen kann man sich zunächst eine allgemeine Vorstellung davon machen, welche Arten von Verknüpfungsstrukturen bei Ellipsenbildungen möglich sind, die durch zweistellige konjunktive Koordinationen zustande kommen. Darüber hinaus läßt sich jetzt die bisherige pauschale Betrachtungsweise bzw. Formulierung von Koordinationsregeln ablösen, indem wir versuchen, Regeln für die gliedweise vorgenommenen Expansionsschritte von Koordinationen zu formulieren und die zugehörigen Verknüpfungsstrukturen anzugeben.

These 14:

Der Aufbau von zweistelligen konjunktiven Koordinationen kann (abgesehen von Regeln, die auch außerhalb von Koordinationsstrukturen benötigt werden) grundsätzlich mit Expansionsregeln folgender sechs Arten erfaßt werden:

(1) Konjunktionseinführung:
Eine Sequenz wird durch eine Konjunktion expandiert und dabei werden die Wertpole bestimmter Elemente dieser Sequenz mit einem Argumentpol der Konjunktion verschaltet. Falls mehrere Elemente der Sequenz betroffen sind, kommt also eine indirekt koordinative Verschaltung der zugehörigen Wertpole zustande; im Fall einstelliger Konjunktionen soll auch zugelassen sein, daß

die Sequenz leer ist (d.h. auf diese Weise ist die Möglichkeit zur Formulierung initialer Regeln für einstellige Konjunktionen gegeben).

(2) Konjunktionskomposition:
Eine Sequenz, in der eine Konjunktion vorkommt, wird durch eine weitere Konjunktion expandiert und dabei wird ein Argumentpol einer der beiden Konjunktionen mit dem Wertpol der anderen Konjunktion verschaltet.

(3) Anknüpfung an Konjunktionen:
Eine Sequenz, in der eine Konjunktion vorkommt, wird durch ein Element expandiert, wobei dessen Wertpol mit einem Argumentpol der Konjunktion verschaltet wird.

(4) Direkt koordinative Wertpolverschaltung:
Eine Sequenz, in der der Wertpol eines Elements bzw. die Wertpole mehrerer Elemente mit einem Argumentpol einer Konjunktion verschaltet sind, wird durch ein Element expandiert, dessen Wertpol parallel zu den Wertpolen der betreffenden Elemente an derselben Seite des zugehörigen Schaltelements angeschlossen wird.

(5) Direkt koordinative Argumentpolverschaltung:
Eine Sequenz, in der der Argumentpol eines Elements bzw. die Argumentpole mehrerer Elemente mit einem Schaltelement verbunden sind, wird durch ein weiteres Element aus derselben Kategorie expandiert und dabei wird der Argumentpol dieses Elements parallel zu den Argumentpolen der anderen Elemente an derselben Seite des betreffenden Schaltelements angeschlossen.

(6) Indirekt koordinative Argumentpolverschaltung:
Eine Sequenz, in der mehrere Elemente derselben Kategorie vorkommen, wird durch ein weiteres Element expandiert, dessen Argumentpol im Sinne einer auch außerhalb von Koordinationen geltenden Regel simultan mit den dazu geeigneten Argumentpolen der betreffenden Elemente verschaltet wird.

Die in These 14 genannten Regelarten bzw. die zugehörigen Expansionsschritte möchte ich jetzt - mit Ausnahme der Regelart (6), die wir bei der Diskussion über (F1) ohnehin schon ausführlich behandelt haben - an dem Produktionsweg des Beispielsatzes
Reinhard $/_a$ *ißt* $/_b$ *Eis* $/_c$ *aber* $/_k$ *nicht* $/_{j'}$ *Hans* $/_{a'}$ *Torte* $/_{c'}$
veranschaulichen. Dieser Satz realisiert die bisher nicht behandelte Ellipsenbildungsform

(F6) j a b c k j' a' c',

wobei allerdings j leer ist. Der Übergang von
Reinhard $/_a$ *ißt* $/_b$ *Eis* $/_c$ zu *Reinhard* $/_a$ *ißt* $/_b$ *Eis* $/_c$ *aber* $/_k$
geschieht mit einer Regel des Typs (1) und führt zu folgender Struktur.

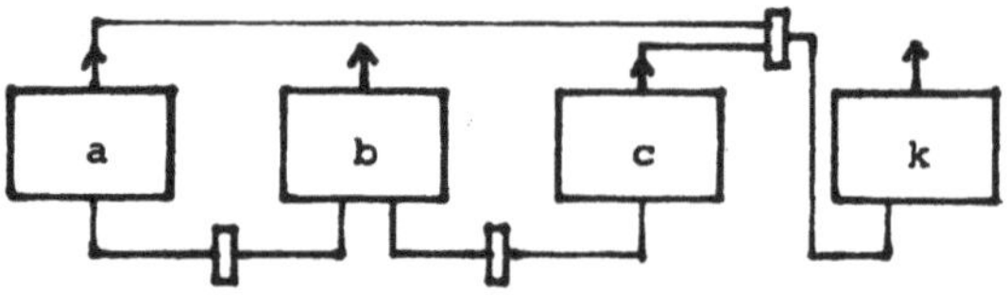

Abb. 13

Der nächste Schritt zu *Reinhard* $/_a$ *ißt* $/_b$ *Eis* $/_c$ *aber* $/_k$ *nicht* $/_{j'}$
benutzt eine Regel des Typs (2).

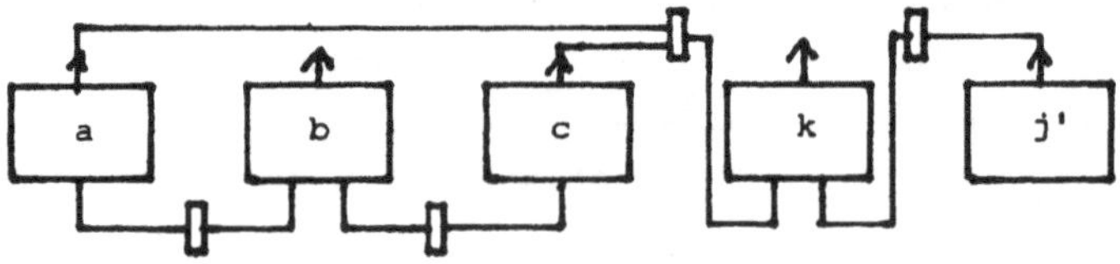

Abb. 14

Beim folgenden Schritt zu
Reinhard $/_a$ *ißt* $/_b$ *Eis* $/_c$ *aber* $/_k$ *nicht* $/_{j'}$ *Hans* $/_{a'}$ werden simultan eine Regel des Typs (3) und eine Regel des Typs (5) angewendet.

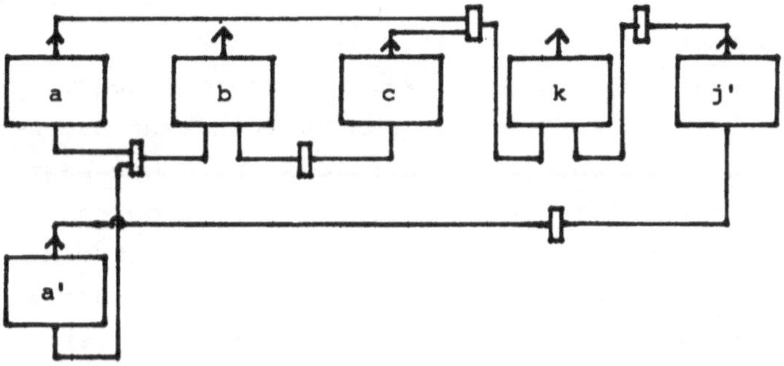

Abb. 15

Der letzte Schritt schließlich erfordert eine simultane Anwendung von Regeln des Typs (4) und (5).

(EK 6.1)

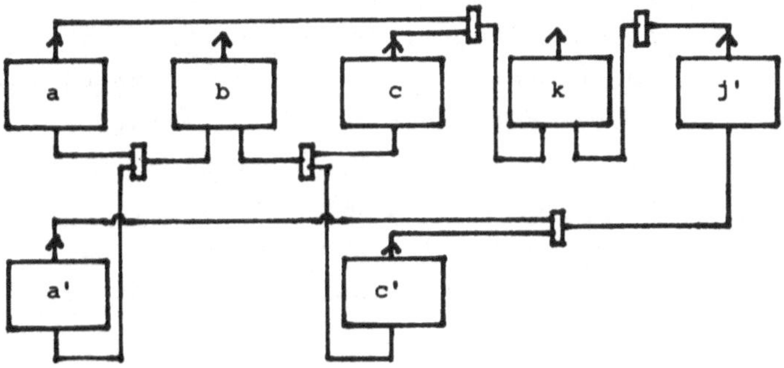

Abb. 16

Die in These 14 genannten Regelarten umschreiben natürlich nur einen Raum von *prinzipiellen* Konstruktionsmöglichkeiten der konjunktiven Koordination. Empirisch realisiert ist demgegenüber nur ein kleiner Teil dieser Möglichkeiten und insofern bestünde die systematisch nächste Aufgabe darin, die verschiedenen Restriktionen der Koordinationsbildung zu bestimmen. Zur Bewältigung dieser Aufgabe haben wir zwar schon mit der Formulierung oder Skizzierung einiger zentraler Restriktionen beigetragen, die Komplexität des Untersuchungsfeldes der konjunktiven Koordination ist aber zu groß, als daß eine vollständige Behandlung der einschlägigen Restriktionen kurzfristig (oder gar im vorliegenden Aufsatz) erwartbar wäre. In einer solchen Situation gibt es zwei Verhaltensstrategien. Zum einen kann man versuchen, weitere allgemeinere Restriktionen zu finden, mit denen dann erklärbar ist, warum bestimmte Sequenztypen keine Ellipsenbildungen darstellen. Zum anderen kann man seine Betrachtung auf Teile des Untersuchungsfeldes, also auf bestimmte Koordinationstypen einschränken und sich bemühen, deren charakteristische Eigenschaften zu erfassen. Ich möchte jetzt die zweite Strategie befolgen und zunächst den bisher nur exemplarisch eingeführten Typ der SK-Koordination in verallgemeinerter Version definieren.

These 15:

Ein durch gleiche Verhaltenseigenschaften ausgezeichneter Teilbereich von Ellipsenbildungen ist durch folgenden Koordinationstyp gegeben. Einer Sequenz der Form s k s' mit der leeren oder einer (zweistellig verwendeten) parataktischen Konjunktion k liegt eine *n-gliedrige Koordination strukturell äquivalenter Sequenzen* (kurz: SK-Koordination) genau dann zugrunde, wenn s und s' jeweils so in eine (gegebenenfalls leere) Sequenz einstelliger Konjunktionen j bzw. j' und eine Restsequenz a bzw. a' zerlegbar sind, daß für s k s' eine Ableitung angegeben werden kann, die zu einer Verknüpfungsstruktur mit folgenden Eigenschaften führt:

- Die Konjunktionen in j bzw. j' sind gemäß Regeln des Typs (2) in These 14 so verknüpft, daß j und j' jeweils eine komplexe einstellige Konjunktion darstellen; die Wertpole von j und j' sind jeweils mit einem Argumentpol von k verschaltet.
- Mit dem Argumentpol von j sind genau n Glieder von a und mit dem Argumentpol von j' genau n Glieder von a' verschaltet.
- Es gibt eine eineindeutige Zuordnung zwischen den betreffenden n Gliedern von a und a' derart, daß die einander zugeordneten Glieder jeweils derselben grammatischen Kategorie angehören und daß im Fall der Verschaltung eines Argumentpols eines solchen Gliedes auch der

dazu passende Argumentpol des zugeordneten Gliedes am selben Schaltelement angeschlossen ist.

Die Definition der SK-Koordination enthält zwar die für diesen Koordinationstyp charakteristischen Akzeptabilitätseinschränkungen (gleiche Anzahl und identische Schaltstruktur der korrespondierenden Glieder); nicht formuliert werden konnten aber Kombinationsbeschränkungen für die Bildung komplexer Konjunktionen und die einschlägigen Plazierungsrestriktionen; überdies wäre die Sprechweise zu präzisieren, daß Sequenzglieder derselben grammatischen Kategorie angehören. Statt einer systematischen Auseinandersetzung mit der SK-Koordination kann ich hier nur einige Bemerkungen zum Stellenwert dieses Koordinationstyps anbieten und bestimmte generelle Konsequenzen andeuten.

Zunächst ist zu erwähnen, daß die bisher betrachteten (grammatisch akzeptablen) NK-Sätze spezielle eingliedrige SK-Koordinationen darstellen. Weiter möchte ich darauf hinweisen, daß auf der Grundlage von These 15 genauere Aussagen über die bisher vernachlässigte interne Struktur von SK-Realisierungen der Ellipsenbildungsformen (F1) - (F5) gemacht werden können. Dabei tauchen allerdings in Beispielen, bei denen die koordinierten Sequenzen finite Verbformen enthalten, noch spezielle Probleme auf, die ich für den Fall von (F1)- und (F2)-Ellipsenbildungen im Detail diskutieren möchte, weil ihre Behandlung uns zu weiteren wesentlichen Erkenntnissen verhilft.

Bei der Behandlung von (F1) und (F2) in 2.4 habe ich es unterlassen, darauf aufmerksam zu machen, daß zwischen den dort angeführten Realisierungsbeispielen noch gewisse graduelle Unterschiede hinsichtlich ihrer Akzeptabilität bestehen. Die Existenz solcher Unterschiede soll zunächst durch folgende Daten veranschaulicht werden.

(i) *Heute* $/_a$ *läuft Harro* $/_b$ *schwimmt Mike* $/_{b'}$

(ii) *Mike* $/_a$ *läuft heute* $/_b$ *schwimmt morgen* $/_{b'}$

(iii) *Heute* $/_a$ *läuft Harro im Wald* $/_b$ *schwimmt Mike im Freibad* $/_{b'}$

(iv) *Mike* $/_a$ *läuft heute im Wald* $/_b$ *schwimmt morgen im Freibad* $/_{b'}$

(v) *Peter* $/_a$ *leiht Regina heute ein Buch* $/_b$ *schenkt Veronika morgen eine Schallplatte* $/_{b'}$

(vi) *Heute läuft* $/_a$ *Harro im Wald* $/_b$ *Mike im Stadion* $/_{b'}$

Nach meiner intuitiven Einschätzung kann man für diese Beispiele folgende Abstufungen der Akzeptabilitätsurteile vornehmen. Entgegen der Darstellung in 2.4 ist (i) in seiner asyndetischen Version tendentiell als inakzeptabel einzustufen; demgegenüber ist (ii) vielleicht eher akzeptabel, was möglicherweise damit zusammenhängt, daß (ii) die 'normale' Aussagesatz-Wortstellung hat bzw. eine koordinative 'Agentpol'-Verschaltung besitzt. (iii) würde ich als partiell akzeptabel einstufen und (iv) oder zumindest (v) wohl schon als akzeptabel. Schließlich gibt es für mich keinen Zweifel an der Akzeptabilität von (vi); die koordinierten Sequenzen dieses Beispiels enthalten ja auch keine Verbformen.

Angesichts dieser Datenbeurteilung ist folgendes klar: Die bisherigen Ausführungen zu (F2) müssen zumindest um den Hinweis ergänzt werden, daß bei SK-Beispielen der betrachteten Art Akzeptabilitätsprobleme auftreten. Zugleich stellt sich die Frage, welche Ursache diese Probleme haben. Wenn man (i) und (ii) mit Beispielen vergleicht, die wir als Belege für die Nichtrealisierung von (F3) im Fall SK angeführt haben (etwa *Harro arbeitet dort, Mike wohnt*), dann kann man schon feststellen, daß die Inakzeptabilität von (i) und (ii) anders, nämlich nicht durch eine fehlende Beziehungsübertragung bedingt ist. Dieser Unterschied wird noch deutlicher, wenn man zur Betrachtung der zugehörigen syndetischen Beispielversionen mit der Konjunktion *und* übergeht; im Gegensatz zu dem (F3)-Beispiel werden (i) und (ii) auf diese Weise zu akzeptablen Sätzen. Letzterer Umstand legt die Vermutung nahe, daß wir jetzt zwei verschiedene Ursachen von Inakzeptabilität unterscheiden müssen: (i) und (ii) sind zwar möglicherweise *syntaktisch korrekt,* weil regelgerecht gebildet, zugleich aber *stilistisch unvorteilhaft* weil ihre Verarbeitung, d.h. ihre Produktion oder Rezeption in irgendeiner Weise erschwert ist. In diesem Sinne müßte die Einfügung der Konjunktion *und* ein Mittel darstellen, um die Verarbeitung von (i) und (ii) zu erleichtern. Anhand einer Diskussion der möglichen Ableitungswege von (i) soll nun geprüft werden, ob sich diese Vermutung erhärten läßt.

Für die gewünschte genauere Analyse ist (i) dem Sequenztyp a b c b' c' zuzuordnen. Unter dieser Voraussetzung besitzt der erste Teil von (i) *Heute* $/_a$ *läuft* $/_b$ *Harro* $/_c$ (jedenfalls bei Beschränkung auf die Betrachtung der Argumentpolverschaltungen) die in Abb. 7 von 2.6 dargestellte Struktur. Die Expansion durch *schwimmt* $/_{b'}$ führt dann gemäß These 8 in 2.6 zur Struktur (K5) von Abb. 8. Für die abschließende Expansion *Mike* $/_{c'}$ gibt es drei Verschaltungsmöglichkeiten: Entweder wird der Argumentpol von *Mike* $/_{c'}$ mit dem Argumentpol von *Harro* $/_c$ verschaltet, oder er wird mit dem 'Agentpol' von *schwimmt* $/_{b'}$ verschaltet, oder aber beides geschieht simultan. Die erste Möglichkeit brauchen wir nicht zu betrachten, weil uns nur die Lesart von (i) interessiert, bei der der elliptische Teil von (i) wie *Heute schwimmt Mike* interpretiert wird, bei der also in jedem Fall *schwimmt* $/_{b'}$ und *Mike* $/_{c'}$ miteinander verschaltet sind. Für die weitere Argumentation wollen wir probeweise annehmen, daß die dritte Möglichkeit nicht zulässig ist, d.h. daß es eine allgemeine Restriktion für Regelanwendungen geben müßte, die den entsprechenden Typ einer simultanen Verschaltung grundsätzlich verbieten würde. Dann könnte aus prinzipiellen Gründen weder (i) noch die akzeptable syndetische Version von (i) eine SK-Koordination darstellen (vgl. hierzu die Definitionsbedingung in These 15). Folglich müßte die syndetische Version von (i) einen anderen Koordinationstyp realisieren, und zwar können wir dafür die in 2.6 eingeführte FK-Koordination ansetzen, wenn wir diesen Typ vorläufig durch die Bedingung charakterisieren, daß nur zwei Argumentpole aus den koordinierten Sequenzen miteinander koordinativ verschaltet sind. Im Fall mehrgliedriger Sequenzkoordinationen reicht diese Charakterisierung zur Abgrenzung gegenüber der SK-Koordination aus. Im eingliedrigen Fall können folgende zwei, sonst für Erklärungszwecke verwendbare empirische Regularitäten der Kategorisierung als FK dienen: Erstens sind die asyndetischen Versionen von akzeptablen syndetischen FK-Sätzen stets inakzeptabel (stilistisch unvorteilhaft) und zweitens gilt für FK-Koordinationen nicht das Prinzip der linearen Reihenfolge (vgl. hierzu die Diskussion um die Thesen 6 - 8 in Abschnitt 2). Mit der Einstufung der syndetischen Version von (i) als FK-Koordination (aufgrund der angegebenen Charakterisierung) würde sich schon erklären, warum (i) inakzeptabel ist. Damit ergibt sich als Resultat unserer bisherigen

Argumentation: Wenn der Ableitungsweg mit der zweiten Verschaltungsmöglichkeit gewählt wird, dann hängt die (stilistisch bedingte) Inakzeptabilität von (i) damit zusammen, daß (i) eine FK-Koordination zugrunde liegt. Die Beantwortung der Frage, warum FK-Koordinationen in der asyndetischen Version inakzeptabel sind, will ich auf später verschieben. Mit diesem Resultat können wir uns aber nur dann zufriedengeben, wenn die obige Annahme, die die dritte Verschaltungsmöglichkeit ausschließt, korrekt wäre. Gegen letzteres spricht einerseits die deutliche Akzeptabilitätsverbesserung von (iii), (iv) und (v) gegenüber (i). Denn die in dieser Annahme unterstellte Verschaltungsrestriktion würde auch bei (iii) - (v) nur den Aufbau einer FK-Koordinationsstruktur zulassen und deshalb müßten (iii) - (v) als asyndetische Beispiele genau so inakzeptabel sein wie (i). Tatsächlich scheint aber die Akzeptabilität der asyndetischen Beispiele mit der wachsenden Zahl korrespondierender Glieder größer zu werden. Folglich kann man vermuten, daß die postulierte Verschaltungsrestriktion nur verarbeitungspsychologisch bedingt ist und daß der 'Widerstand' gegen die Einrichtung simultaner Verschaltungen der betreffenden Art mit zunehmend manifest werdender struktureller Äquivalenz der koordinierten Sequenzen abnimmt. Ein weiteres Argument gegen einen prinzipiellen Ausschluß derartiger Verschaltungen liefert der Vergleich von (F4)-Beispielen folgenden Typs.

(vii) *Peter* $/_a$ *leiht Regina heute* $/_b$ *und* $/_k$ *liest gerne* $/_{b'}$ *ein Buch* $/_c$

(viii) *Peter* $/_a$ *leiht Regina heute* $/_b$ *und* $/_k$ *schenkt Veronika morgen* $/_{b'}$ *ein Buch* $/_c$

Nach meiner Einschätzung ist Beispiel (vii) im Gegensatz zu (viii) inakzeptabel. Semantisch beurteilt wird diese Inakzeptabilität dadurch verursacht, daß *ein Buch* in (vii) nur mit *liest*, nicht aber *leiht* verknüpft wird. Unsere früheren Überlegungen zu (F1) und der Vergleich mit (viii) machen es unwahrscheinlich, daß eine Verknüpfung mit *leiht* grundsätzlich ausgeschlossen ist. Folglich kann man vermuten, daß allenfalls der 'Abstand' von *ein Buch* und *leiht* in (vii) gegenüber (viii) zu groß ist, als daß eine solche Verknüpfung leicht durchführbar wäre. Dieser zunächst noch metaphorisch formulierte Erklärungsansatz gibt eine Suchrichtung an, die in jüngster

Zeit zunehmend wichtiger für mich geworden ist: m.E. können sehr viele Phänomene in Sprache und Kommunikation nur im Rahmen von Theorien modelliert werden, die mathematisch topologische Konzepte, nämlich z.B. ein Abstandskonzept aufnehmen (vgl. hierzu auch Kindt 1983a; b und 1985). Der Abstand zwischen *ein Buch* und *leiht* in (vii) kann aber nicht ausschließlich durch die lineare Entfernung (etwa gemessen an der Zahl dazwischenliegender Wörter) bestimmt sein, denn danach beurteilt wäre dieser Abstand in (viii) sogar größer als in (vii). Folglich muß das gesuchte Abstandsmaß noch über einer anderen Dimension operieren. Welche Dimension zur Erklärung des Unterschieds von (vii) und (viii) in Frage kommt, zeigt folgende Überlegung. Obwohl die asyndetische Version von (viii) wohl nicht völlig akzeptabel ist, liegt es nahe, den Akzeptabilitätsunterschied zwischen (vii) und (viii) darauf zurückzuführen, daß (vii) nur eine FK-, (viii) aber auch eine SK-Koordinationsstruktur zugeordnet werden kann. Wenn sich dies so verhält, dann ist der Abstand zwischen *ein Buch* und *leiht* in (viii) vermutlich aufgrund der zusätzlichen koordinativen Verschaltungen geringer als in (vii). Damit besteht beim Schritt der Expansion durch *ein Buch* in den beiden Beispielen eine unterschiedliche Situation: Die Anknüpfung von *ein Buch* an *liest* bzw. an *schenkt* ist in beiden Fällen verarbeitungstechnisch unproblematisch, weil diese Verben in der näheren Umgebung des zuletzt produzierten Äußerungselements liegen, und zwar sowohl hinsichtlich des linearen wie des 'verknüpfungsmäßigen' Abstandes; demgegenüber ist eine Anknüpfung von *ein Buch* an *leiht* in (vii) nur schwer, in (viii) aufgrund der indirekt bewirkten Verschaltung von *morgen* und *leiht* aber leicht erreichbar.

Aus der Erklärung des Akzeptabilitätsunterschieds zwischen (vii) und (viii) lassen sich eine Reihe von Konsequenzen ziehen, die teilweise auch über den lokalen Argumentationszusammenhang hinausgehen. Erstens dürfte jetzt hinreichend plausibel sein, daß es empirisch möglich ist, die Beispielsätze (i) - (v) als SK-Koordinationen zu strukturieren. Trotzdem gibt es vielleicht eine Präferenz für die Strukturierung als FK-Koordination, weil sie verarbeitungspsychologisch einfacher ist, nämlich nicht der besagten Form simultaner Verschaltungen bedarf. Ein anderer Grund für die Präferenz der FK-Koordination liegt möglicherweise darin, daß für die Verknüpfung bei der SK-Koordination größere Entfernungen überbrückt werden müssen als im Fall FK; im Beispiel (i) etwa erfordert die FK-Koordination beim Schritt der Expansion durch *Mike* nur eine Anknüpfung an das letzte Äußerungselement *schwimmt*, die SK-Koordination aber zusätzlich auch eine Verknüpfung mit dem weiter zurückliegenden *Harro*.

Wenn die Beispiele (i) - (v) als SK-Koordinationen strukturiert werden können, dann ist zweitens auch erwiesen, daß syntaktische Schaltungen existieren, bei denen an beiden Seiten eines Schaltelements jeweils mehrere Pole anschließen. Wir werden also erneut mit dem Problem konfrontiert, daß im Sinne der semantischen Erwartungen an Ellipsenbildungen noch geklärt werden muß, wie die eindeutig voneinander zu trennenden Bedeutungsteile von Ellipsen auch in den zugehörigen Koordinationsstrukturen einwandfrei gegeneinander abgegrenzt werden können.

Drittens ist deutlich geworden, daß wir bei den Restriktionen, denen die Ellipsenbildung unterliegt, mindestens zwei Arten voneinander unterscheiden müssen, die *syntaktischen* und die *stilistischen Restriktionen*. Nach meinem Verständnis gehört die Untersuchung beider Restriktionsarten in den Aufgabenbereich der Grammatik. Als mögliche Vertreter stilistischer Restriktionen haben wir bisher kennengelernt: zu große Entfernung zwischen den zu verknüpfenden sprachlichen Elementen, erhöhter Schwierigkeitsgrad simultaner Verschaltungen, Abhängigkeit des Schwierigkeitsgrades koordinativer Verschaltungen von Poltyp oder Wortstellung (eine solche Restriktion liegt - wie oben angedeutet - eventuell dem Akzeptabilitätsunterschied zwischen (i) und (ii) zugrunde).

Viertens kann jetzt eine Vermutung geäußert werden, warum bestimmte Ellipsenbildungen und speziell FK-Koordinationen in der syndetischen Version stilistisch vorteilhafter sind als in der asyndetischen: die Strukturierung einer Sequenz als Koordination bzw. die Durchführung zugehöriger Verschaltungen wird bei der Rezeption möglicherweise dadurch erleichtert, daß die Verwendung einer explizit verbalisierten Konjunktion auch ein formales Konnexionsmittel darstellt, das die Verknüpfung linear nicht unmittelbar benachbarter Elemente oder speziell koordinativer Verknüpfungen anzeigt (vgl. hierzu die Diskussion um These 21 in Abschnitt 1).

Mithilfe des Konzepts "Konnexionsmittel" ergibt sich fünftens auch eine Reformulierung der oben vorgeschlagenen Akzeptabilitätsverbesserung von (iii) - (v) gegenüber (i). Das Konnexionsmittel, das für die Erkennung von SK-Koordinationen wirksam wird, ist gerade die Gestaltparallelität der miteinander zu koordinierenden Sequenzen. Zugleich wird die Wirksamkeit dieses Mittels bei größerer Anzahl paralleler Sequenzglieder erhöht.

Sechstens können wir jetzt noch einmal auf die Diskussion in 2.2 über den Stellenwert der Intonation für Ellipsenbildungen zurückkommen und die dort postulierte Funktion der Intonation als Strukturierungs- und Interpretationshilfe konkretisieren. Bestimmte Arten der Intonation werden in der mündlichen Kommunikation und über den Weg des leisen Sprechens auch in der schriftlichen Kommunikation offensichtlich als zusätzliche Konnexionsmittel verwendet, um unterschiedliche Möglichkeiten koordinativer Verknüpfungen zu trennen und/oder die Verknüpfung von in größerem Abstand zueinander liegenden Elementen anzuzeigen. Ich möchte diesen Sachverhalt am Beispiel von Klein (1981: 77) verdeutlichen:

Mozart bewunderte Haydn und Beethoven.

Bei diesem Satz wird im 'Normalfall' (d.h. ohne spezifisch markierte Intonation und besondere Kontexteinbettung) die (historisch unmögliche) Interpretation als (F2)-Ellipsenbildung präferiert (*Mozart bewunderte* $/_a$ *Haydn* $/_b$ *und* $/_k$ *Beethoven* $/_{b'}$). Durch eine spezielle Intonation kann aber auch die (F3)-Lesart nahegelegt werden (*Mozart* $/_a$ *bewunderte Haydn* $/_b$ *und* $/_k$ *Beethoven* $/_{a'}$). Die Präferenz für die (F2)-Strukturierung im Normalfall beruht vermutlich darauf, daß der Abstand zwischen *und* und *Haydn* geringer ist als der zwischen *und* und *Mozart*. M.a.W. die (F2)-Version ist stilistisch vorteilhafter als die (F3)-Version. Dies bedeutet wiederum, daß der Stellenwert der Intonation für die Ellipsenbildung differenzierter als in Klein (1981) gesehen werden muß: Intonation stellt keinen strukturell konstitutiven Faktor der Ellipsenbildung dar. Diese Einschätzung wird auch dadurch untermauert, daß Intonation als Konnexionsmittel einerseits durch kontextsemantische Verfahren ablösbar ist (die Wahl der (F3)-Version des Beispielsatzes liegt im Zusammenhang mit der Frage *Was hatte Mozart mit Beethoven gemeinsam?* schon näher) und andererseits auch bei kontextfreier Interpretation nicht grundsätzlich benötigt wird (vgl. z.B. *Mozart war ein Komponist und (auch) Beethoven*).

Siebtens schließlich führt eine Verbindungslinie zurück zu den Überlegungen in Abschnitt 1. Dort hatte ich in These 17 dafür argumentiert, daß in einer allgemeinen Ellipsentheorie ein erweitertes Umgebungskonzept benötigt wird und insbesondere der Fall nonverbaler Umgebungselemente zu berücksichtigen ist. Aufgrund der obigen Überlegungen zur Verallgemeinerung des Umgebungskonzepts können wir jetzt präzisieren, in welchem Sinne nonverbale Elemente zur Umgebung sprachlicher Elemente gehören können: Eine allgemeine Sprachtheorie hat davon auszugehen, daß Verknüpfungen nicht nur zwischen sprachlichen, sondern zwischen beliebigen Objekten (nämlich jeweils über ihre mentalen Korrelate) bestehen; wenn also beispielsweise ein nonverbales Objekt über eine referenzsemantische Beziehung mit einem sprachlichen Element verknüpft ist, dann gehört es auch zur unmittelbaren Umgebung dieses Elements.

Exkurs

Die Frage, wie Verknüpfungseigenschaften in die Definition von Umgebungs- und Abstandsbeziehungen eingehen, kann hier nicht entschieden werden; sie bedarf eigener empirischer Untersuchungen. Um die Konsequenzen zu veranschaulichen, die eine entsprechende Verallgemeinerung des Umgebungskonzepts mit sich bringt, möchte ich hier eine besonders einfache Modellvorstellung angeben, die immerhin zur Erklärung einiger stilistischer Ellipsenbildungsrestriktionen ausreicht. Nach dieser Modellvorstellung, die auch in der obigen Diskussion teilweise schon zugrunde gelegt wurde, sind zu einem sprachlichen Objekt a unmittelbar benachbart nicht nur der im Sinne der linearen Anordnung unmittelbare Vorgänger von a und der unmittelbare Nachfolger von a, sondern auch solche Objekte, die durch mindestens einen Pol mit einem Pol von a verschaltet sind. Koordinative Verknüpfungen haben auch bezüglich der Umgebungsbeziehung eine Transitivitätseigenschaft: Wenn ein Pol von a koordinativ mit einem Pol von b verschaltet ist und wenn dieser Pol von b koordinativ mit einem Pol von c verschaltet ist, dann gehört c zur unmittelbaren Umgebung von a und umgekehrt. Die Beziehung, unmittelbar benachbart zu sein, ist aber nicht generell transitiv; vielmehr gilt nur: Liegt c in der unmittelbaren Umgebung von b und liegt b in der unmittelbaren Umgebung von a, dann liegt c zumindest noch in der 'näheren' Umgebung von a. Wie weit die nähere Umgebung eines Objekts reicht, ist möglicherweise durch die in der Psycholinguistik verwendete Modellvorstellung der Kapazitätsbeschränkung eines Arbeitsspeichers präzisierbar. Als grundsätzliche Einschränkung für die Anwendung von Expansionsregeln kann eine Bedingung derart angenommen werden, daß jeweils nur Anknüpfungen an Objekte zulässig sind, die in der näheren Umgebung des zuletzt produzierten Äußerungselements liegen. Im Zusammenhang mit These 18 in Abschnitt 1 hatte ich ein Textbeispiel angeführt, bei dem der Abstand zu den Phrasen, an die angeknüpft werden muß, sowohl hinsichtlich der Anordnungs-, wie der Verknüpfungsdimension (so können wir jetzt sagen) zu groß ist, als daß eine Ellipsenbildung möglich wäre. Dieses Beispiel möchte ich jetzt folgendermaßen variieren.

Jan hat ein Buch geschrieben. Abraham ein Arbeitspapier. Christoph eine Chronik. Emil einen Essay. Karl eine Kritik. Richard eine Rezension. Siegfried eine Streitschrift. Theodor ein Traktat. Rüdiger heute einen Aufsatz.

Daß die Ellipsenbildungen in diesem Beispiel bis einschließlich zur letzten Sequenz *Rüdiger heute einen Aufsatz* erfolgreich sind, hängt im Sinne unseres Erklärungsansatzes zunächst damit zusammen, daß beispielsweise *Rüdiger* nicht direkt an das viel zu weit zurückliegende *hat geschrieben* anknüpfen muß, sondern nur mit dem in der näheren Umgebung liegenden *Theodor* verknüpft zu werden braucht. *Theodor* ist aber koordinativ verknüpft mit *Siegfried*, *Siegfried* mit *Richard* etc., so daß insgesamt *Rüdiger* auch mit *Jan* koordinativ verknüpft ist. Folglich ist *Rüdiger* mit *hat geschrieben* verknüpft, da dies für *Jan* und *hat geschrieben* gilt. M.a.W. *hat geschrieben* liegt sogar in der unmittelbaren Umgebung von *Rüdiger*. Und letzterer Umstand ist dafür verantwortlich, daß *heute* trotz großer linearer Entfernung ohne Schwierigkeiten an *hat geschrieben* anknüpfen kann.
Eine genauere theoretische Formulierung des hier exemplarisch skizzierten Umgebungskonzepts lautet folgendermaßen. Für jedes Objekt a einer Situation wird rekursiv ein System von Umgebungen als Umgebungsbasis (vgl. hierzu Schubert 1964) defi-

niert:

$U_o(a) = \{a\}$;

$b \in U_1(a)$ genau dann, wenn a und b unmittelbar benachbart sind im Sinne der linearen Anordung oder wenn ein Pol von a mit einem Pol von b verschaltet ist;

$b \in U_{n+1}(a)$ genau dann, wenn $b \in U_n(a)$ oder wenn es ein c gibt mit $c \in U_n(a)$ und $b \in U_1(c)$.

Nach der ausführlichen Behandlung der (F2)-Beispiele (i) - (v) ist es angebracht zu prüfen, wie sich dazu analoge (F1)-Beispiele verhalten. Meiner Einschätzung nach sind derartige Beispiele (sofern von der Wortstellung her zulässig) vielfach auch in ihrer asyndetischen Version akzeptabel. Folgenden zu (i) parallelen Satz wollen wir genauer diskutieren.

(i') *Harro läuft* $/_a$ *Mike schwimmt* $/_{a'}$ *heute* $/_b$

Wie kann man den Akzeptabilitätsunterschied zwischen (i) und (i') erklären? Aufgrund der in 2.4 angeführten Argumente muß angenommen werden, daß analoge (F1)- und (F2)-Ellipsenbeispiele abgesehen von der linearen Anordnung jeweils dieselben Strukturen besitzen. Folglich ist zu erwarten, daß es eine prozessuale Erklärung für diesen Unterschied gibt. Wir müssen also überprüfen, wie sich die Ableitung von (i') gestaltet (dabei sollen wieder nur die Argumentpolverschaltungen berücksichtigt werden). Der erste nichttriviale Schritt dieser Ableitung ist die Expansion durch *Mike*. Da (i') asyndetisch akzeptabel ist, kann angenommen werden, daß (i') eine SK-Koordination zugrunde liegt; folglich wird bei diesem Expansionsschritt der Argumentpol von *Mike* mit dem Argumentpol von *Harro* koordinativ verschaltet. Der nächste Schritt der Expansion durch *schwimmt* zeigt bereits den wesentlichen Unterschied zur Ableitung von (i); um die Bedingungen der SK-Koordination zu erfüllen, bedarf es in diesem Schritt nämlich nur der Anwendung *einer* Regel: bei der koordinativen Verschaltung der 'Agentpole' von *schwimmt* und *läuft* wird gleichzeitig indirekt die Verschaltung des 'Agentpols' von *schwimmt* mit dem Argumentpol von *Mike* erreicht (zu gleich kann nur die entsprechende Koordinationsregel, nicht aber die Regel zur Verknüpfung von Subjektsnominalphrasen mit Verbformen angewendet werden, da der Argumentpol von *Mike* schon verschaltet ist). M.a.W. die Herstellung einer SK-Struktur ist an einer vergleichbaren Stelle bei (i') einfacher als bei (i). Die Ausführung des letzten Expansionsschritts erfordert schließlich eine simultane Mehrfachverknüpfung von *heute* mit *läuft* und *schwimmt*, wie sie uns aus der Diskussion in 2.4 bekannt ist. Der Schwierigkeitsgrad dieser Verknüpfungsform mag zwar auch erhöht sein, liegt mit ihrer mehrfachen Anwendung einer Regel aber wohl noch unter dem Schwierigkeitsgrad der Verknüpfungsform mit einer simultanen Anwendung mehrerer Regeln. Insgesamt gesehen haben wir also tatsächlich - wie erwartet - einen prozessual bedingten möglichen Grund für den Akzeptabilitätsunterschied zwischen (i) und (i') gefunden.

Die Akzeptabilität von (i') darf uns jedoch nicht zu der Generalisierung verleiten, daß alle SK-Realisierungen von (F1) stets auch in asyndetischer Version vollständig akzeptabel sind. Nicht uneingeschränkt akzeptabel, nämlich stilistisch verbesserbar scheint mir z.B. folgender Satz zu sein.

(i'') *Harro wohnt* $/_{a}$ *ich arbeite* $/_{a'}$ *in Bielefeld* $/_{b}$

Die syndetische Version von (i'') ist demgegenüber uneingeschränkt akzeptabel. Grund für die partielle Inakzeptabilität von (i'') kann aber keine der bisher behandelten stilistischen Restriktionen sein, so daß wir nach einer anderen Ursache suchen müssen. Zunächst ist die koordinative Verknüpfung von *Harro* und *ich* bei der Expansion von *Harro wohnt* durch *ich* unproblematisch, weil dieselbe Verknüpfung auch im Beispiel *Harro wohnt in Bielefeld, ich in Steinhagen* erforderlich ist. Folglich kommt als Verarbeitungserschwernis nur die koordinative Verschaltung der 'Agentpole' von *wohnt* und *arbeite* in Frage. Dieses Erschwernis kann nur auf der Unterschiedlichkeit der Verbformen beruhen; m.a.W. die eingeschränkte Akzeptabilität von (i'') hängt möglicherweise damit zusammen, daß das Konnexionsmittel der Gestaltparallelität für die rezeptive Strukturierung von (i'') als SK-Koordination nicht ausreicht und insofern die syndetische Version stilistisch vorteilhafter ist. Nebenbei bemerkt wird an (i'') noch ein anderer wichtiger Sachverhalt deutlich: Koordinationen können sich zwar - wie wir in 2.3 und 2.4 ausführlich diskutiert haben - teilweise über die 'normalen' Kongruenzrestriktionen hinwegsetzen; dies gilt aber nicht innerhalb der Sequenzen selbst, die koordiniert werden und deshalb müssen entsprechende Plazierungsbeschränkungen angesetzt werden.

Die wichtigsten Ergebnisse der vorangegangenen Überlegungen möchte ich in folgenden Thesen zusammenfassen.

These 16:

In einer allgemeinen Ellipsentheorie werden ein Abstands- und ein Umgebungskonzept benötigt, die neben der Dimension der linearen Anordnung auch die Dimension des Verknüpftseins von Objekten berücksichtigen.

These 17:

In einer allgemeinen Ellipsentheorie sind prinzipiellere syntaktische und verarbeitungstechnisch bedingte stilistische Restriktionen der Ellipsenbildung systematisch voneinander zu unterscheiden. Eine besonders einschneidende syntaktische Restriktion ist durch die jetzt gegenüber These 8 zu präzisierende Bedingung gegeben, daß bei jeder Expansion eines sprachlichen Elements höchstens einer seiner Argumentpole koordinativ verschaltet werden kann. Eine besonders wichtige stilistische Restriktion wird wirksam, wenn der Abstand zwischen den zu verknüpfenden sprachlichen Elementen zu groß ist. Syntaktische Restriktionen können teilweise durch Umstellungen (z.B. beim Übergang von (F5) zu (F4)) behoben werden und stilistische Restriktionen durch den Einsatz bestimmter Konnexionsmittel. Die Möglichkeiten, stilistische Restriktionen zu umgehen, sind in der gesprochenen Sprache gegenüber der geschriebenen Sprache deshalb verbessert, weil als explizites Konnexionsmittel die Intonation zur Verfügung steht.

These 18:

Zu dem in 2.4 behandelten, nur prozessual erklärbaren Unterschied zwischen (F1) und (F2) hinsichtlich der Verletzung von Kongruenzbedingungen kommt ein weiterer Unterschied hinzu, der ebenfalls nur prozessual erklärt werden kann.

Die Verarbeitungsbedingungen für mehrgliedrige SK-Koordinationen sind im Fall (F1) besser als im Fall (F2), so daß entsprechende (F1)-Beispiele oft in asyndetischer und syndetischer Version, die dazu parallelen (F2)-Beispiele aber nur in der asyndetischen Version akzeptabel sind.

3.3 Anhand der Überlegungen, die uns zur Formulierung der These 16 - 18 geführt haben, dürfte noch einmal die methodische Fruchtbarkeit des Verknüpfungsansatzes deutlich geworden sein, und zwar unabhängig davon, inwieweit die hier aufgestellten Thesen eventuell noch bestimmter Korrekturen bedürfen. Die genauere Betrachtung der SK-Koordination liefert aber auch über die bisherigen Ergebnisse hinaus noch eine Reihe weiterer wichtiger Erkenntnisse.

Unter den zahlreichen, auch empirisch relevanten Ellipsenbildungsformen, die als mehrgliedrige SK-Koordinationen realisierbar sind, will ich zunächst noch folgende, mit (F6) verwandte Formen nennen.

(F7) j a b c k j' c' a'

(F8) j a b c d k j' a' c'

(F9) j a b c d k j' a' c' d'

(F10) j a b c k j' a' c' d

Im zugrunde liegenden Beispielparadigma sind (F6) - (F10) hauptsächlich für den Konstruktionsweg → A, A → B, B → C und gegebenenfalls B → D von Interesse. Als Realisierungsbeispiele dieser Formen seien hier genannt:

Nicht nur $/_{j}$ *Reinhard* $/_{a}$ *ißt* $/_{b}$ *Eis* $/_{c}$ *sondern* $/_{k}$ *auch* $/_{j'}$ *Hans* $/_{a'}$ *Kuchen* $/_{c'}$

Reinhard $/_{a}$ *ißt* $/_{b}$ *Eis* $/_{c}$ *und* $/_{k}$ *Kuchen* $/_{c'}$ *Hans* $/_{a'}$

Reinhard $/_{a}$ *ißt* $/_{b}$ *heute* $/_{c}$ *Eis* $/_{d}$ *und* $/_{k}$ *Hans* $/_{a'}$ *morgen* $/_{c'}$

Reinhard $/_{a}$ *ißt* $/_{b}$ *heute* $/_{c}$ *Eis* $/_{d}$ *und* $/_{k}$ *Hans* $/_{a'}$ *morgen* $/_{c'}$ *Kuchen* $/_{d'}$

Reinhard $/_{a}$ *wohnt* $/_{b}$ *jetzt* $/_{c}$ *und* $/_{k}$ *Hans* $/_{a'}$ *demnächst* $/_{c'}$ *in Bielefeld* $/_{d}$

Allgemeine Strukturdarstellungen für die SK-Realisierungen von (F6) - (F10) will ich hier nicht mehr angeben, da gegenüber der speziellen Struktur (EK 6.1) in Abb. 16 für (F6) keine wesentlich neuen Aspekte hinzukommen.

Ein Vergleich von (F6) und (F7) bzw. ein Vergleich zugehöriger Realisierungsbeispiele zeigt, daß bei SK-Koordinationen die Produktion der korrespondierenden Glieder in den zu koordinierenden Sequenzen nicht in derselben Reihenfolge vorgenommen werden muß. Allerdings ist nicht durchweg jede beliebige Reihenfolge möglich. Zum einen basieren Reihenfolgebeschränkungen - wie wir bereits wissen - auf generellen syntaktischen Restriktionen (vgl. etwa die Inakzeptabilität von
Reinhard $/_{a}$ *ißt* $/_{b}$ *Eis* $/_{c}$ *Kaffee* $/_{c'}$ *trinkt* $/_{b'}$). Zum anderen muß die interne Reihenfolge der Sequenzglieder einer der Standardwortstellungen entsprechen, also die einschlägigen Plazierungsrestriktionen berücksichtigen (vgl. etwa die Inakzeptabilität von *Reinhard* $/_{a}$ *ißt* $/_{b}$ *jetzt* $/_{c}$ *in seinem Zimmer* $/_{d}$ *Eis* $/_{e}$ *Hans* $/_{a'}$ *Kuchen* $/_{e'}$ *bei Gert* $/_{d'}$ *nachher* $/_{c'}$). Was die Forderung nach der Einhaltung der Plazierungsrestriktionen für den Fall elliptischer Sequenzen genauer heißt, möchte ich hier nicht diskutieren, weil dies eine Untersuchung über das Regelformat solcher Restriktionen erfordern würde.

Auch (F8), (F9) und (F10) sind jeweils in gewisser Weise Varianten von (F6) (für den angegebenen Konstruktionsweg). Abgesehen von der diskontinuierlichen Linearisierung können nämlich in (F8) b und d zu einem Sequenzelement zusammengefaßt werden. Trotzdem liefert uns das für (F8) angeführte Beispiel eine wichtige Information über die semantischen Verhältnisse von SK-Koordinationen: unabhängig von seiner linearen Position wird die Bedeutung von jedem Sequenzglied, das keinen 'Korrespondenten' besitzt, auch auf diejenige Sequenz übertragen, in der es nicht vorkommt. Dieses Bedeutungsübertragungsprinzip bestätigt sich auch an dem Realisierungsbeispiel für (F10). Bei Zusammenfassung von c mit d und c' mit d' kann (F9) unter (F6) subsumiert werden; die zugehörigen Strukturen unterscheiden sich aber natürlich durch die Anzahl der Verschaltungen.

Schließlich ist (F10) einerseits unter dem schon ausführlich behandelten Aspekt interessant, daß trotz großer linearer Entfernung b und d miteinander verknüpft werden können. Andererseits werden wir schon auf bestimmte Verarbeitungsschwierigkeiten von (F10) verwiesen, wenn wir statt des oben angeführten Beispiels das folgende betrachten.

Reinhard $/_{a}$ *ißt* $/_{b}$ *heute* $/_{c}$ *und* $/_{k}$ *Hans* $/_{a'}$ *morgen* $/_{c'}$ *Eis* $/_{d}$

Aus einem später noch zu behandelnden Grund scheint hier die prinzipielle Möglichkeit der Bedeutungsübertragung von *Eis* auf *Reinhard ißt heute* schwerer realisierbar zu sein.

Mit (F6) - (F10) haben wir weitere Ellipsenbildungsformen kennengelernt, die nach der Typisierung von Klein (1981) der Regel E 3 zugeordnet werden müßten. Nach den hier gewonnenen Einsichten steht die Realisierung dieser Formen in keinem *ursächlichen* Zusammenhang mit der Thema-Rhema-Gliederung, sondern wird hauptsächlich durch syntaktisch strukturelle Gegebenheiten bestimmt. So kann man sich beispielsweise auch anhand der Realisierungsbeispiele für (F8) und (F9) überlegen, daß die Möglichkeit des letzten im (F9)-Beispiel vorgenommenen Expansionsschritts durch *Kuchen* nicht davon abhängt, daß durch irgendwelche externen Faktoren *Eis* als bereits thematisch festgelegt ist oder nicht; vielmehr kann umgekehrt vermutet werden, daß die Einstufung von *Eis* als thematisch davon abhängt, ob der letzte Expansionsschritt mit *Kuchen* durchgeführt wird oder nicht. Wie auch schon in 2.6 angedeutet, soll also nicht bestritten werden, daß es irgendeine Kookkurrenzbeziehung zwischen Ellipsenbildung und Thema-Rhema-Gliederung gibt. Aber möglicherweise ist das Ursache-Wirkungs-Verhältnis gerade insofern umgekehrt zu sehen, als Ellipsenbildungen bzw. die ihnen zugrunde liegenden Verknüpfungsstrukturen (teilweise) eine bestimmte Thema-Rhema-Gliederung erzwingen. Noch weitergehender darf man vielleicht hoffen, daß es über die Erforschung der Verknüpfungsstrukturen von Ellipsenbildungen gelingt, die Konzepte "Thema" und "Rhema" als strukturelle Gegebenheiten zu definieren. Als Resultat dieses Diskussionspunkts möchte ich wieder eine These formulieren.

These 19:

Die Thema-Rhema-Gliederung stellt keinen von Verknüpfungsstrukturen unabhängigen Faktor dar, der die Möglichkeiten der Ellipsenbildung beeinflußt, sondern wird selbst durch die Wahl von Verknüpfungsstrukturen bedingt.

Als nächstes möchte ich am Beispiel der Struktur (EK 6.1) in Abb.16 die Bedeutung der Wertpol-Verschaltung für die Lösung eines schon mehrfach angesprochenen Problems diskutieren. Wenn man sich die Konjunktionen und die Wertpol-Verschaltungen in dieser Strukturdarstellung wegdenkt, dann ist nur mehr von der linearen Reihenfolge, nicht aber von der Verknüpfungsstruktur her eine eindeutige Aufteilung der Gesamtsequenz in die beiden "vollständigen" Teile a b c und a' b c' möglich; vielmehr wäre diese Zerlegung strukturell nicht ausgezeichnet vor der semantisch unerwünschten Zerlegung in a b c' und a' b c. M.a.W. die zunächst aus syntaktischen Argumenten abgeleitete Existenz und Verknüpfungseigenschaft von Wertpolen erweist sich auch als einschlägig für die aus semantischen Gründen zu fordernde Bedingung, daß in der zu einer Sequenz gehörigen Struktur jeweils in eindeutiger Weise genau diejenigen Teilstrukturen isoliert werden können, die den syntaktischen Vervollständigungen der elliptischen Teilsequenzen zugrunde liegen würden. Von dieser Isolierbarkeitsbedingung her gesehen gehört b in (EK 6.1) sowohl zu a c als auch zu a' c'; in der Verknüpfungsstruktur sind a c und a' c' also völlig gleichberechtigt und b gehört nur von der linearen Aufteilung her enger zu a c als zu a' c'. M.a.W.: Ob eine Sequenz elliptisch genannt wird oder nicht, hängt nur von den 'Zufälligkeiten' der gewählten Linearisierung ab. Besonders deutlich wird dieser Umstand etwa am Vergleich von (F8) und (F10); obwohl nämlich in beiden Fällen die Expansion durch d aufgrund einer direkten Anknüpfung an b geschieht, erscheinen in (F10) a b c und a' c' d als elliptisch, in (F8) aber nur a' c.

These 20:

Die Eigenschaft elliptischer Sequenzen, (relativ zu einer vorgegebenen Lesart) in semantisch eindeutiger Weise syntaktisch vervollständigbar zu sein, läßt sich im Rahmen des hier entwickelten Syntaxmodells strukturell erklären.

Am Beispiel von SK-Realisierungen für (F6) läßt sich zeigen, daß die zentrale Annahme der Phrasenstrukturgrammatik hinsichtlich einer grundsätzlichen Aufteilung von Sätzen in Subjektsnominalphrase und Verbalphrase bzw. hinsichtlich der Einstufung der Verbalphrase als Konstituente zumindest nicht generell strukturell adäquat ist. So kann etwa in *Reinhard ißt Eis und Hans Kuchen* die Phrase *ißt Eis* nicht ohne Akzeptabilitätsverlust durch *raucht* ersetzt werden. Was ist der Grund dafür? Nach dem hier entwickelten Strukturkonzept sind *ißt Eis* und *raucht* genau dann (syntaktisch) funktional äquivalent, wenn sie dieselbe Polstruktur hinsichtlich der mit ihnen noch möglichen Verschaltungen besitzen. Eine totale, vom Verwendungskontext unabhängige Äquivalenz zwischen *ißt Eis* und *raucht* ist aus drei Gründen nicht gegeben: bei *raucht* darf im Gegensatz zu *ißt Eis* noch der 'Patientpol' verschaltet werden, umgekehrt ist bei *ißt Eis* eine zusätzliche koordinative Verschaltung mit dem Argumentpol von *Eis* möglich und schließlich stehen bei *ißt Eis* eventuell zwei Wertpole gegenüber einem Wertpol bei *raucht* zur Verschaltung an. Insofern kann *raucht* höchstens in solchen Verwendungskontexten für *ißt Eis* substituiert werden, bei denen die beiden Wertpole von *ißt* und *Eis* in irgendeiner Weise zu einem gemeinsamen Wertpol zusammengefaßt sind und kein Gebrauch von der Möglichkeit einer koordinativen Verschaltung mit dem Argumentpol von *Eis* gemacht wird. Beide Bedingungen sind bei einer Strukturierung im Sinne von (EK 6.1) nicht erfüllt. Damit haben wir erstens eine Erklärung dafür gefunden, warum in dem Beispielsatz *ißt Eis* nicht ohne Akzeptabilitätsverlust durch *raucht* ersetzbar ist. Zweitens hat sich gezeigt, daß schon einer Verbalphrase, die nur aus einer Verbform und einer Verbergänzung besteht, unterschiedliche Verknüpfungsstrukturen zugrunde liegen können; d.h. die zugehörigen Strukturdarstellungen in der Phrasenstrukturgrammatik sind zu undifferenziert. Drittens erweist sich die Ideologie der Zerlegung in Konstituenten bzw. das dabei praktizierte Prinzip der binären Teilung als partiell unangemessen: bezogen auf die hier vorgeschlagene Strukturierung des obigen Beispielsatzes ist es nicht sinnvoll, davon zu sprechen, daß *ißt* und *Eis* enger zusammengehören als *Reinhard* und *ißt* oder als *Reinhard* und *Eis*.

These 21:

> Das in der Phrasenstrukturgrammatik bevorzugt praktizierte Prinzip der binären Teilung und speziell die Aufteilung von Sätzen in Subjektsnominalphrase und Verbalphrase ist zumindest nicht generell adäquat.

Aus dieser negativen Einschätzung der Teilungspraxis in der Phrasenstrukturgrammatik ergibt sich jedoch nicht, daß die Idee der Konstituentenzerlegung grundsätzlich unangemessen ist. Vielmehr kann man sogar aus dem Phänomenbereich der Ellipsenbildung empirische Belege dafür bringen, daß das Konstituentenkonzept für die Erklärung bestimmter Koordinationsbildungsrestriktionen erforderlich ist. Klein (1981: 63) weist darauf hin, daß Ellipsenbildungen der Form (F2) im Gegensatz zur Form (F1) nicht in Konstituenten selbst 'eingreifen' können. Dies wird etwa deutlich am Vergleich der Beispiele

In $/_a$ *Bielefeld arbeitet Harro* $/_b$ *und* $/_k$ *Köln wohnt Hubertus* $/_{b'}$

Harro arbeitet innerhalb $/_a$ *und* $/_k$ *Hubertus wohnt außerhalb* $/_{a'}$ *Bielefelds* $/_b$

Wenn es aufgrund bestimmter syntaktischer Tests und aus intuitiven semantischen Erwägungen heraus bei Präpositionalphrasen vielleicht eher als bei Verbalphrasen plausibel ist, daß sie Konstituenten bilden, dann könnte man das Verhalten in (F2)-Ellipsenbildungen geradezu als Entscheidungskriterium für die Konstituenteneigenschaft verwenden. Bei Zugrundelegung dieses Kriteriums würde sich übrigens erneut bestätigen, daß Verbalphrasen zumindest nicht durchweg Konstituentencharakter haben; dies zeigt etwa das Beispiel *Heute* $/_a$ *läuft Harro* $/_b$ *und* $/_k$ *schwimmt Mike* $/_{b'}$. Um den Stellenwert des Konstituentenkonzepts für das hier entwickelte Syntaxmodell genauer einschätzen zu können, wäre einerseits eine Explikation dieses Konzepts erforderlich; andererseits müßte die interne Verknüpfungsstruktur gängiger Konstituententypen ermittel werden. Beide Aufgabenstellungen können hier nicht mehr systematisch bearbeitet werden. Ich möchte aber wenigstens am Beispiel von Präpositionalphrasen einen Argumentationsweg skizzieren, der deutlich machen soll, wie das oben erwähnte unterschiedliche Verhalten der

(F1)- und der (F2)-Ellipsenbildung im Prinzip erklärt werden kann. Die Dependenz- bzw. Konkomitanzverhältnisse von Präpositionalphrasen besitzen: einen 'Attributpol', der z.B. mit dem Argumentpol eines Verbs verschaltet werden darf, und einen 'Bezugspunktpol', der der Verschaltung mit dem Argumentpol von Nominalphrasen dient. Diese Annahme der Zweipoligkeit wird auch durch das Verhalten von Präpositionalphrasen bei der (F5)-Ellipsenbildung gestützt, weil Beispiele wie

Der Unfall geschah $/_a$ *vor* $/_b$ *Köln* $/_c$ *nicht hinter* $/_{b'}$ als fragmentarisch einzustufen sind (vgl. hierzu die Diskussion um These 8 in 2.6). Wenn man sich nun überlegt, wie der Produktionsweg für das Beispiel

In $/_a$ *Bielefeld* $/_{b1}$ *arbeitet* $/_{b2}$ *Harro* $/_{b3}$ *und* $/_k$ *Köln* $/_{b'1}$ *wohnt* $/_{b'2}$ *Hubertus* $/_{b'3}$ aussieht, dann könnte der Grund für die Nichtrealisierbarkeit als SK-Koordination darin liegen, daß bei der Expansion von *In Bielefeld arbeitet Harro* durch *und* die Wertpole von *Bielefeld, arbeitet* und *Harro* nicht wie erforderlich koordinativ zusammenschließbar sind, weil der Wertpol von *Bielefeld* schon mit dem Wertpol von *In* verschaltet ist; Ursache hierfür könnte wiederum sein, daß bei der Expansion von *In Bielefeld* durch *arbeitet* eine Regel wirksam ist, die besagt, daß vor dem Beginn der Produktion einer neuen Konstituente die zuvor produzierte 'geschlossen' werden muß. M.a.W. es wäre denkbar, daß es neben den bisher betrachteten Regeln bestimmte 'Schließregeln' gibt, durch deren Anwendung auch in solchen Fällen Wertpolverschaltungen zustandekommen, wo keine Verknüpfung mit einer Konjunktion erfolgt. Die Anwendung einer solchen Schließregel kann übrigens auch beim Satzabschluß unterstellt werden und damit ergäbe sich sogar die interessante Möglichkeit, die Funktion der Interpunktion in geschriebener Sprache und die der Abschlußintonation in gesprochener Sprache strukturell zu bestimmen.

Wenn die Inakzeptabilität des diskutierten (F2)-Beispiels auf die Anwendung einer Schließregel zurückzuführen ist, dann bleibt zu klären, warum bei analogen (F1)-Beispielen nicht derselbe Effekt auftritt. Der Grund dafür ist leicht einzusehen: In dem Satz *Harro arbeitet innerhalb und Hubertus wohnt außerhalb Bielefelds* etwa kann nach Produktion von *innerhalb* die begonnene Präpositionalphrase noch nicht abgeschlossen werden und der nachfolgende Aufbau einer Koordinationsstruktur schiebt einen solchen Abschluß hinaus bzw. führt zu einem anderen Typ von Wertpolverschaltungen, bei dem der Wertpol von *Bielefelds* im letzten Schritt mit dem Wertpol von *und* zusammengeschlossen werden muß. Der entscheidende prozessuale Unterschied zwischen der (F1)- und der (F2)-Ellipsenbildung besteht also darin, daß bei (F2) ein Konstruktionsabschluß mit der gemeinsamen Anfangssequenz möglich ist, bevor die koordinative Anknüpfung erfolgt, und daß umgekehrt bei (F1) die koordinative Anknüpfung einem möglichen Konstruktionsabschluß mit der gemeinsamen Endsequenz vorausgeht.

These 22:

> Die in der Phrasenstrukturgrammatik postulierten Konstituentenstrukturen sind zwar nicht durchweg mit den hier betrachteten Verknüpfungsstrukturen kompatibel, teilweise kann aus ihnen aber entnommen werden, bei welchen Sequenzen die Anwendung von Schließregeln zwecks Konstruktionsabschluß erfolgt. Speziell ist auf diese Weise die (F2)-Restriktion erklärbar, daß koordinative Anknüpfungen nicht erfolgreich in bereits abgeschlossene Konstruktionen eingreifen können. Umgekehrt läßt sich (F2) als Test dafür verwenden, ob die Anwendung von Schließregeln unterstellt werden muß. Weiterhin gilt keine analoge Restriktion für (F1), weil dort vergleichbare Konstruktionsabschlüsse erst nach der koordinativen Anknüpfung erfolgen. Damit ist ein dritter (vgl. These 18), wieder nur prozessual erklärbarer Unterschied zwischen den Ellipsenbildungsformen (F1) und (F2) zu konstatieren.

Nach der Darstellung einiger sehr genereller Konsequenzen, die sich aus der Diskussion der SK-Koordination ergeben haben, möchte ich jetzt noch auf zwei eher technische Aspekte eingehen. In 3.1 hatte ich bereits darauf hingewiesen, daß die rekursive Bildung konjunktiver Koordinationen starken Einschränkungen unterliegt. Diese Einschränkungen beruhen teilweise auf der Unzulässigkeit einer Kombination oder gleichzeitigen Verwendung mehrerer Konjunktionen und hängen nicht unbedingt mit strukturellen Restriktionen der Koordinationsbildung zusammen. Besonders deutlich wird dies etwa am Beispiel der doppelten Negation, deren Verarbeitung offensichtlich

Schwierigkeiten bereitet. Daß *Hans, nicht Reinhard ißt heute Eis, nicht Kuchen* inakzeptabel ist, muß im Zusammenhang mit der Inakzeptabilität von *Nicht Reinhard ißt heute nicht Kuchen* gesehen und darf nicht als Unmöglichkeit einer rekursiven Koordinationsbildung interpretiert werden. Denn einerseits ist die syndetische Version *Hans und nicht Reinhard ißt heute Eis und nicht Kuchen* deutlich akzeptabler (stilistisch vorteilhafter); andererseits wird dasselbe Koordinationsmuster in dem wohl akzeptablen Beispiel *Hans oder Reinhard ißt heute Eis und Kuchen* realisiert. Im Zusammenhang mit der Akzeptabilität dieses Beispiels sind drei Punkte erwähnenswert. Erstens entspricht dieses Beispiel einer allgemeinen Ellipsenbildungsform a k_1 a' b c k_2 c', auf die wir auch bei einer Fortführung der systematischen Diskussion aus Abschnitt 2 hätten eingehen müssen. Zweitens kann man an diesem Beispiel noch einmal die mangelnde empirische Plausibilität des Aussparungsansatzes veranschaulichen. Nach der Realitätswahrnehmung dieses Ansatzes besitzt das Beispiel zwei 'Lücken': Zwischen *Hans* und *oder* ist *ißt heute Eis und Kuchen* ausgespart und zwischen *und* und *Kuchen* fehlt *Reinhard ißt heute*. Die erste Aussparung ist aber selbst wieder elliptisch und deshalb wird 'in Wirklichkeit' *ißt heute Eis und Hans ißt heute Kuchen* ausgespart. Aus der Perspektive einer Produktionssyntax müßte man sich also den Beginn der Produktion des Beispielsatzes so vorstellen, daß nach der Äußerung von *Hans* die Produktion von *ißt heute Eis und Hans ißt heute Kuchen* unterdrückt wird, weil diese Sequenz aus dem nachfolgend Geäußerten rekonstruierbar ist; der Rezipient kann diese Rekonstruktion aber erst nach Abschluß der Produktion des Gesamtsatzes durchführen, weil dafür alle Informationen bis zum letzten Wort benötigt werden. Drittens schließlich: Was bei einer Beschreibung nach dem Aussparungsansatzes ein hoch komplexer rekursiver Ellipsenbildungsprozeß ist, stellt sich im Rahmen des Verknüpfungsansatzes schlicht als der Fall einer zweimaligen Anwendung der Regeln für eingliedrige SK-Koordinationen dar, wobei nicht einmal eine Koordinationsverschachtelung vorliegt, weil sich die zweite Koordinationsbildung *ißt heute Kuchen und Eis* nicht auf die erste *Hans oder Reinhard ißt* bezieht. Diese Einschätzung führt auf den Diskussionsaspekt der möglichen Rekursivität von SK-Koordinationen zurück. Für eine Behandlung dieses Aspekts wäre eine genauere Bestimmung der unterschiedlichen Formen von mehrfacher Koordinationsbildung wichtig, was hier jedoch nicht mehr geleistet werden kann. Zum einen möchte ich aber daran erinnern, daß wir im Exkurs von 3.2 einen weiteren, unverschachtelten Fall exemplarisch behandelt haben. Zum anderen will ich noch zwei Beispiele anführen, die belegen, daß auch verschiedene Arten von Verschachtelungen möglich sind:

Mike schwimmt und läuft nicht nur heute, sondern auch morgen.

Mike oder Harro oder Michael läuft.

Grundsätzlich muß man aber wohl davon ausgehen, daß die prinzipielle Möglichkeit, mehrfach verschachtelte Koordinationen zu bilden, aufgrund von Verarbeitungsschwierigkeiten stark eingeschränkt ist.

Das zuletzt genannte Beispiel haben wir in 3.1 schon einmal für einen Vergleich mit *Mike, Harro oder Michael läuft* benutzt und letztere Version als - wie wir jetzt sagen können - stilistisch vorteilhafter eingeschätzt. Ich gehe davon aus, daß dieser Version eine dreistellige Verwendungsweise des *oder* zugrunde liegt und daß allgemeiner auch mehrstellige konjunktive Koordinationen des Formats $a_1, \ldots, a_n$ k a_{n+1} betrachtet werden müssen. Dementsprechend wären die in These 14 formulierten Regeln und die in These 15 angegebene Definition der SK-Koordination auf den Fall beliebiger Stellenzahlen zu verallgemeinern. Empirisch wird eine solche Verallgemeinerung aber wohl nur für eingliedrige Koordinationen gebraucht, weil es sonst - wie im Zusammenhang mit These 12 dargestellt - zu Kollisionen mit der auf die Konjunktion *und* normierten Interpretation asyndetischer SK-Koordinationen käme. Wie diese Verallgemeinerung genau zu formulieren ist, hängt außerdem davon ab, welche Art der Verschaltung der Wertpole von $a_1, \ldots, a_n$ mit k unterstellt wird. Zwei Möglichkeiten sind denkbar: Entweder besitzt k n+1 Argumentpole von denen n bei der Expansion durch k simultan mit den Wertpolen von $a_1, \ldots, a_n$ verschaltet werden; oder aber k besitzt nur zwei Argumentpole und bei der Expansion durch k wird der eine von ihnen simultan mit den Wertpolen von $a_1, \ldots, a_n$ verschaltet.

Für die beiden zuletzt behandelten Aspekte möchte ich als Fazit folgende These formulieren.

These 23:

Der in These 14 und 15 charakterisierte Konstruktionsraum für konjunktive Koordinationen bzw. speziell für SK-Koordinationen ist einerseits um die Möglichkeit einer beliebigstelligen Verwendung parataktischer Konjunktionen zu erweitern und andererseits um die Möglichkeit der Mehrfachkoordination.

3.4 Nachdem wir uns in 3.2 und 3.3 intensiv mit dem Typ der SK-Koordination und zugehörigen generellen Konsequenzen auseinandergesetzt haben, stellt sich zwangsläufig die Frage nach der Existenz anderer Koordinationstypen. Wenn wir vorerst noch im Bereich der konjunktiven Koordination bleiben, dann liegt es nahe, systematisch nach Beispielen zu suchen, die mindestens eine der Bedingungen in der Definition der SK-Koordination (These 15) nicht erfüllen. Dabei ist insbesondere der Fall von Interesse, daß die Anzahl der an die Konjunktion angeschlossenen Glieder in den beiden Sequenzen nicht übereinstimmt und/oder daß keine paarweise durchgeführte koordinative Verschaltung der Argumentpole der Sequenzglieder angenommen werden kann. Dieser Fall liegt einerseits bei der schon in 2.6 und 3.2 behandelten FK-Koordination vor, andererseits aber auch bei Beispielen des Typs

(i) *Reinhard kauft Eis, Hans für Helga Zigaretten.*

Denn *für Helga* besitzt in der ersten Teilsequenz keinen 'Korrespondenten'. Derartige Beispiele, die zumindest partiell akzeptabel sind, realisieren offensichtlich einen der SK-Koordination sehr nahen Koordinationstyp, den ich *Erweiterte SK-Koordination (ESK)* nennen will und der sich in zwei Eigenschaften von der FK-Koordination unterscheidet: Erstens sind bei mindestens zwei Paaren von Gliedern aus den koordinierten Sequenzen die zugehörigen Argumentpole miteinander koordinativ verschaltet und zweitens können auch asyndetische Versionen von ESK-Koordinationen akzeptabel sein.

Die Untersuchung der ESK-Koordination ist insbesondere deshalb von Interesse, weil sie neue Erkenntnisse über die Prinzipien der Bedeutungsübertragung erbringt. Wir wollen hinsichtlich dieses Übertragungsverhaltens (i) mit folgenden Beispielen vergleichen.

(ii) *Reinhard kauft für Helga Eis, Hans Zigaretten.*

(iii) *Reinhard kauft für sich, Hans für Helga Zigaretten.*

(iv) *Weil Reinhard für Helga Eis kauft und Hans Zigaretten.*

(v) *Weil Reinhard für Helga Eis und Hans Zigaretten kauft.*

In dem ESK-Beispiel (i) ist keine rückwirkende Bedeutungsübertragung von '*für Helga*' auf die erste Teilsequenz möglich. Demgegenüber verhalten sich (ii) - (iv) so, wie wir es in 3.1 für SK-Koordinationen postuliert haben: In (ii) und (iv) gibt es zumindest jeweils eine Präferenz für die Lesart, bei der '*für Helga*' auf die zweite Teilsequenz übertragen wird und in (iii) bezieht man *Zigaretten* auch auf die erste Teilsequenz. In (v) schließlich wird m.E. die Lesart bevorzugt, bei der keine Bedeutungsübertragung von '*für Helga*' auf die zweite Teilsequenz stattfindet; wenn das in 3.3 postulierte Übertragungsprinzip für SK-Koordinationen korrekt ist, dürfte (v) also nicht diesen Koordinationstyp realisieren.

Ich will nachfolgend zeigen, daß die bisher entwickelte Theorie ausreicht, um das unterschiedliche Übertragungsverhalten von (i) - (v) zu erklären. Zunächst müssen wir allerdings präzisieren, welche Verknüpfungsstruktur ESK-Koordinationen besitzen. Erstens wird bei ESK-Koordinationen in Abänderung der Definition von These 15 zugelassen, daß sich die Zahl der Glieder von a, deren Wertpole mit dem Argumentpol von j verschaltet sind, von der Zahl der Glieder von a' unterscheidet, deren Wertpol mit dem Argumentpol von j' verschaltet sind. Zweitens muß die Bedingung der eineindeutigen Zuordenbarkeit und der Argumentpolverschaltung korrespondierender Glieder von a und a' jeweils auf einen (echten) Teil aus der Menge derjenigen Glieder beschränkt werden, die mit j bzw. j' verknüpft sind; dabei darf die Zahl n von Paaren korrespondierender Glieder aber nicht unterhalb von 2 liegen (diese Bedingung ist möglicherweise deshalb erforderlich, weil die Gestaltparallelität im Fall n = 1 nicht als Konnexionsmittel ausreicht; vgl. die Inakzeptabilität von *Reinhard ißt Eis, Hans heute*). Nach dieser Definition der ESK-Koordination wird auch der Fall zugelassen, daß in beiden Koordinationsteilen Glieder vorkommen, die im jeweils anderen Teil keine 'Korrespondenten' besitzen (vgl. etwa *weil Reinhard für Helga Eis und Hans heute*

Zigaretten kauft). Die Argumentpole der Glieder ohne 'Korrespondenten' müssen natürlich irgendwo angebunden sein; im Satzparadigma heißt dies, daß sie mit Argumentpolen des jeweiligen Verbs verschaltet sind (vgl. hierzu die Inakzeptabilität von *weil Reinhard für Helga in Bielefeld und Hans seit langem in München wohnt*).
Aus den unterschiedlichen Eigenschaften der Verknüpfungsstrukturen von SK- und ESK-Koordinationen kann man die Aussage ableiten, daß für ein Sequenzglied, das formal gesehen keinen 'Korrespondenten' besitzt, genau dann eine Bedeutungsübertragung stattfindet, wenn sein Wertpol nicht mit einem Argumentpol der (gegebenenfalls komplexen) Koordinationskonjunktion verschaltet ist. Folglich ist nur im Fall der Strukturierung als SK-Koordination eine *maximale Bedeutungsübertragung* gegeben und wir können versuchen, das unterschiedliche Verhalten der Sätze (i) - (v) mit der Zugehörigkeit zu jeweils unterschiedlichen Koordinationstypen zu erklären. Grundsätzlich scheint eine Tendenz zu bestehen, daß der Wertpol von Gliedern ohne 'Korrespondenten', die im zweiten Sequenzteil vorkommen, mit den Wertpolen vorhergehender Glieder des zweiten Sequenzteils koordinativ verschaltet werden. Diese Tendenz ist vermutlich darauf zurückzuführen, daß für die Wertpolverschaltung des jeweiligen Gliedes ein geeigneter Kandidat in der unmittelbaren Nachbarschaft gesucht wird, und sie würde erklären, warum (i) als ESK-Koordination strukturiert wird, d.h. warum der Wertpol von *für Helga* mit dem Wertpol von *Hans* koordinativ verschaltet und nicht mit dem Wertpol von *kauft* zusammengeschlossen wird (bzw. noch unverschaltet bleibt). Wenn man eine Tendenz dieser Art postuliert, muß man aber erklären, warum (iii) sich ihr widersetzt und als SK-Koordination strukturiert wird. Offensichtlich sind zwei Gründe für das gegenläufige Verhalten von (iii) verantwortlich. Erstens gilt die postulierte Tendenz strikt nur in dem Fall, wo auf das betreffende Sequenzglied noch andere Glieder mit 'Korrespondenten' folgen; aus dieser Position kann nämlich nie, d.h. auch nicht für obligatorische Ergänzungen eine rückwirkende Bedeutungsübertragung stattfinden, wie die Inakzeptabilität des Beispiels *Reinhard kauft für sich, Hans Zigaretten für Helga* zeigt. Zweitens kann die Tendenz auch nicht in allen Fällen unterlaufen werden, wo auf das betreffende Sequenzglied keine Glieder mit 'Korrespondenten' mehr folgen. So gibt es m.E. bei z.B. *Reinhard kauft Eis, Hans Zigaret-*

ten für Helga eine Präferenz für die ESK-Strukturierung; sie kann aber u.a. durch eine spezifisch markierte Intonation zugunsten einer SK-Strukturierung aufgehoben werden. Zwangsläufig ist die SK-Lesart jedoch nur, falls das betreffende Sequenzglied eine für den ersten Sequenzteil obligatorische Ergänzung darstellt. Umgekehrt belegen (ii) und (v) eine Tendenz derart, daß der Wertpol eines Gliedes ohne 'Korrespondenten', das im ersten Sequenzteil vorkommt, nicht mit einem Argumentpol der Koordinationskonjunktion verschaltet wird. Diese Tendenz gilt jedoch nur unter der Voraussetzung, daß dem betreffenden Sequenzglied entweder keine Glieder mit 'Korrespondenten' vorausgehen oder daß es vor Beginn der koordinativen Anknüpfung des zweiten Sequenzteils noch selbst (und zwar möglicherweise mit seinem Wertpol) verschaltet wird. Daß es genügt, wenn die erste der beiden Bedingungen erfüllt ist, zeigt das Beispiel *Weil Reinhard für sich Eis und für Helga Zigaretten kauft*; denn hier wird *Reinhard* erst nach Abschluß der koordinativen Verschaltungen mit *kauft* verknüpft. Weiterhin belegen die Beispiele (ii) und (iv), daß auch die Erfüllung der zweiten Bedingung ausreicht. Wenn aber beide Bedingungen nicht erfüllt sind, dann besteht offensichtlich die Notwendigkeit, den Wertpol des betreffenden Sequenzgliedes mit den Wertpolen der vorausgehenden Glieder (mit 'Korrespondenten') zu verschalten, weil dieses Glied bei Beginn der koordinativen Anknüpfung nicht ungebunden bleiben darf. Damit wäre eine Erklärung dafür gegeben, daß in (v) keine Bedeutungsübertragung stattfindet. Im übrigen ist eine solche Bedeutungsübertragung nicht einmal dann möglich, wenn das betreffende Sequenzglied eine obligatorische Ergänzung für den zweiten Sequenzteil darstellen würde, wie das Beispiel *Weil Reinhard für sich Eis und Hans für Helga kauft* zeigt.

These 24:

> Bei SK-Koordinationen findet eine maximale, bei ESK-Koordinationen aber nur eine partielle Bedeutungsübertragung statt. Genauer erfolgt für ein Sequenzglied ohne 'Korrespondenten' nur dann keine Bedeutungsübertragung, wenn es mit der Koordinationskonjunktion verknüpft ist. Ein Glied ohne 'Korrespondenten', das im ersten Sequenzteil vorkommt, wird genau dann nicht mit der Koordinationskon-

junktion verknüpft, wenn ihm keine Glieder mit 'Korrespondenten' vorausgehen (d.h. wenn es ausklammerbar ist) oder wenn es vor Beginn der Produktion der Koordinationskonjunktion schon in irgendeiner Weise verschaltet ist. Ein Glied ohne 'Korrespondenten', das im zweiten Sequenzteil vorkommt, braucht höchstens dann nicht mit der Koordinationskonjunktion verknüpft zu werden, wenn ihm keine Glieder mit 'Korrespondenten' nachfolgen (d.h. wenn es ausklammerbar ist); in diesem Fall unterbleibt eine entsprechende Verknüpfung aber nur, wenn das betreffende Glied eine obligatorische Ergänzung für den ersten Sequenzteil darstellt oder wenn spezifische semantische oder intonatorische Bedingungen erfüllt sind.

These 24 gibt übrigens auch aus einer anderen Perspektive eine Antwort auf das Problem von Klein (1981: 69), das wir schon am Ende von 2.3 behandelt haben. Der Aussparungsansatz läßt es als befremdlich erscheinen, daß man keine Wahlfreiheit dafür besitzt, welche Informationen aus dem Kontext ausgespart bleiben dürfen. *Bayern München hat das Spiel gewonnen* muß durch *Nein, der HSV* korrigiert werden und man darf kein weiteres Element aus dem ersten Koordinationsteil wiederholen. Der Grund dafür ist jetzt klar: Dem Beispiel liegt eine eingliedrige SK-Koordination zugrunde und damit ist zwangsläufig schon eine maximale Bedeutungsübertragung gegeben.

Der dritte Typ konjunktiver Koordinationen, mit dem wir uns hier beschäftigen wollen, ist die schon mehrfach diskutierte FK-Koordination, die einerseits noch weiter entfernt von SK als ESK ist und andererseits bestimmte, noch schwer einzuschätzende Verhaltenseigenschaften besitzt. Zunächst wollen wir versuchen, die Verknüpfungsstruktur von FK-Koordinationen genauer als in 3.2 zu charakterisieren. Dazu betrachten wir als prototypisches FK-Beispiel den Satz *Dort* $/_a$ *stand* $/_b$ *Herr Kohl* $/_c$ *und* $/_k$ *grinste* $/_{b'}$. Dieser Satz realisiert die erweiterte Ellipsenbildungsform (F5) a b c k b'. In 2.6 haben wir uns ausführlich damit beschäftigt, daß und warum (F5) für den Weg mit B → C im Fall der Einsetzung finiter Verbformen für b und b' keine SK-Realisierungen besitzt (vgl. hierzu die Inakzeptabilität von *Dort regierte Herr Kohl und wohnte*). Damit ist noch einmal sichergestellt, daß der Beispielsatz einen anderen Koordinationstyp als SK realisiert. Worin bestehen die strukturellen Unterschiede zwischen FK und SK? Erstens braucht bei FK-Koordinationen offensichtlich die Anzahl der mit der Koordinationskonjunktion verknüpften Glieder in den beiden Sequenzteilen nicht identisch zu sein. Dies wird in dem Beispielsatz durch den Umstand belegt, daß für *Dort* keine Bedeutungsübertragung stattfindet (anderenfalls müßte auch das Beispiel mit *wohnte* akzeptabel sein; möglicherweise wird aber '*dort*' für den zweiten Sequenzteil semantisch inferiert). Zweitens erfüllt der Beispielsatz nicht die letzte Bedingung in der SK-Definition: *stand* und *grinste* korrespondieren zwar zueinander, der mit dem Argumentpol von *dort* verschaltete 'Ortspol' von *stand* ist aber nicht koordinativ mit dem 'Ortspol' von *grinste* verschaltet. Insgesamt ergibt sich aus dieser Beispieldiskussion, daß für eine 'schwache' Explikation der FK-Koordination zum einen die Bedingung der Anzahlidentität aufzuheben und daß zum anderen die Existenz mindestens eines Paares korrespondierender Glieder zu fordern wäre, bei dem keine vollständige Parallelität der Argumentpolverschaltung vorliegt. Die bisher empirisch vorgefundenen FK-Realisierungen sprechen allerdings für eine 'stärkere' Explikation, weil bei ihnen stets nur *eine* koordinative Argumentpolverschaltung vorkommt und diese wiederum aus der Koordination finiter Verbformen resultiert. Im Rahmen des vorliegenden Aufsatzes besteht nicht die Notwendigkeit, sich auf eine bestimmte Explikationsmöglichkeit festzulegen. Ich möchte allerdings noch kurz auf zwei zugehörige Probleme eingehen.

In 2.6 hatten wir bereits auf ein Abgrenzungsproblem zwischen FK- und eingliedrigen SK-Koordinationen (bzw. NK-Koordinationen) hingewiesen. Dieses Problem entsteht dadurch, daß NK im Fall der Koordination von Verben wohl nur in syndetischer Version akzeptabel ist (vgl. *Herr Kohl grinste, lachte nicht*); die Inakzeptabilität asyndetisch formulierter Koordinationen ist aber ein charakteristisches Kennzeichen insbesondere von FK-Koordinationen. Auch wenn wir hier die stilistisch bedingte Inakzeptabilität einer asyndetischen Verbkoordination wie in dem genannten Beispiel nicht erklären können, liegt es nach dem jetzigen Diskussionsstand nahe, die syndetische Version des Beispiels als SK-Koordination einzustufen, weil aufgrund der einstelligen Verwendungsweise von *lachte* und *grinste* die charakteristische FK-Bedingung einer asymmetrischen Argumentpolverschaltung nicht erfüllt ist.

Das zweite Problem hängt mit folgender Überlegung zusammen. Bei einer Sichtung von FK-Beispielen kann man auf die Idee kommen, daß FK-Koordinationen stets nur als Verbalphrasenkoordinationen vorliegen und daß sie entgegen These 21 den Fall repräsentieren, wo Verbalphrasen Konstituentencharakter haben. Dies würde einerseits bedeuten, daß die Anwendung einer Verbalphrasen-Schließregel fakultativ ist, daß im Fall der Anwendung dieser Regel die Wertpole der jeweiligen Verbalphrasenglieder zu einem gemeinsamen Wertpol zusammengeschlossen werden dürfen und daß FK-Koordinationen dementsprechend nur den Sonderfall einer eingliedrigen SK-Koordination bilden. Andererseits würde damit die in der Phrasenstrukturgrammatik postulierte NP-VP-Aufteilung für eine Erklärung der Asymmetrie etwa zwischen Subjekts- und Objektsnominalphrase bei der FK-Koordination herangezogen werden können. So verlockend diese Erklärungsperspektive auch ist, die ihr zugrunde liegenden Annahmen scheinen nicht korrekt zu sein. Beispiele wie
In Bonn $/_a$ *amtiert Kohl* $/_b$ *aber* $/_k$ *verhandelt Strauß mit Dregger* $/_{b'}$ zeigen, daß FK-Koordinationen nicht nur auf Verbalphrasen angewendet werden können (*amtiert* und *verhandelt* sind nicht symmetrisch verschaltet). Außerdem verhalten sich auch gemäß FK koordinierte Verbalphrasen in mehrfacher Hinsicht nicht so wie SK-Koordinationen. Erstens sind nämlich bestimmte Ellipsenbildungen der erweiterten (F1)-Form inakzeptabel (vgl.
Nach Bonn fährt $/_a$ *und* $/_k$ *eine Rede hält* $/_{a'}$ *Kohl* $/_b$). Zweitens sind bei (F3)-Ellipsenbildungen Reihenfolgeänderungen erforderlich (vgl. *Nach Bonn fährt* $/_a$ *Kohl* $/_b$ *und* $/_k$ *hält eine Rede* $/_{a'}$). Drittens schließlich können nicht wie üblich asyndetisch formulierte zweigliedrige Koordinationen z.B. der Form (F1) gebildet werden, bei denen komplexe Verbalphrasen jeweils als ein Glied zählen (vgl. *Kohl* $/_{a1}$ *hält gerne Reden* $/_{a2}$ *Strauß* $/_{a'1}$ *trifft sich mit Dregger* $/_{a'2}$ *in Bonn* $/_b$).

Nach der Diskussion über die mögliche Definition und die Verknüpfungsstruktur der FK-Koordination möchte ich jetzt wesentliche Verhaltenseigenschaften dieses Koordinationstyps zusammenstellen. Aus dieser Diskussion ging schon hervor, daß zwischen FK und SK bestimmte Unterschiede hinsichtlich der Realisierung von Ellipsen-

bildungsformen bestehen. Im Gegensatz zur syndetischen (F2)-Ellipsenbildung, die für FK (im zugrunde liegenden Beispielparadigma) unproblematisch ist, besitzen (F1)-Bildungen allenfalls eine eingeschränkte Akzeptabilität. Als Ursache haben wir bereits in 3.2 anläßlich der Diskussion von Beispiel (vii) Verarbeitungsschwierigkeiten aufgrund zu großer Entfernung zum gewünschten Anknüpfungspunkt erkannt. Mit diesem Verhaltensunterschied von FK bezüglich (F1) und (F2) muß auch eine Einschätzung korrigiert werden, die Klein (1981: 63) formuliert und die auch nach den bisherigen Vergleichsergebnissen im vorliegenden Aufsatz naheliegt, nämlich die Einschätzung, daß die Anwendungsmöglichkeiten der (F2)-Ellipsenbildung insgesamt stärker eingeschränkt seien als die der (F1)-Ellipsenbildung. Umgekehrt haben wir (F5) schon als Beispiel einer Form genannt, die von FK im Gegensatz zu SK für den Weg mit B → C realisiert wird. Als weiteres Beispiel einer solchen Ellipsenbildungsform wäre etwa die in den systematischen Rahmen von Abschnitt 2 passende Form a b c k b' a' zu erwähnen (vgl. hierzu auch die Diskussion über (F6) und (F7) in 3.3) oder die Form a b c k b' d; als Realisierungsbeispiele dieser Formen seien angeführt:
In Ludwigshafen $/_{a}$ *wohnt* $/_{b}$ *Kohl* $/_{c}$ *und* $/_{k}$ *residiert* $/_{b'}$ *in Bonn* $/_{a'}$ und *Zu Herrn Flick* $/_{a}$ *fuhr* $/_{b}$ *Herr Kohl* $/_{c}$ *und* $/_{k}$ *erhielt* $/_{b'}$ *eine Spende* $/_{d}$.
Wenn wir FK-Koordinationen im engeren Sinne, d.h. mit nur einer koordinativen Argumentpolverschaltung betrachten, dann ist eine minimale Bedeutungsübertragung zu konstatieren, die sich ausschließlich auf dasjenige Sequenzglied ohne 'Korrespondenten' bezieht, bei dem die zur Koordination gehörige Mehrfachverknüpfung erfolgt. Dieser Aussage widerspricht - wie oben angedeutet - nicht die Tatsache, daß bei manchen FK-Beispielen aufgrund von Inferenzen eine stärkere Bedeutungsübertragung suggeriert wird (vgl. etwa *Heute fliegt Kohl zu Reagan und lobt seine Politik*).

Die interessanteste Eigenschaft der FK-Koordination ist die Asymmetrie hinsichtlich der indirekten Mehrfachverknüpfung mit Elementen, die nicht in der Anfangsposition stehen, d.h. konkreter die Auszeichung der koordinativen 'Agentpol'-Verschaltung vor der koordinativen Verschaltung anderer Argumentpole von Verben (vgl. These 7 in 2.6). Wie ist diese Asymmetrie zu erklären? Zunächst kann man sich klar machen, daß sie nicht auf Verarbeitungsschwierigkeiten der bisher betrachteten Art beruht, sondern eher auf strukturelle Gegebenheiten zurückgeführt werden muß. Beispielsweise hängt die Inakzeptabilität von *Kohl besucht Herrn Flick und verehren alle Politiker* nicht mit einem zu großen Abstand zwischen *besucht* und *verehren* zusammen, weil sonst auch *Herrn Flick besucht Kohl und freut sich über die Spende* stilistisch unvorteilhaft sein müßte. Oben haben wir aber auch schon die von der Phrasenstrukturgrammatik her naheliegende Erklärungsmöglichkeit zurückgewiesen, daß - auf den Beispielsatz exemplifiziert - *besucht Herrn Flick* eine Konstituente bildet, in die nicht mehr rückwirkend eingegriffen werden kann. Diese Erklärungsmöglichkeit würde zudem voraussetzen, daß die Anwendung einer zugehörigen Verbalphrasen-Schließregel obligatorisch ist; damit ergäbe sich aber ein Widerspruch zur grammatischen (nicht politischen) Akzeptabilität von *Kohl besucht Herrn Flick, Scheel Herrn Horten* und zu den dort bestehenden Wertpolverschaltungen. Insofern muß man nach einem anderen, neuen Erklärungsansatz suchen, für den wiederum eine geeignete Modellerweiterung erforderlich ist. Ich kann hier nur noch die Richtung andeuten, in der eine solche Modellerweiterung gehen müßte.

Ganz offensichtlich hängt die besagte Asymmetrie damit zusammen, daß unterschiedliche grammatische Beziehungen nicht stets dieselben Verknüpfungseigenschaften haben. Diese an sich triviale Bemerkung macht uns noch einmal auf den Umstand aufmerksam, daß die Existenz unterschiedlicher grammatischer Beziehungen in die bisherige Modellentwicklung überhaupt nicht eingegangen ist. Abgesehen von der Diskussion über die FK-Asymmetrie wurde der Faktor "grammatische Beziehung" nur an einer Stelle, nämlich in These 5 von 2.4 als Einflußgröße für die Ellipsenbildung thematisiert (koordinative Verschaltungen von Argumentpolen sind nur bei Realisierung derselben semantischen Kasusbeziehung zulässig). Insofern liegt es auch aus systematischen Gründen nahe zu fragen, welche Elemente in den bisher betrachteten Verknüpfungsstrukturen die Träger derjenigen Eigenschaften sind, die wir den grammatischen Beziehungen zusprechen. Als derartige Elemente kommen einerseits die Argumentpole und andererseits die Schaltelemente in Betracht (sofern wir im Rahmen der bisherigen Strukturvorstellung bleiben und nicht neue Strukturelemente einführen). Damit ist ein möglicher Weg für die weitere Modellkonstruktion vorgezeichnet: einerseits kann man sich überlegen, welche Eigenschaften von Argumentpolen und/oder Schaltelementen geeignet sind, die FK-Asymmetrie zu erklären; andererseits ist es zweckmäßig, einen über das bisherige Beispielparadigma hinausgehenden Datenbereich vorzugeben, mit Hilfe dessen unterschiedliche Erklärungsversionen gegeneinander abgewogen werden können. Die wichtigsten Resultate über die FK-Koordination möchte ich wieder in einer These zusammenfassen.

These 25:

Als zentrale Definitionsbedingung der FK-Koordination kann die Existenz zweier korrespondierender Sequenzglieder angesehen werden, deren Argumentpole nicht in vollständig paralleler Weise koordinativ verschaltet sind. Diese Bedingung ist insbesondere bei dem empirisch wichtigen Fall erfüllt, wo aus den zu koordinierenden Sequenzteilen nur zwei zueinander passende Argumentpole finiter Verbformen koordinativ verschaltet sind, zugleich aber mindestens eine dieser Verbformen mehrpolig verwendet wird. Im Gegensatz zu SK besitzt FK (im zugrunde gelegten Beispielparadigma) keine stilistisch vorteilhaften syndetischen (F1)-Realisierungen, obwohl analoge (F2)-Beispiele akzeptabel sein können. Dieser, nur prozessual erklärbare Verhaltensunterschied von FK hinsichtlich der (F1)- und der (F2)-Ellipsenbildung steht im Kontrast dazu, daß bei SK - abgesehen von dem Unterschied in der Einhaltung von Kongruenzbedingungen - die Möglichkeiten der Ellipsenbildung nach (F2) restringierter sind als die nach (F1). Ein weiterer wichtiger Unterschied zwischen FK und SK zeigt sich daran, daß FK im Gegensatz zu SK die syndetische Version von (F5) für den Weg mit B → C realisiert. Die (in These 7 von 2.6 formulierte) Asymmetrieeigenschaft der FK-Koordination kann nicht auf die in der Phrasenstrukturgrammatik postulierten Struktureigenschaften von Verbalphrasen zurückgeführt werden; vielmehr ist für eine Erklärung dieser Eigenschaft eine Erweiterung des bisher entwickelten Syntaxmodells erforderlich, die den unterschiedlichen Verknüpfungseigenschaften grammatischer Beziehungen Rechnung trägt.

3.5 So langwierig die bisherigen Modellbildungsbemühungen auch schon gewesen sein mögen, so haben die Überlegungen in 3.4 doch gezeigt, daß unser Ellipsentheorie-Puzzle noch lange nicht zu Ende gespielt ist. Daher möchte ich abschließend kurz skizzieren, was noch zu tun bleibt.

In einem ersten Schritt muß die für konjunktive Koordinationen entwickelte Theorie an weiteren Satz- und Phrasentypen überprüft und gegebenenfalls ausdifferenziert oder modifiziert werden. Dabei ist mit Sicherheit noch manche Überraschung zu erwarten, denn schon der systematische Übergang zur Nebensatz-Wortstellung zeigt, daß das in These 8 von 2.6 bzw. These 17 von 3.2 formulierte Verbot von mehreren, simultan durchgeführten koordinativen Argumentpolverschaltungen nicht generell gilt (vgl. *Weil Hubertus in Bielefeld arbeitet, aber nicht wohnt*).

Ein zweiter Schritt hat sich mit einer anderen Art der Theorieerweiterung zu beschäftigen. In 2.3 habe ich für die Position argumentiert, daß der Verknüpfungsansatz grundsätzlich für die Behandlung von Ellipsen mit umgebungsabhängiger Bedeutung einschlägig ist. Insofern stellt sich die Frage, ob es noch andere als die bisher behandelten Arten von Ellipsen mit umgebungsabhängiger Bedeutung gibt, die im Rahmen des Verknüpfungsansatzes erfolgreich behandelt werden können oder die sogar spezifischer auf die Anwendung von Koordinationsregeln zurückführbar sind. Nun haben wir ja in 2.3 den Fall von Frage-Antwort-Ellipsen als Ausgangspunkt für die Modellbildungsdiskussion genutzt und deshalb könnte die systematische Untersuchung dieses Ellipsentyps den Anfang des zweiten Erweiterungsschrittes bilden. Genau besehen verhält sich dieser Ellipsentyp zumindest im Fall von W-Fragen mit n-Fragewörtern offensichtlich empirisch genau so wie der Typ n gliedriger SK-Koordinationen im Aussagesatzparadigma. Insofern stellt sich die Frage, ob derartige Frage-Antwort-Ellipsen auch die in These 15 beschriebene Verknüpfungsstruktur besitzen und ob insbesondere eine analoge Wertpolverschaltung vorliegt. Wenn dies so wäre, dann müßte die Existenz eines impliziten bzw. eines durch Frageintonation oder Fragezeichen realisierten Verknüpfungselements angenommen werden, das dieselbe Polstruktur wie parataktische Konjunktionen hätte; m.a.W. in diesem Fall würden W-Frage-Antwort-Ellipsen nicht wesentlich über den Bereich von konjunktiven Koordinationen hinausgehen. Genau so gut wäre aber auch denkbar, daß nur koordinative Argumentpolverschaltungen vorgenommen werden und daß sich die erforderlichen Wertpolverschaltungen anders verhalten als bei SK-Koordinationen. Welche dieser beiden Möglichkeiten vorliegt, kann ohne zusätzliche und insbesondere ohne semantische Erwägungen nicht entschieden werden. Trotzdem können wir folgendes Diskussionsergebnis festhalten.

These 26:

> Koordination ist ein Typ von grammatischer Verknüpfung, dessen Anwendung über den Bereich von Konstruktionen mit Hilfe parataktischer Konjunktionen hinausgeht und der auch den W-Frage-Antwort-Ellipsen zugrunde liegt.

Von der Betrachtung der W-Frage-Antwort-Ellipsen muß der Weg weiter zur Untersuchung anderer Arten von Frage-Antwort-Ellipsen bzw. genereller zur Behandlung aller solcher Äußerungssequenzen führen, in denen elliptische Äußerungen vorkommen. Aufgrund der dann zu beobachtenden Verhaltensähnlichkeit mit konjunktiven Koordinationen wird man ebenso wie bei These 26 in vielen Fällen die Durchführung koordinativer Verknüpfungen unterstellen dürfen. Beispiele für solche Arten von Äußerungssequenzen sind durch folgende Belege angedeutet.

Bist Du damals in Pisa gewesen? Nein, in Bielefeld.

Ist der Turm der Sparrenburg gerade oder schief? Gerade.

Chomsky ist wieder in. Wer? Chomsky.

Die drei Äußerungssequenzen sind im Sinne von These 20 in 1.4 als Sätze zu klassifizieren. Die Berechtigung dieser Klassifikation kann jetzt noch konkreter begründet werden: Die Expansion von Sätzen aufgrund der Anwendung von Koordinationsregeln führt nicht aus dem Satzparadigma heraus.

Es gibt schließlich noch einen ganz anderen, bisher nicht betrachteten Typ von Ellipsen mit umgebungsabhängiger Bedeutung, bei dem nicht so leicht intuitiv entscheidbar ist, ob er auf der Anwendung von Koordinationsregeln basiert oder wie er sonst einzuschätzen ist. Und zwar handelt es sich dabei um den Typ der Nominalkomplex-Ellipse (bei Klein (1981) heißt er NC-Ellipsis), der zumindest außerhalb von parataktischen Konstruktionen bestimmte Verhaltensunterschiede zur konjunktiven Koordination aufweist. Ich will zunächst ein Beispiel für die NC-Ellipsis nennen:

Wir kennen einen berühmten Linguisten in Amerika und haben seine Werke studiert. Ein weniger bekannter lebte im Ruhrgebiet.

In diesem Beispiel wird *Linguist* in der Nominalphrase *ein weniger bekannter* 'ausgespart' und auffällig ist, daß dies einen rückwirkenden Eingriff in die 'abgeschlossene' Konstituente *einen bekannten Linguisten in Amerika* bedeutet, der bei konjunktiven Koordinationen nicht zulässig wäre (vgl. These 22 in 3.3). Wenn man sich der Vorsicht halber vergewissern möchte, ob das angegebene Beispiel überhaupt eine Ellipse im Sinne der Definition von These 16 in 1.3 darstellt, dann ist zu konstatieren, daß für *ein weniger bekannter* tatsächlich alle drei Definitionsbedingungen relativ zu derjenigen Expansionserwartung erfüllt sind, die auf der Ergänzung einer 'begonnenen Nominalphrase' durch ein Nomen beruht. Bei dieser Definitionsüberprüfung werden aber zwei Probleme deutlich. Erstens unterscheidet sich das genannte Beispiel in einem wesentlichen Punkt von z.B. *Wer ist genial? Dieser Linguist.* Denn *Dieser Linguist* bildet für sich genommen keinen grammatisch akzeptablen Satz, während *ein weniger bekannter* möglicherweise - allerdings im Gegensatz zur Darstellung der normativen Grammatik - für sich genommen als eine grammatisch akzeptable Nominalphrase einzustufen ist. Das zweite Problem hängt mit diesem Punkt eng zusammen. Die Ellipsendefinition in These 16 von 1.3 ist so allgemein, daß auch die Verwendung von Pronomina als Ellipsenbildung aufgefaßt werden kann. Ich möchte dies am folgenden Beispiel verdeutlichen.

Die Mystifikation von Personen und Gegenständen ist ein Verfahren, das der Selbststilisierung von Individuen und sozialen Gruppen dient. Überraschenderweise begegnet man ihm auch häufig im Wissenschaftsbetrieb.

In diesem Beispiel ist das Personalpronomen *ihm* insofern elliptisch, als es durch die Apposition *nämlich diesem Verfahren* expandiert werden kann; analog zum obigen NC-Beispiel bildet das Pronomen aber für sich genommen eine grammatisch akzeptable Nominalphrase.

Aus dem zuletzt genannten Punkt könnte man die Konsequenz ziehen, daß die Ellipsendefinition in These 16 von 1.3 zu weit ist und daß gegebenenfalls auch NC-Beispiele wie das oben angeführte nicht unter das Ellipsenphänomen subsumiert werden sollten. Ich selbst würde allerdings eine andere Reaktionsmöglichkeit bevorzugen.
M.E. sollte die NC-Ellipsis in engem Zusammenhang mit dem Phänomen der Pronominaverwendung untersucht werden und dabei sollte präzisiert werden, was der gemeinsame Kern von Pronominaverwendung und Ellipsenbildung im engeren Sinne ist. Eine solche Vorgehensweise würde es allerdings erforderlich machen, von der historisch tradierten und wohl kaum jemals hinterfragten grammatiktheoretischen Vorstellung Abschied zu nehmen, daß die Pronominaverwendung als ein Substitutionsphänomen aufzufassen ist. Im Lichte der in der vorliegenden Arbeit gewonnenen Einsichten scheint es schon aus Gründen der Modellierungsökonomie höchst unzweckmäßig zu sein, das aufwendige Instrument einer Pronominalisierungstranformation zu bemühen; demgegenüber ist es m.E. viel naheliegender, die Verwendung von Pronomina auf den Einsatz von Verknüpfungsregeln zurückzuführen. Nebenbei bemerkt: Auch ohne daß ich dies genauer ausführe, kann man sich jetzt vielleicht schon vorstellen, daß bestimmte Probleme der Pronominaverwendung im Rahmen des Verknüpfungsansatzes in sehr einfacher Weise behandelbar werden; ich denke dabei z.B. an die Modellierung von Kongruenzeigenschaften, an die syntaktische Auflösung des Bach-Peters-Paradoxes (vgl. Sätze wie *Der Linguist, der sich ihn wünschte, erhielt nicht den Lehrstuhl, den er verdiente*) und schließlich an die aus der Psycholinguistik bekannte Eigenschaft der Pronominaverwendung, kohärenzstiftend zu sein. Schließlich kann im Rahmen des Verknüpfungsansatzes analog zu unserer Diskussion in 3.2 auch in naheliegender Weise erklärt werden, warum die Verwendung von Pronomina Einschränkungen unterliegt, wenn der Abstand zu den Referenzobjekten bzw. den koreferenten Phrasen zu groß ist.

These 27:

> Die NC-Ellipsis (außerhalb von parataktischen Konstruktionen) und die Verwendung von Pronomina können im Sinne der Definition in These 16 von 1.3 unter das Ellipsenphänomen subsumiert werden. Charakteristisches Merkmal dieser

> Art von Ellipsenbildung ist, daß die als elliptisch eingestuften Sequenzen derselben grammatischen Kategorie angehören wie ihre Vervollständigungen. Es ist anzunehmen, daß auch diese Arten der Ellipsenbildung (mit umgebungsabhängiger Bedeutung) auf die Anwendung von Verknüpfungsregeln zurückgeführt werden dürfen. Damit liegt es auch nahe, die durch die Grammatiktradition geprägte Wahrnehmung der Pronominaverwendung als einem Substitutionsphänomen zu korrigieren.

Trotz meiner intuitiven Festlegung in These 27 auf die Einschlägigkeit des Verknüpfungsansatzes ist noch unklar, ob NC-Ellipsis und Pronominaverwendung auch auf koordinativen Verknüpfungen basieren. Wie diese Frage zu beantworten ist, kann hier nicht mehr untersucht werden. Ich möchte aber für den Fall der NC-Ellipsis abschließend auf drei Verhaltenseigenschaften hinweisen, die wiederum die Nähe dieser Ellipsenart zu Koordinationen deutlich machen. Erstens ist bei der NC-Ellipsis dasselbe Inkongruenzphänomen zu beobachten, das wir in 2.4 für die (F2)- und (F3)-Ellipsenbildung ausführlich diskutiert haben. So ist beispielsweise *jede* inkongruent zu *neue Theorien* in *Wissenschaftler entwerfen gern neue Theorien, aber nicht jede ist brauchbar*. Zweitens ist die zumindest partielle Inakzeptabilität von Beispielen wie *Dieser Wissenschaftler hat drei Theorien entwickelt, jener Wissenschaftler spekulative* auffällig. Diese Inakzeptabilität könnte zum einen darin begründet sein, daß *drei* und *spekulative* nicht 'zueinander passen', d.h. nicht derselben grammatischen Kategorie angehören und deshalb nicht koordinativ verknüpfbar sind; zum anderen wäre denkbar, daß die grammatische Beziehung zwischen *drei* und *Theorien* nicht identisch mit der zwischen *spekulative* und *Theorien* ist und daß dies eine Nichtkoordinierbarkeit von *drei* und *spekulative* zur Folge hat (vgl. These 5 in 2.4). Drittens schließlich zeigt die NC-Ellipsis in nichtparataktischer Verwendungsweise dasselbe Verhalten wie bei bestimmten Formen der konjunktiven Koordination, nämlich z.B. bei (F3) und (F5); insofern kann man annehmen, daß in beiden Fällen teilweise dieselben Regeln für koordinative Verschaltungen angewendet werden. Einen Beleg für die betreffende Verhaltensübereinstimmung gibt bezogen auf *seine eigene Wahrnehmung* und *die der anderen* unser letztes Beispiel: *Entscheidend für den betrieblichen Erfolg eines Wissenschaftlers ist nicht seine eigene Wahrnehmung, sondern die der anderen. Seine eigene Wahrnehmung kann falsch sein, aber deshalb muß die der anderen noch lange nicht stimmen.*

Literatur

Admoni, Wladimir. 1972. *Der deutsche Sprachbau*. Leningrad. München, Beck.

Althaus, Hans Peter et al. (Hrsg.) 1980. *Lexikon der Germanistischen Linguistik*. Tübingen, Niemeyer. 2.Auflg.

Bartsch, Renate et al. 1977. *Einführung in die Syntax*. Kronberg/Ts., Scriptor.

Bartsch, Renate; Vennemann, Theo. 1980. Sprachtheorie. In: Althaus et al. 1980. 57-82.

Bates, Madeleine. 1978. The Theory and Practice of Augmented Transition Networks Grammars. In: *Natural Language Communication with the Computer*. Hrsg. von L. Bolc. Berlin, Springer. 191-259.

Berge, Claude. 1957. *Thèorie Gènèrale des Jeux à n Personnes*. Paris, Gauthier-Villars.

Brettschneider, Gunter. 1978. *Koordination und syntaktische Komplexität*. München, Fink.

Chomsky, Noam. 1957. *Syntactic Structures*. The Hague, Mouton.

Ebbinghaus, Heinz-Dieter et al. 1978. *Einführung in die mathematische Logik*. Darmstadt, Wiss. Buchgesellschaft.

Engel, Ulrich. 1982. *Syntax der deutschen Gegenwartssprache*. Berlin, Erich Schmidt Vlg. 2.Auflg.

Fiehler, Reinhard. 1980. *Kommunikation und Kooperation*. Berlin, Einhorn-Vlg.

Finke, Peter. 1983. Politizität. Zum Verhältnis von theoretischer Härte und praktischer Relevanz in der Sprachwissenschaft. In: *Sprache im politischen Kontext*. Hrsg. von P. Finke. Tübingen,

Niemeyer. 15-76.

Heringer, Hans Jürgen. 1970. Einige Ergebnisse und Probleme der Dependenzgrammatik. In: *Der Deutschunterricht* 22. 42-98.

Hinze, Fritz. 1955. *Deutsche Schulgrammatik*. Stuttgart, Klett. 4.Auflg.

Hundsnurscher, Franz. 1980. Syntax. In: Althaus et al. 1980. 211-242.

Kindt, Walther. 1980a. Ziele, Probleme und Leistungen logischer Analysen in der Linguistik. In: *Grammatik und Logik*. Hrsg. von J. Ballweg; H. Glinz. Düsseldorf, Schwann. 154-173.

- 1980b. Methodologische Probleme empirischer Argumentationsforschung. In: *Sprache und Verstehen*. Bd. I. Hrsg. von W. Kühlwein; A. Raasch. Tübingen, Narr. 51-57.

- 1983a. Two Approaches to Vagueness: Theory of Interaction and Topology. In: *Approaching Vagueness*. Hrsg. von Th. T. Ballmer; M. Pinkal. Amsterdam, North-Holland. 361-392.

- 1983b. Neue modelltheoretische Ansätze für die Semantik. In: *Meaning, Use, and Interpretation of Language*. Hrsg. von R. Bäuerle et al. Berlin, de Gruyter. 270-289.

- 1985. Dynamische Semantik. In: *Dynamik in der Bedeutungskonstitution*. Hrsg. von B.B. Rieger. Hamburg, Buske. 95-142.

Kindt, Walther; Wirrer, Jan. 1976. Überlegungen zum Status der Lautgesetze. In: *Sprachtheorie und Pragmatik*. Hrsg. von H. Weber; H. Weydt. Tübingen, Niemeyer. 75-86.

- 1978. Argumentation und Theoriebildung in der historischen Linguistik. In: *Indogermanische Forschungen* 83. 1-39.

Klein, Wolfgang. 1981. Some Rules of Regular Ellipsis in German. In: *Crossing the Boundaries in Linguistics*. Hrsg. von W. Klein; W.J.M. Levelt. Dordrecht, Reidel. 51-78.

Lyons, John. 1973. *Einführung in die moderne Linguistik*. München, Beck. 3.Auflg. Dt. Übersetzung.

Pracht, Egon. 1980. *Algebra der Verbände*. Paderborn, Schöningh.

Reis, Marga. 1982. Zum Subjektbegriff im Deutschen. In: *Satzglieder im Deutschen*. Hrsg. von W. Abraham. Tübingen, Narr. 171-211.

Schank, Gerd; Schwitalla, Johannes. 1980. Gesprochene Sprache und Gesprächsanalyse. In: Althaus et al. 1980. 313-322.

Schegloff, Emanuel A. 1979. The Relevance of Repair to Syntax-For-Conversation. In: *Syntax and Semantics*. Hrsg. von T. Givón. New York, Academic Press. 261-285.

Schubert, Horst. 1964. *Topologie*. Stuttgart, Teubner.

Steinitz. Renate 1981. Syntaktische Komponente. In: *Grundzüge einer deutschen Grammatik*. Hrsg. von K.E. Heidolph et al. Berlin, Akademie-Vlg. 112-144.

DAS PROBLEM DER ELLIPSE VOM STANDPUNKT DER SATZ-GENERIERUNGSREGELN AUS BETRACHTET

Maciej Grochowski
Universität Warszawa

1.1 Der Begriff "Ellipse" gehört zweifellos zur Gruppe der am häufigsten benutzten Termini in Linguistik und Textwissenschaft (man gebraucht sie in Syntax, Semantik, Pragmatik, Stilistik, Dialektologie, Phonologie, Morphologie und Lexikologie).[1] Er ist nicht nur ein sehr populärer Terminus, sondern auch ein Modebegriff. Solche Termini haben in der Regel weite Denotation und unklaren Inhalt. Eine Terminologie wird in der Wissenschaft natürlich per conventionem eingeführt und definiert. Infolgedessen könnte man vermuten, daß es nichts Einfacheres gäbe als die präzise Bestimmung eines unklaren Terminus. Eine punktuelle Präzisierung führt aber noch zu keiner Lösung. Man muß nämlich annehmen, daß der gegebene Terminus zu den notwendigen Bestandteilen eines Begriffssystems und eines zu gebrauchenden Systems von Regeln gehört, also eine notwendige Komponente der Metasprache eines bestimmten Bereiches ist, daß er also einen bestimmten Platz in dem System einnimmt und abhängig von anderen Begriffen des Systems ist. Man muß darüber hinaus noch annehmen, daß der genannte Terminus sich auf Objekte einer bestimmten Klasse bezieht, kompatibel mit den in der gegebenen Disziplin verwendeten Axiomen gebraucht wird und daß er konsequent, gemäß seiner Definition, benutzt wird. Wenn keine Notwendigkeit für einen Termins besteht, sollte er aus der Metasprache eliminiert werden. Ein Übermaß an Terminologie droht nämlich, falsche oder leere Thesen hervorzurufen. Wenn Objekte, die der Terminus denotieren soll, nicht klar charakterisiert werden können, dann

1 Mehr zum Begriff der Ellipse in Syntax, Semantik und Pragmatik siehe Grochowski (1978); vgl. auch das dort angeführte Literaturverzeichnis. Über die Ellipse in der Stilistik siehe z.B. Pustkowski (1968), in der Mundartforschung siehe z.B. Perczyńska (1975); Pospiszylowa (1973), in der Phonologie siehe z.B. Jakobson / Halle (1964), in der Morphologie siehe z.B. Bednarczuk (1966; 1971), in der Lexikologie siehe z.B. Silin (1974).

bestehen Gründe für die Vermutung, daß er eine leere Bezeichnung darstellt.

1.2 Die hier aufgeführten allgemeinmethodologischen Grundsätze, die den Gebrauch des terminologischen Apparats in der Wissenschaft betreffen, wurden in der umfangreichen Literatur zum Thema Ellipse nicht berücksichtigt.[2] Die Art und Weise, wie der Begriff "Ellipse" in der sprachwissenschaftlichen Literatur gebraucht wird, veranlaßt zu folgenden Reflexionen allgmeiner Natur: Dieser Terminus wird in der Regel ohne Definition gebraucht. Man kann annehmen, daß seine Bedeutung für die Mehrheit der ihn benutzenden Autoren so selbstverständlich und verständlich ist, daß sie glauben, daß das, worauf er sich bezieht, verhältnismäßig leicht faßbar ist. Dies kann bedingt sein durch Assoziationen mit Tatsachen wie z.B. dem Fehlen von Elementen in einem Satz (Text), einer Auslassung, einer Unvollständigkeit oder Unvollkommenheit eines Satzes (Textes), einer Nullvariante einer Ausdrucksklasse.

Das Merkmal der Elliptizität wird einem Text (einer Ausdrucksfolge) immer aufgrund eines Vergleichs mit etwas anderem, außerhalb dieses Textes Liegendem, zugeschrieben, wenn auch der Gegenstand des Bezugs nicht immer genau bestimmt ist. Manchmal wird dessen Existenz überhaupt nicht explizit geklärt.[3] Den zum Nachweis der Ellipse dienenden Bezugsgegenstand können in einem gegebenen Text alle Parameter bilden, die zu folgenden drei Hauptklassen gehören: Die äußeren Bedingungen des Textgebrauchs (spatiotemporale Kennzeichen der Gebrauchssituation, Wechselbeziehung zwischen Sender und Empfänger), innere Struktur des Textinhalts, sowie seine syntaktische (formale, lineare) Organisation. Zwecks Zuordnung des elliptischen Textes zu einem dieser Parameter kann man, theoretisch betrachtet, einen neuen, nichtelliptischen Text bauen, der mit dem untersuchten äquivalent ist. Für viele Autoren von Arbeiten zur Ellipse ist die Möglichkeit einer solchen Text-

---

2 Den Forschungsstand zum Problem der Ellipse (samt einer umfangreichen Bibliographie) habe ich früher dargestellt; siehe Grochowski (1976a; 1978). Siehe überdies die dort nicht angeführten Arbeiten: Hlavsa (1981); Saloni (1981); Zimmermann (1981).

3 Vgl. z.B. Schilder, Anschläge, Schlagzeilen und auch Telegrammtexte. Vgl. dazu mehr u.a. in: Gunter (1963); Shopen (1973).

bildung noch keine notwendige Bedingung für die Begründung der Tatsache, daß der Ausgangstext eine Ellipse beinhält. Gewisse Texte, die in der Literatur als elliptisch charakterisiert werden, haben keine äquivalenten nichtelliptischen Entsprechungen oder können solche überhaupt nicht haben (ich sehe hier von der besonderen Kategorie sog. abgebrochener oder unvollendeter Aussagen ab, deren Status es verbietet, daß man ihnen vollständige Aussagen zuordnet).

1.3 In einer früheren Arbeit zum Thema Ellipse[4] habe ich mich bemüht, die These zu begründen (im Lichte der Analyse verschiedenen Materials, das der Literatur entnommen wurde), daß Ellipsen überhaupt nicht existieren, unabhängig davon, auf welche Parameter der hypothetisch-elliptische Text bezogen wird.

Der Gedankengang, der zu dieser Schlußfolgerung führte, war auf folgende Prämissen gegründet:

Theoretisch gesehen, ist die Ellipse eine Relationseigenschaft eines Textes, d.h. sie bildet das Ergebnis der Betrachtung der Unterschiede zwischen mindestens zwei Texten. Die Unterschiede betreffen die Gestalt (Form) der Texte: Das, was in einem Text nicht existiert, kann man in dem anderen Text nachweisen.

Das einzige analytische Verfahren, das den Nachweis der Ellipse erlauben würde, ist der Vergleich semantisch identischer empirischer Texte (d.h. authentischer, und nicht bewußt für Forschungszwecke konstruierter Texte). Die Bildung eines empirischen Textes, der mit dem untersuchten (Ausgangs-)Text äquivalent wäre und die im Ausgangstext fehlenden oder getilgten Ausdrücke beinhalten würde, ist in der Regel unmöglich. Es läßt sich also nicht feststellen, was fehlt, was getilgt wurde; durch den Terminus "Ellipse" wird infolgedessen nichts denotiert. Die Ellipse ist also eine Scheingröße, und ihre Behandlung als allgegenwärtige Erscheinung ist nur Folge einer ungenauen und oft sogar ziemlich willkürlichen Textinterpretation.

Ich möchte diesen Hauptgedanken aus der früheren Arbeit[5] weiter

---

4 Siehe Grochowski (1978).

5 Eine Kritik zu Grochowski (1978) hat Z. Hlavsa (1981) veröffentlicht. Einerseits stimmt er mit mir darüber überein, daß manche als elliptisch betrachteten Texte keine elliptischen Entsprechungen haben können, sowie

aufrechterhalten und versuche, hier die Überlegungen zum Problem der Ellipse ausschließlich vom Standpunkt einer bestimmten Konzeption der Beschreibung einer natürlichen Sprache darzustellen, was notwendig bewirkt, daß die Hauptfrage: "Existieren Ellipsen?" - Titelfrage des früheren Artikels - konkreter und präziser formuliert werden muß.

2. Die allgemeinen methodologischen Voraussetzungen, die ich hier annehme, sind wie folgt.[6]

2.1 Das Verfahren der Bildung (Generierung) der Sätze einer natürlichen Sprache beruht auf der Verwendung regulärer Operationen in bezug auf die elementaren Einheiten (verschiedener Ebenen) der gegebenen Sprache, insbesondere der lexikalischen Einheiten.[7]

Ein Wörterbuch der natürlichen Sprache ist keine a priori gegebene Sammlung von Einheiten: es entstehen immer wieder neue Einheiten, die registriert werden müssen; die vorhandenen Einheiten verlangen als Folge davon eine Reinterpretation.

2.2 Die semantischen Einheiten sind Ketten von Graphemen zugeordnet. Sie können von den Sprechern im Textgenerierungsprozeß automatisch als fertige Ganzheiten reproduziert werden. Die Einheiten sollten eindeutige Folgen sein, im Prozeß ihrer Aussonderung muß man also ihre Desambiguierung anstreben. Einen Teil der Gestalt (Form) der Einheiten bilden die durch die einzelnen Einheiten festzusetzenden Valenzstellen, die über die Bedeutung der Einheiten

---

daß die als elliptisch gekennzeichneten Texte einen Informationswert besitzen, und infolgedessen nicht als unvollständig betrachtet werden können. Andererseits aber behauptet Hlavsa, daß man die Frage, ob Ellipsen existieren, nicht absolut und objektiv beantworten kann und gibt daraufhin eine Reihe von Satzbeispielen an, die syntaktisch elliptisch seien. Nicht ein einziges der Beispiele Hlavsas ist nach meiner Überzeugung ein Beispiel für einen elliptischen Satz - sowohl vom Standpunkt der früher vorgelegten Thesen aus, als auch derjenigen, die ich hier darstelle.

6 Mehr darüber in Grochowski (1982).

7 Ich nehme hier die Grundlehrsätze einer Theorie der sprachlichen Einheiten und Theorie der Operationsgrammatik an, die in Bogusławski (1976; 1978) vorgeschlagen wurden.

mitentscheiden. Man sollte dabei auf die verbreitete Unterscheidung zwischen obligatorischen und fakultativen Stellen verzichten. Der Begriff der Valenz selbst impliziert Obligatorizität, der Begriff der "fakultativen Valenz" wäre innerlich widersprüchlich.[8]

2.3 Ich lehne jede apriorischen, also aus der Analyse der einzelnen Einheiten nicht folgenden, Generalisierungen nach Art von "Klassen von Einheiten" ab, und im Zusammenhang damit auch Symbole von Klassen (als abstrakte primäre Einheiten).[9] Gemäß der Voraussetzung, daß die Interpretationsregeln Implikationen darstellen, deren Vordersatz eine bestimmte Form (Gestalt) hat, betrachte ich alle Generalisierungen, die Folgen der Beschreibung konkreter Einheiten sind, als sekundäre Größen.

2.4 Ich akzeptiere die Hauptidee der generativen Doktrin (woraus sich nicht notwendigerweise die Billigung des verbreiteten Begriffssystems der generativen Grammatik oder der "Technik" des Generierens ergibt),[10] und nehme außerdem an, *daß die Satzgenerierungsregeln eine Idealisierung gewisser wirklicher menschlicher Handlungen mit Objekten, die die Spracheinheiten sind, bilden.* Die Generierungsregeln sollten den Charakter von gewöhnlichen praktischen Regeln haben, die dem Sprechenden die Beherrschung der betreffenden Sprache als Fremdsprache erlauben würden. Wenn man annähme, daß die generative Grammatik mit dem praktischen Handeln der Sprachbenutzer nichts Gemeinsames hat, wie das oft Theoretiker behaupten,[11] dann müßte man die Frage, ob eine Möglichkeit der Beschreibung einer natürlichen Sprache mit Hilfe des generativen Modells besteht, negativ beantworten. Die Beschreibung der Sprachkompetenz umfaßt selbstverständlich nicht die Beschreibung solcher empirischen Erscheinungen, wie der Artikulationsbewegungen des Spre-

---

8 Die These in Hlavsa (1981: 123), daß nur aus einer obligatorischen Stelle getilgt werden kann, ist nach meiner Überzeugung widersprüchlich.

9 Das Programm wurde dargestellt und genau charakterisiert in Grochowski (1980; 1982).

10 Dazu mehr in Grochowski (1982).

11 Siehe z.B. Chomsky (1965); Fodor (1977).

chenden[12] oder die in seinem Gehirn vorgehenden psychischen Prozesse, dennoch muß sich die Modellierung der Sprachkompetenz auf die Muster der Sprachausführung stützen.[13]

2.5 Ich nehme auch an, daß die Beschreibung der Satzgenerierungsregeln die Bedingungen maximaler Genauigkeit und Einfachheit erfüllen sollte und daß die Metasprache zur Beschreibung der Einheiten und Operationen auf ein Minimalsystem notwendiger Begriffe reduziert werden sollte.[14]

3. Die grundsätzliche Frage, die ich hier stellen möchte, könnte man wie folgt formulieren: Ist im Rahmen der Satzbildungs(-generierungs-)regeln der Begriff der Ellipse notwendig? Und genauer gesagt: Sind der Begriff der Ellipse und der Begriff der Eliminierungsregel(-operation) notwendige Bestandteile der zur Beschreibung der Satzgenerierungsregeln dienenden Metasprache? Wäre die Antwort auf diese Frage positiv, dann müßte man praktische Regeln formulieren, die bestimmte typische Verhaltensweisen des Senders idealisieren würden, und zwar Anweisungen der Art: "Zum Zweck der Mitteilung von dem und jenem tilge (eliminiere) dies und das."

4. Die oben gestellte Frage werde ich anhand der Analyse von zwei Beispieltypen zu beantworten versuchen (in früheren Arbeiten habe ich das Problem in einem weiteren Rahmen betrachtet), die gewöhnlich als Fälle für die sog. syntaktische Ellipse betrachtet werden,

---

12 Jede vereinzelte, individuelle Aussage (als Ereignis) kann in einem beliebigen Moment unterbrochen werden, was sowohl zufällig, ohne Eingreifen des Bewußtseins des Senders erfolgen, als auch seine Willensäußerung sein kann. Weil die Unterbrechung der Aussage nicht aus der Verwendung irgendwelcher sprachlicher Regeln folgt, bleibt die Untersuchung der Tatsachen solcher Art außerhalb des Forschungsbereiches der Sprache als Kode.

13 Siehe im Zusammenhang damit die Polemik von R. Bartsch und T. Vennemann (1972), und A. Wierzbicka (1978) mit N. Chomsky (1965).

14 Das aus den Theorien von u.a. Ockham (1971) und Popper (1977) folgende Programm.

d.h. als Ellipse eines Satzbestandteiles, der aufgrund des Vergleichs mit dem Schema der formalen Struktur (der formalen Abhängigkeiten) des den Satz konstituierenden prädikativen Ausdrucks verlangt wird.[15] Gegenstand der Analyse werden einfache Beispielsätze (der polnischen Gegenwartssprache) mit sog. Nullargumentausdruck im Akkusativ sowie zusammengesetzte Sätze mit einem fehlenden Bestandteil im zweiten Teilsatz sein.

5.1 Der Vergleich von syntaktischen Verbschemata mit Sätzen, die mit eben diesen Verben als lexikalischen Einheiten erzeugt wurden, führt oft zur Schlußfolgerung, daß solche Sätze eine Ellipse enthalten oder daß in ihrem Ableitungsprozeß die Tilgung eines der Argumentausdrücke erfolgte - eines Ausdrucks mit der aufgrund des Schemas erwarteten Gestalt (der grammatischen Form). Ein solcher Schluß folgt aus dem Vergleich des Schemas, das einen solchen Ausdruck enthält, mit dem empirischen Objekt, in dem diese Stelle leer ist. Man betrachtet also z.B. Sätze des Typs: *Jan je. Jan czyta. Jan gotuje.* (*Jan ißt. Jan liest. Jan kocht.*) als Sätze, die eine Ellipse des zweiten Arguments (Akkusativarguments) haben.[16]

Eine solche Interpretation beruht, wie man vermuten kann, auf der Prämisse, daß es längere Sätze gibt, wie z.B. *Jan je ciastko. Jan czyta gazetę. Jan gotuje mięso.* (*Jan ißt Kuchen. Jan liest Zeitung. Jan kocht Fleisch.*), die das diesen Verben eigentümliche syntaktische Schema mit zwei Valenzstellen realisieren. Woher weiß man aber, daß die Sätze mit denselben Verben Ergebnisse von Operationen auf d e n s e l b e n Einheiten sind?

Es ist schwer, sich die Tätigkeit des Essens, Lesens oder Kochens ohne irgendwelche Objekte vorzustellen, die diesen Tätigkeiten unterliegen. Wenn wir die Bedeutungen der Prädikate erklären möchten, die diese Tätigkeiten denotieren und von der seman-

---

15 Zu verschiedenen Arten der syntaktischen Ellipse siehe z.B. Barchudarov (1966); Čuvakin (1974); Dressler (1971); Hlavsa (1981); Saloni (1974; 1981); Shopen (1973).

16 Auf diese Weise habe ich Sätze dieser Art in einer der früheren Arbeiten analysiert - siehe Grochowski (1976b). Jetzt halte ich eine solche Interpretation für fehlerhaft.

tischen Komponente "jemand tut etwas mit etwas" absehen würden, würden wir einen Widerspruch erzeugen; vgl. **jemand ißt, aber ißt nichts* (**jemand ißt, aber es gibt die Sache nicht, die er ißt*), **jemand liest, aber liest nichts*, **jemand kocht, aber kocht nichts*. Die Explikation der Bedeutungen der sprachlichen Ausdrücke und die Erklärung von Satzbildungsregeln sind aber verschiedene Probleme, und die Tatsache, daß die Sprachbenutzer, wenn sie etwas über etwas sagen, sich nicht der semantischen Komponenten der Ausdrücke bedienen, sondern der Formen (Gestaltverbindungen), mit Hilfe derer diese Komponenten r e p r ä s e n t i e r t werden, ist völlig selbstverständlich. Wenn es anders wäre, müßte man die explizite Formulierung aller semantischen Komponenten der Ausdrücke fordern. Als Folge davon wären Sätze als Resultate von Regeln anzusehen, die nicht auf den Einheiten der natürlichen Sprache, sondern auf den Einheiten der semantischen Metasprache operierten. Alle Ergebnisse von Tätigkeiten, die mit solchen Annahmen nicht übereinstimmen, müßte man dann als Sätze betrachten, die Ellipsen als Größen enthalten oder als Resultate von Operationen, bei denen Ausdrücke getilgt wurden.

Die lexikalischen Einheiten stellen bilaterale Größen dar: Sie haben eine bestimmte Gestalt, der man eine bestimmte Interpretation zuordnet. Die auf dieselbe Folge von Graphemen gestützten Einheiten können verschiedene Valenzeigenschaften haben, und haben sie auch oft, was auch semantische Konsequenzen nach sich ziehen kann: den Einheiten, die sich durch Valenzeigenschaften unterscheiden, schreibt man oft (aber nicht immer) nichtidentische Interpretationen zu; vgl. z.B. die Einheiten (die Paare bilden) mit denselben Verbsegmenten: äquivalent (x_n *meldet* $y_d z_a$ und x_n *meldet* y_d, daß S; x_n *beschloß, daß* S und x_n *beschloß* v_{inf}) und nicht äquivalent (x_n *behandelt* y_a adv und x_n *handelt von* y_{loc}; x_n *rechnet* $y_{a\ pl}$ und x_n *rechnet auf* y_a). In einigen Fällen ist es wohl unvermeidlich, derselben Einheit mehr als eine Interpretation zuzuschreiben (nicht eindeutig sind z.B. Einheiten wie x_n *kopie* y_a - im Deutschen eindeutig: 1. x_n *tritt* y_a, 2. x_n *gräbt* y_a u.a.; x_n *wypływa z* y_g - im Deutschen eindeutig: 1. x_n *folgt (ergibt sich) aus* y_d, 2. x_n *entspringt in* y_d u.a.).[17]

17 An einer anderen Stelle bemühte ich mich, diese Hypothese zu begründen - siehe Grochowski (1981).

5.2 Die Wahl der lexikalischen Einheiten aus dem Wörterbuch einer gegebenen natürlichen Sprache ist determiniert durch den Willen des Senders, etwas über etwas sagen zu wollen. Wenn der Sender sagen will, w a s ein anderer tut, womit er beschäftigt ist (womit er sich beschäftigt), dann bedient er sich zu diesem Zweck anderer sprachlicher Mittel (die durch den Kode vorgesehen sind), als wenn er sagen will, w e l c h e s O b j e k t die Tätigkeit der Person betrifft. Wenn also der Sender darauf eingestellt ist, über Jan sagen zu wollen, daß er mit dem Essen, Lesen, Kochen usw. (daß das, was Jan tut, eben das Essen, Lesen, Kochen usw. ist) beschäftigt ist, dann bezieht er die Einheiten x_n *ißt*, x_n *liest*, x_n *kocht* auf eine bestimmte Person, die durch den Ausdruck *Jan* vertreten ist, indem er sagt: *Jan ißt. Jan liest. Jan kocht.* Vgl. die Sätze, die Ergebnisse der Operation des Eliminationskontrastierens sind: *Jan ißt und raucht nicht. Jan liest und schläft nicht. Jan kocht und räumt nicht auf.* Wenn der Sender dagegen darauf eingestellt ist, über das Essen, Lesen, Kochen Jans zu sagen, daß ein solches und nicht ein anderes Objekt diesen Tätigkeiten Jans unterliegt, dann bezieht er die Einheiten x_n *ißt* y_a, x_n *liest* y_a, x_n *kocht* y_a auf entsprechende, ausgewählte Objekte, z.B. auf Jan und Kuchen, auf Jan und die Zeitung, auf Jan und Fleisch, und bildet Sätze wie *Jan ißt Kuchen. Jan liest Zeitung. Jan kocht Fleisch.* Vgl. die Sätze, die Ergebnisse der Operationen des Eliminationskontrastierens sind: *Jan ißt Kuchen und nicht eine Birne. Jan liest Zeitung und nicht einen Brief. Jan kocht Fleisch und nicht Kohl.*

5.3 Die analysierten Sätze sind Ergebnisse von Operationen auf v e r s c h i e d e n e n lexikalischen Einheiten[18] (die eine bzw. zwei Valenzstellen besitzen). Die Wahl der Einheiten ist aber davon abhängig, was und worüber der Sender sprechen möchte. Es bestehen keine Gründe für die Annahme, daß die Akkusativposition in

---

18 Bogusławski (1978: 61) betrachtet zwar Sätze des Typs *John is eating an apple.* und *John is eating.* als Ergebnisse einer Operation auf verschiedenen Einheiten, aber interpretiert Sätze von der Gestalt *John is eating.* Als Ergebnis der Tilgungsoperation der syntaktischen Patiensstelle. Diese letzte These ist im Lichte der hier dargestellten Überlegungen nicht richtig.

Sätzen des Typs *Jan liest.* leer ist, oder daß gar etwas aus ihr getilgt wurde, weil (a) es überhaupt keine Notwendigkeit gibt, eine solche Position zu verlangen, (b) es keine Möglichkeit gibt, über den scheinbar getilgten Ausdruck etwas zu sagen außer dem, daß er vermutlich die Akkusativform hätte, (c) die Einstellung, etwas über die Tätigkeit und nicht über das ihr untergeordnete Objekt sagen zu wollen, eine ganz natürliche Verhaltensweise darstellt. Im Zusammenhang mit dem oben Gesagten besteht kein Bedarf für eine Instruktion: "Wenn du etwas über die Tätigkeit (einer Person) selbst, und nicht über das ihr untergeordnete Objekt sagen willst, eliminiere die Objektstelle oder den diese Position ausfüllenden Ausdruck". Es würde auch keine Möglichkeit der praktischen Anwendung einer solchen Instruktion geben.

6.1 Einen von zwei Teilsätzen eines zusammengefaßten Satzes hält man oft für einen elliptischen Satz aufgrund erstens, des Vergleichs des gegebenen zusammengesetzten Satzes mit dem Schema der formalen Abhängigkeiten, die zwischen den in diesem Satz benützten Ausdrücken bestehen, und zweitens, aufgrund des Vergleichs der lexikalischen Einheiten, die in einem Teilsatz auftreten, mit den im zweiten Teilsatz gebrauchten Einheiten. Man stellt fest, daß in einem der Teilsätze die im anderen Teilsatz gebrauchte Komponente fehlt. Auf dieser Grundlage folgert man, daß diese Komponente elidiert wurde. Somit erhielte z.B. die Auffassung, daß der Ausdruck *schläft* aus dem zweiten Teilsatz des zusammengesetzten Satzes *Eva schläft und Marie nicht* getilgt wurde, eine doppelte Motivation: der zusammengesetzte Satz ist ein Beispiel für die Realisierung des syntaktischen Schemas der Oppositionsrelation, nämlich des Schemas S_1P, *und* S_2 *nicht* P, und darüber hinaus besteht die Möglichkeit, den in dem ersten Teilsatz gebrauchten Ausdruck *schläft* in den zweiten Teilsatz einzufügen, ohne den Sinn des ganzen zusammengesetzten Satzes zu verändern.[19] Analog wäre die Motivation der vierfachen Ellipse bezüglich des Ausdrucks *ist gekommen* in dem zu-

19 Über die kontextuelle Ellipse, und insbesondere über die Ellipse in den zusammengesetzten Sätzen siehe z.B. in Dressler (1971); Korelskaja / Padučeva (1973); Padučeva (1974).

sammengesetzten Satz *Jan ist mit dem Bus gekommen, Peter mit der Straßenbahn, Adam mit dem Auto, Paul mit dem Fahrrad, und Adalbert mit dem Roller.*

Geläufige Interpretationen der als Beispiele genannten zusammengesetzten Sätze veranlassen u.a. zu folgenden Fragen: Verlangt die Herstellung der Sätze vom Typ *Eva schläft und Marie nicht.* die Anwendung einer besonderen Operation in bezug auf Sätze vom Typ *Eva schläft und Marie schläft nicht.*, einer Operation, die (im Polnischen) auf der Tilgung des Verbs nach der Verneinung beruhen würde? Sind solche Sätze mit der getilgten Verbalform auf dem Hintergrund der nichtelliptischen Sätze sekundäre Produkte, deren Bildungsverfahren sich nicht erklären läßt, es sei denn von den hypothetischen Ausgangssätzen her? Sind hypothetische Ausgangssätze empirische Sätze, reale Objekte, die zum Zweck der Informationsübertragung hergestellt werden? Konstruieren die Menschen wirklich solche Sätze, wie z.B. *Jan ist mit dem Bus gekommen, Peter ist mit der Straßenbahn gekommen, Adam ist mit dem Auto gekommen, Paul ist mit dem Fahrrad gekommen, und Adalbert ist mit dem Roller gekommen.*?

6.2 Antworten auf solche und andere Fragen können gegeben werden, wenn man von einigen, wie es scheint, sehr einfachen Betrachtungen ausgeht.

6.2.1 Wenn der zusammengesetzte Satz als Ganzheit ein selbständiges Kommunikat bildet, dann müssen die Teilsätze durch irgendeinen gemeinsamen Inhalt verbunden werden, sie müssen sich auf dasselbe Thema der Aussage beziehen. Die Inhaltsgemeinsamkeit spiegelt sich in den Strukturverbindungen zwischen den Teilsätzen wider. Insbesondere übt diese einen Einfluß auf den Denotatsbereich der einzelnen im zusammengesetzten Satz benutzten lexikalischen Einheiten aus Zwei Teilsätze können wenigstens einen gemeinsamen Bestandteil haben (und haben ihn gewöhnlich auch), der nur in einem von ihnen gebraucht wird. Die Ausdrücke, die nur in einem von beiden Teilsätzen auftreten, beziehen sich oft auch auf die Bestandteile des zweiten Teilsatzes, und können darüber hinaus durch diese Bestandteile auch impliziert werden. Zum Beispiel der nur in dem ersten Teilsatz des zusammengesetzten Satzes *Jan verzichtete auf den*

Käse und aß die Wurst auf. gebrauchte Ausdruck *Jan* geht eine syntaktische Beziehung sowohl mit dem Bestandteil *verzichtete auf*, als auch mit dem Bestandteil *aß auf* ein, und ist außerdem durch den Bestandteil *aß auf* impliziert. In dem zusammengesetzten Satz: *Die Katze fraß das Bonbon und der Hund die Wurst.* bezieht sich der durch die Bestandteile des zweiten Teilsatzes implizierte Ausdruck *fraß*, der nur in dem ersten Teilsatz auftritt, auch auf die Bestandteile des zweiten Teilsatzes.

6.2.2 Die Bildungsweise der zusammengesetzten Sätze mit solchen Teilsätzen gründet sich auf ein Prinzip, das man "Gesetz der Nicht-Wiederholung der Bestandteile" nennen könnte.[20] Diesem Gesetz liegt ein intuitiv überzeugender Gedanke zugrunde, der aus einer Beobachtung dieser Art folgt: Die Menschen, die sich auf gewöhnliche Weise einer Sprache zum Zweck der Informationsübertragung bedienen, wiederholen den schon früher einmal geäußerten Ausdruck nicht *unnötig*.

6.2.3 Die Wiederholung der Ausdrücke im Textbildungsprozeß ist eine auf ein bestimmtes Ziel gerichtete Tätigkeit, die verschieden ist von der Informationsübertragung. Die Wiederholung kann aus dem Willen (des Senders) folgen, einen Ausdruck betonen, aus der Absicht, auf etwas besondere Aufmerksamkeit lenken oder etwas betonen zu wollen. Die Wiederholung der Ausdrücke in spezifischen Situationen oder in bestimmten Texttypen ist pragmatisch motiviert (vgl. z.B. Wiederholung in einem künstlerischen Text, in Redetexten, in mündlichen Übermittlungen für didaktische Zwecke).

6.2.4 Wenn man die Existenz einer Opposition: Wiederholen vs Nicht-Wiederholen von Ausdrücken annimmt, dann muß man ihr erstes Glied für *markiert*, und das zweite für *nicht-markiert* erklären. Das Nichtwiederholen der Ausdrücke ist ein natürliches Sprachverhalten und gehört zu den Fähigkeiten, die die Menschen im Prozeß der Spracherlernung erwerben. Als Konsequenz der Wiederholung der Ausdrücke entstehen dagegen ziemlich oft auffallend künstliche Sätze, die für die Sprachbenutzer nicht akzeptabel (abweichend)

---

20 Das "Prinzip der Nicht-Wiederholung der Bestandteile" habe ich genau in Grochowski (1984) charakterisiert.

sind; vgl. z.B. *Jan ging ins Geschäft, kaufte eine neue Hose, und warf die alte weg.* und **Jan ging ins Geschäft, Jan kaufte eine neue Hose, und Jan warf die alte Hose weg.* *Eva ist klein, schlank, hat schwarze Haare, blaue Augen und hübsche Beine.* und **Eva ist klein, Eva ist schlank, Eva hat schwarze Haare, Eva hat blaue Augen, und Eva hat hübsche Beine.*

6.3 Aufgrund der bis jetzt angestellten allgemeineren Überlegungen wird es leichter sein, die früher gestellten Fragen zu beantworten.

Die Sätze des Typs *Eva schläft und Marie nicht.* werden regelrecht nach dem Schema S_1P, *und* S_2 *nicht* (im Polnischen) gebildet (vgl. auch: *Jan raucht und Peter nicht.*, *Jan tanzt und Eva nicht.*, *Kowalski ist intelligent und Wiśniewski nicht.*), der Bestandteil P bildet die gemeinsame Komponente beider Teilsätze, geht sowohl mit S_1, als auch mit S_2 eine Relation ein, es gibt keine andere Interpretationsmöglichkeit des Bezugs von P. Die Bildung derart zusammengesetzter Sätze verlangt keine zusätzliche künstliche Operation, die auf der Tilgung eines Bestandteiles beruhen würde, zumal man begründete Zweifel haben könnte, ob die hypothetischen Ausgangssätze reale Objekte darstellten. Ziemlich oft sind solche Sätze künstliche, abweichende Gebilde, die nur zum Zweck der Begründung der scheinbaren Elliptizität der anderen Sätze konstruiert werden.[21]

7. Die in diesem Artikel dargestellten Überlegungen bejahen nochmals ausdrücklich die frühere These, daß der Begriff der Ellipse und der Begriff der Tilgungsoperation in der syntaktischen Beschreibung nicht benötigt werden.

---

21 Die vorgestellte Interpretationsweise der zusammengesetzten Sätze und das vorgeschlagene Gesetz der Nicht-Wiederholung der Bestandteile stimmen nach meiner Überzeugung mit der Konzeption von Wierzbicka (1969; 1980) überein, die eine kritische Analyse der Theorie der sog. Konjunktionsreduzierung durchgeführt hat (siehe z.B. Dressler 1971; Koutsoudas 1971; Ross 1970), und die sehr überzeugend begründet hat, daß Sätze des Typs *Eva singt und tanzt.* keine reduzierte Gestalt besitzen, daß sie von zwei einfachen Sätzen *Eva singt.Eva tanzt.* nicht abgeleitet sind und daß das Problem der Ellipse der identischen Bestandteile in den sog. reduzierten (zusammengezogenen) Sätzen nicht existiert.

Literatur

Barchudarov, Ł.S. 1966. *Struktura prostogo predłoženija sovremennogo anglijskogo jazyka.* Moskva.

Bartsch, R.; Vennemann, T. 1972. *Semantic structures. A study in the relation between semantics and syntax.* Frankfurt/Main.

Bednarczuk, L. 1966. Zur Ellipse in der indogermanischen Parataxe. In: *Biuletyn Polskiego Towarzystwa Językoznawczego* 24. 163-171.

- 1971. *Indo-European Parataxis.* Kraków.

Bogusławski, A. 1976. O zasadach rejestracji jednostek języka. In: *Poradnik Językowy* 8. 356-364.

- 1978. Towards an operational grammar. In: *Studia semiotyczne* 8. 29-90.

Chomsky, N. 1965. *Aspects of the theory of syntax.* Cambridge, Mass. MIT Press.

Čuvakin, A.A. 1974. O strukturnoj kłassifikacyi niepołnych predłoženij. In: *Fiłołogičeskije Nauki* 5. 104-108.

Dressler, W. 1971. K problemie indoevropejskoj elliptičeskoj anafory. In: *Voprosy Jazykozanija* 1. 94-103.

Fodor, J.D. 1977. *Semantics: theories of meaning in generative grammar.* Hassocks, Sussex, The Harvester Press.

Grochowski, M. 1976a. O pojęciu elipsy. In: *Pamiętnik Literacki* 1. 121-136.

- 1976b. O wpływie elipsy argumentu na znaczenie form czasu teraźniejszego. In: *Studia z filologii polskiej i słowiańskiej* 15. 43-48.

- 1978. Czy zjawisko elipsy istnieje?. In: *Tekst. Język. Poetyka.* Hrsg. von M.R. Mayenowa. Wrocław. 73-85.

- 1980. Pojęcie celu. In: *Studia semantyczne.* Wrocław.

- 1981. Problem rozróżniania znaczeń czasowników polisemicznych. In: *Studia z filologii rosyjskiej i słowiańskiej* 10. 33-39.

- 1982. Słownik języka naturalnego a sztuczny metajęzyk w opisie generatywnym. In: *Studia semiotyczne* 12. 71-78.

- 1984. Składnia wyrażeń polipredykatywnych. In: *Gramatyka współczesnego języka polskiego.* Warszawa, Składnia. 213-299.

Gunter, R. 1963. Elliptical sentences in American English. In: *Lingua* 12/2. 137-150.

Hlavsa, Z. 1981. On syntactical Ellipsis. In: *Satzsemantische Komponenten und Relationen im Text* (= Linguistica I) Hrsg. von F. Daneš; D. Viehweger. Praha. 119-128.

Jakobson, R.; Halle, M. 1964. *Podstawy języka*. Wrocław.

Korelskaja, T.D.; Padučeva, E.V. 1973. Transformacyi w simetričnych konstrukcyjach: sočinienie i ellipsis. In: *Naučno-techničeskaja informacja* 9. 29-38.

Koutsoudas, A. 1971. Gapping, Conjunction Reduction, and Coordinate Deletion. In: *Foundations of Language* 7/3. 337-386.

Ockham, W. 1971. *Suma logiczna*. Warszawa.

Padučeva, E.V. 1974. *O semantike sintaksisa*. Moskva.

Perczyńska, N. 1975. *Wybrane cechy składniowo-stylistyczne polszczyzny mówionej*. Wrocław.

Popiszylowa, A. 1973. Uwagi o wypowiedzeniach z elipsą osobowej formy czasownika *być* w dialektach polskich. In: *Rocznik Naukowo-Dydaktyczny WSP w Krakowie 47, Prace Językoznawcze* II. 131-140.

Popper, K.R. 1977. *Logika odkrycia naukowego*. Warszawa.

Pustkowski, H. 1968. Z zagadnień elipsy, Z polskich studiów slawistycznych. In: *Językoznawstwo*. Warszawa. 153-156.

Ross, G.R. 1970. Gapping and the Order of Constituents. In: *Progress in Linguistics*. The Hague.

Saloni, Z. 1974. O możliwościach elipsy określenia czasownika w polskim tekście wielozdaniowym. In: *Tekst i język. Problemy semantyczne*. Hrsg. von M.R. Mayenowa. Wrocław. 73-84.

- 1981. Problems of Noun Ellipsis in Polish. In: *Lingua Posnaniensis* 24. 101-109.

Shopen, T. 1973. Ellipsis as Grammatical Indeterminacy. In: *Foundations of Language* 10/1. 65-77.

Silin, W.Ł. 1974. *Leksičeskij ellips w germanskich jazykach*. Kijev.

Wierzbicka, A. 1969. *Dociekania semantyczne*. Wrocław.

- 1978. Syntax vs. semantics. In: *Theoretical Linguistics* 5/1. 115-133.

- 1980. *Lingua Mentalis. The Semantics of Natural Language*. Sydney, Academic Press.

Zimmermann, I. 1981. Überlegungen zum Wesen von Kondensation und Ellipse. In: *Linguistica I*. Hrsg. von F. Daneš; D. Viehweger. Praha. 129-142.

INDEX NOMINUM

INDEX RERUM

Vorwort und Einleitung, welche gleichermaßen in Band I und II enthalten sind, sind in römischen Zahlen paginiert. Entsprechend beziehen sich römische Ziffern, welche unmittelbar auf ein Lemma folgen und II übersteigen, auf beide Bände. So bedeutet z.B. "Aktant XV; I: 13, 15", daß dieser Begriff auf Seite XV der Einleitung in Band I und II, sowie in Band I auf den Seiten 13 und 15 vorkommt.

FSC
www.fsc.org
MIX
Papier | Fördert
gute Waldnutzung
FSC® C083411

Kolibri 360 GmbH
Ferdinand-Jühlke-Straße 7
99095 Erfurt, Deutschland
produktsicherheit@kolibri360.de